铁矿石检验技术丛书

小波神经网络在铁矿石检验中的应用

应海松　编著
郑建国　蒋海宁　主审

北　京
冶 金 工 业 出 版 社
2010

内 容 简 介

本书借助于第四代编程语言 Matlab，利用小波和神经网络工具箱，研究和探讨神经网络在铁矿石取制样中品位确认的模拟、铁矿石品质特性、铁矿石品质特性分类、自动电位滴定曲线小波变换、X 荧光价态分析、小波变换在噪声滤除、趋势分析中的应用，使铁矿石粒度偏析、球团矿最佳抗压压力点、还原曲线数据校正等得以实现；探讨了小波分析和神经网络在矿物分析中的应用，主要有 X 衍射谱线滤噪、矿相图谱的检索和处理、热重曲线的滤噪和导数变换；通过聚类分析、趋势分析等，对实验室存在的数据差错隐患进行讨论，提出预防和改进措施；还利用神经网络在铁矿石实验室管理中的应用进行了一些探索，如质量体系管理、绩效考核、安全管理的应用等，为提高工作效益提出了研究思路和工作方法。

本书可供钢铁企业、检验检疫、质量控制、人工智能、化学计量、外贸等领域的研究人员、技术人员和管理人员阅读，也可作为大专院校冶金、矿冶专业师生的教学参考书以及相关企业的岗位培训教材。

图书在版编目(CIP)数据

小波神经网络在铁矿石检验中的应用／应海松编著.
—北京：冶金工业出版社，2010. 3
(铁矿石检验技术丛书)
ISBN 978-7-5024-5163-9

Ⅰ.①小… Ⅱ.①应… Ⅲ.①小波分析－人工神经元网络－应用－铁矿物－检验 Ⅳ.①TF521

中国版本图书馆 CIP 数据核字(2010)第 026226 号

出 版 人 曹胜利
地　　址 北京北河沿大街嵩祝院北巷 39 号，邮编 100009
电　　话 (010)64027926 电子信箱 postmaster@cnmip.com.cn
责任编辑 李 梅 张 卫 美术编辑 李 新 版式设计 张 青
责任校对 王永欣 责任印制 牛晓波
ISBN 978-7-5024-5163-9
北京兴华印刷厂印刷；冶金工业出版社发行；各地新华书店经销
2010 年 3 月第 1 版，2010 年 3 月第 1 次印刷
787 mm×1092 mm 1/16；16.25 印张；387 千字；244 页；1-2000 册
49.00 元
冶金工业出版社发行部 电话：(010)64044283 传真：(010)64027893
冶金书店 地址：北京东四西大街 46 号(100711) 电话：(010)65289081
(本书如有印装质量问题，本社发行部负责退换)

《铁矿石检验技术丛书》
编写委员会

前　言

2006年12月国家质检总局发布了《质检“十一五”科研需求指南》，其中提出了“出入境重要资源性商品检验技术的研究”，目的是加强对涉及国计民生的进口战略资源性商品的检验监管体系和标准体系的研究，为国家的经济安全和环境安全提供技术保障。研究内容包括建立进口战略资源性商品的检验监管体系、标准体系和贸易技术措施体系，建立进口战略资源性商品、再生原料、化学危险品等安全与质量动态监控与分析系统模型，对矿产品检验取制样技术和在线快速检测技术、新检测方法进行研究。

由此，国家质检总局科技司于2008年编制的《公开申报项目申报指南》中，将总局提出的“出入境重要资源性商品检验技术研究”专门立为一项大型课题，编号为2008IK265。课题具体研究内容为：(1) 重要资源性商品检验基础检验技术研究，如大宗资源性商品取样方法学研究、检测方法及数据有效性研究；(2) 定量危害性风险分析技术及评估体系研究，如出入境资源性商品检验数据的基础统计学特征描述的研究、出入境资源性商品中检验数据特征的多元统计学研究；(3) 重要进出境资源类产品安全与质量动态分析系统研究，如有害成分的数据分布形态及特征值描述、数据降维技术对复杂多变量产品质量动态描述方法、资源类产品复杂多变量有害成分特征指标筛选及有害成分特征指标控制、资源类产品安全与质量的时序分析；(4) 出入境重要资源性商品中有毒、有害物质暴露安全评估研究，如有毒、有害物质暴露安全评估概念及国内外政策法规，有毒、有害物质暴露浓度的分布形态的拟合优度分析及参数法描述，有毒、有害物质暴露浓度的代表值计算及置信区间获取；(5) 出入境重要资源性商品中有害物质安全控制限量建立方法研究，如资源性商品中有害物质安全控制限量定义及国内外法规政策、资源性商品中有害物质安全控制限量建立的参数法、资源性商品中有害物质安全控制限量建立的非参数法。课题研究的内容不仅与以往的检测方法研究有很大的不同，而且需采用的研究方法也开始向新的领域拓展，如数据等效性验证、不同检出限数据的处理、异常值处理、未检出数据的处理；数据分布形态及稳健统计描述；主成分分析、因子分析、线性判别分析及聚类分析；舒哈特控制图、正态、Lognormal 及 Gamma 分布；Student's t 及 Land's H 方法；Bootstrap t 模拟取样方法及 Hall's bootstrap 方法。目前，该课题由山东检验检疫局牵头，分为 6 个子课题，参与单位为山东、天津、广东、上海、深圳、宁波、厦门、辽宁、浙江、江苏检验检疫局，经过两年的研究已经产生了大量成果。

随着进出口贸易形势的变化，入境大宗商品在我国国民经济、国家安全、对外贸易中的地位已经非常重要。但入境大宗商品产品质量状况不容乐观，我国各口岸进出口商品质量监管机构将面临繁重的任务与挑战。目前，入境大宗商品检测项目将更多地涉及卫生、环保等痕量分析，并由原来重品质转向涉及安卫环内容，对卫生、环保项目进行安全评判，需要解析、使用这些基础数据的技术方法和必要的预警机制及风险评估。入境大宗商品检验监管转向公证鉴定、技术服务/监管，如产地判断、掺假识别等。对产品质量分析已不仅仅局限于数据的简单汇总、分类，更重要的是具有对入境大宗商品产品质量开展深层次分析，需要建立产品质量统计与动态质量分析技术规范。

本书围绕我国进口量最大的大宗资源性商品——铁矿石，根据国家质检总局及“出入境重要资源性商品检验技术的研究”课题组的要求，尝试利用小波分析和人工神经网络技术研究并探讨大宗资源性商品的部分问题。小波分析和人工神经网络技术是化学计量学中比较新的技术，小波分析堪称“数学显微镜”，该技术对数据信号的处理功能强大，在信号分析、数据处理等应用广泛。人工神经网络是现代人工智能技术的一个新领域，广泛应用于人工智能、模式识别、自动控制、信息处理等。本书借助于第四代编程语言 Matlab，利用小波和神经网络工具箱，研究和探讨神经网络在铁矿石取制样中品位确认的模拟、铁矿石品质特性、铁矿石品质特性分类、自动电位滴定曲线小波变换、X 荧光价态分析、小波变换在噪声滤除、趋势分析的应用，使铁矿石粒度偏析、球团矿最佳抗压压力点、还原曲线数据校正等得以实现。还探讨了小波分析和神经网络在矿物分析中的应用，主要有 X 衍射谱线滤噪、矿相图谱的检索和处理、热重曲线的滤噪和导数变换。通过聚类分析、趋势分析等，对实验室存在的数据差错隐患进行讨论，提出预防和改进措施。本书还利用神经网络在铁矿石实验室管理中的应用进行了一些探索，如质量体系管理、绩效考核、安全管理，以及风险评估、分类管理、人事管理、科技管理等，为提高工作效益提出了研究思路和工作方法。

本书编写的内容选自宁波检验检疫局参与的“出入境重要资源性商品检验技术的研究”课题内容。参与本书相关项目研究的人员有陈贺海、贺存君、朱波、徐良忠、沈逸、任春生、廖海平、余清、鲍仙彪、付冉冉、王艳、张爱珍、张建波、王谦、郭亮、张志钢。本书在编写过程中还得到前解放军信息工程学院专家王增法和宁波大学李斐真副教授、张会红博士的参与和帮助，也得到了冶金工业出版社的大力支持。本书的出版还得到了国家质检总局科研项目的基金资助，是国家质检总局重点科研项目“入境重要资源性商品检验技术研究”(2008IK265)的重要成果之一。在此，对领导、专家的关心及各位课题参与者表示诚挚的感谢。在编写过程中，参考和引用了他人一些著作、网页的部分内容，在此也谨向其作者表示感谢。

由于编著者水平有限，不当之处请读者朋友批评指正。

编著者
2009 年 11 月

目 录

1 概　　论

小波分析和人工神经网络是化学计量学的重要内容，为了便于了解小波分析和人工神经网络与化学计量学的关系，本章主要介绍化学计量学历史、发展及其主要内容，小波分析和人工神经网络在化学计量学中的地位及其与铁矿石检验技术的关系，同时介绍小波分析和人工神经网络的基本原理以及本书的主要内容。

1.1 化学计量学的历史与内容

1.1.1 化学计量学的基本概念

化学计量学是一门应用数学、统计学和计算机技术的原理和方法来处理化学数据的学问，它是分析化学的三级学科，化学计量学可以优化化学量测过程，并从化学量测数据中最大限度地提取有用的化学信息，化学计量学是以化学实验数据为基础的学科，其一切理论和方法都以试验数据为基础。

国际化学计量学学会给化学计量学做出了如下定义：化学计量学是一门通过统计学或数学方法将化学体系的测量值与体系的状态之间建立联系的学科。化学计量学的研究覆盖范围很广泛，其所涉及的不同理论与方法均可以应用于分析化学。化学计量学可以应用于优化实验方法以获得较好的实验数据（如实验参数的最优化、实验设计、信号处理等）；同时化学计量学还可以从这些数据中获取有用的信息（如数据的统计处理、模式识别、模拟等）。

总之，化学计量学的任务就是尽量在其所研究的方法与这些方法在化学中的应用之间建立一种联系。

1.1.2 化学计量学的历史

化学计量学是20世纪70年代以后发展起来的一门新兴的化学分支学科。它是由数学、统计学、计算机科学与化学“联姻”而产生的交叉学科。40年来，自其诞生起，化学计量学已经成功应用于化学量测中的实验设计、数据处理、信号解析与分辨、模式识别、化学分类决策及预测等方面，解决了大量传统的化学研究方法所难以解决的复杂化学问题，显示出其强大的生命力，已经越来越受到化学，尤其是分析化学工作者的极大关注。化学计量学作为化学量测的基础理论，对分析化学的发展起到了巨大的作用，它已成为当今分析化学发展的前沿领域之一。

化学计量学（chemometrics）是瑞典化学家S. Wold在1971年为一项基金项目定名时首次提出的。1974年由美国华盛顿大学B. R. Kowalski教授和S. Wold共同倡议，在美国西雅图召开了国际化学计量学学会（ICS）成立大会，并正式创办了该学会的会刊《J. of Chemical Information and Computer Science》，标志着这一新学科的诞生。

在20世纪70年代以前，简单的数理统计方法在化学量测中已有所应用。但随着现代分析测试技术的迅速发展，化学工作者有可能获得大量的原始分析数据，尤其是计算机技术的发展，帮助化学分析工作者可获得多时域和多空间、高分辨率的多维数据，使得分析化学工作者的注意力转向如何以最优的方法从大量原始数据中提取更多的解决化学问题的信息。应用数学和统计学为大量复杂数据的处理和化学信息的提取提供了有效的科学方法。20世纪70年代后，计算机科学的迅速发展和普及，计算机高级语言的发展与应用，推动了化学计量学的进一步发展。20世纪80年代后，许多重要的国际分析化学刊物，如《Analytical Chemistry》、《Anatylica Chimica Acta》、《Analytical Letters》等都开设了化学计量学方面的专栏；新的化学计量学专业刊物也相继问世，如《J. of Chemometics》、《Chemometics and Intelligent Laboratory System》等；有关化学计量学的专著也陆续出版；国际性的化学计量学学术会议也多次召开。目前，化学计量学及其技术已经在仪器分析的信号处理应用广泛，对分析仪器的精度、分辨率的提高作用巨大。在一些欧美国家，化学计量学已经成为研究生或高年级大学生的必修课。

我国在化学计量学方面的研究工作起步稍晚。刚开始时由于“化学计量学”这一名词的释义与化学中的计量关系（stoichiometry）一词相似，因此曾将 Chemometrics 译成“化学统计学”，但由于“化学统计学”一词并不能全面反映化学计量学的丰富内容，因此，近年来我国的化学文献中正式采用化学计量学这一名词。我国有多位科学家在化学计量学引入国内起到作用，但较早系统性开展化学计量学研究与教学的是湖南大学俞汝勤院士。从20世纪80年代起，俞汝勤院士就致力于分析化学学科基础理论的研究与探索，他以研究生化学计量学教学为基础，出版了《现代分析化学信息理论基础》（1987）及《化学计量学导论》（1991）；受国家教委委托，主办了高校青年教师化学计量学讲习班；主持了2项化学计量学国家自然科学基金重点项目，开展了较系统的分析化学计量学基础研究工作；发展了适用于白色、灰色及黑色等不同类型分析体系的多元校正方法，包括稳健多元校正与滤波、基于形态分析概念的多元校正，以及运用模拟退火算法的多元校正等；研究了人工神经网络的稳健化及其在分析校正与化学定量关系方面的应用；发起和主持在中国召开化学计量学国际会议（1997，张家界）并作中心大会报告；还多次应邀在化学计量学国际会议作化学计量学方面的大会报告及专题讲学；在化学计量学方面的研究成果获国家教委科技进步一等奖（1994）。之后，我国的化学工作者，尤其是分析化学工作者在化学计量学基础和应用研究方面取得了不少研究成果。这些成果对于该学科在我国的发展起到了积极的推动作用。

1.1.3 化学计量学的主要内容

化学是一门以实验为基础的科学。化学工作者习惯于用实验的方法研究化学问题。由于以往的化学工作者对研究过程中的预处理及实验过程研究关注较多，而对方法选择、数据处理及结果解释方面的研究较少，往往不能以最优的研究，尽可能多地提取有用的化学信息。化学计量学正是以研究过程中的方法选择、数据处理、信息提取及结果解释为主要研究内容，其具体研究内容有误差处理、统计学、最优化、信号处理、多变量分析、校正、参数估计、模式识别、结构－性质关系分析、数据库检索及人工智能等。化学计量学的各种方法与传统的分析化学方法相结合，使各种分析化学研究方法更有活力，其应用已涉及除分析化学外的其他各化学领域以及生命科学、环境科学、材料科学等各个学科领域。

采样理论是化学计量学最基础的学科，分析化学的试验需要在具有代表性的样品基础上开展工作，否则试验做得再好、再准也无济于事。采样理论以概率论与统计学为基础，目的是以最低的成本，尽可能采用具有代表性的样品，最终获得准确的试验结果。采样是所有化学量测过程的第一步，结果的可靠性与采样的正确与否密切相关，目前在不少单位仍沿用缺乏科学依据的不合理采样方法，更说明了普及有关采样的数理统计理论的重要性。

化学试验设计是较早得到应用的化学计量学方法，其目的是用较少的试验次数尽可能多地获得试验信息，可以大大节省试验成本。设计不当的化学试验不但信息量少，甚至还会导致错误的信息。化学工作者原先采用的传统方法是一次一个变量的试验，既费时，又不经济，而且对于多因素问题往往难以达到总体优化。化学计量学中的试验设计一般是以多因素试验为基础的，其中正交设计是一种优化的试验设计方法。单纯形优化是一种序贯试验设计法，简单、信息量多，是化学计量学中一种颇有实用价值的试验设计方法，在分析化学中的色谱、光谱等实验条件的优化中已有很多应用。

校正是化学量测中获取物质系统成分定量信息的基本手段，也是化学计量学研究的主要内容之一。一元线性回归这种最简单的校正方法已为化学工作者所熟悉。但实际的化学体系绝大多数是多变量系统，化学计量学中的校正方法以多通道测量、多组分同时测定为基础，因此它比传统的单变量校正方法有更强的提供信息的能力。多组分同时测定是化学计量学中发展最活跃的一个方面。多元线性回归、主成分回归、偏最小二乘回归、通用标准加入法等化学计量学方法在光谱分析等方面的应用发展很快。

信号处理是目前在分析化学领域最为广泛的化学计量学方法之一。由于痕量元素分析已经成为现代分析化学发展的一个重要方向，而痕量分析要求分析方法具有很高的灵敏度和极低的检出限，而化学量测中的空白信号、背景信号以及噪声等都会影响分析信号的检出，因此，滤除噪声、增加信噪比是提高分析方法灵敏度、降低检出限的关键。化学计量学中有多种用于滤波和增加信噪比的方法，如卡尔曼滤波在化学量测系统的干扰消除、信噪分离、状态估计方面已有较多应用。利用傅里叶变换获得光谱多重性效益及增加信噪比，已在光谱和电化学分析中得到应用。此外，主成分回归、偏最小二乘法等统计学的方法也具有一定的滤波作用。

由于实际的化学量测体系一般都是多组分共存的体系，组分之间的干扰是难免的，化学量测得到的信息往往是多组分信息重叠的混合图谱，因此必须将这些复杂的重叠信号进行分辨、解析后，才能得到体系中单一组分的信息。传统的化学量测常采用繁琐、冗长的化学分离或掩蔽等方法以获得单一组分的信息。但在很多情况下，仅靠化学方法解决多组分体系的分辨十分困难。化学计量学中的信号分辨技术为复杂图谱的分辨与解析提供了强有力的工具，如信号的导数变换是化学工作者较为熟悉的信号分辨方法；因子分析或基于因子分析的多变量统计方法，是分辨重叠图谱的重要方法；去卷积技术也是一种有效的图谱分辨技术，已在电化学领域得到应用。小波分析是从傅里叶变换发展而来的一种新型信号处理技术，近十几年发展较快，它克服了傅里叶变换在单分辨率上的缺陷，具有多分辨率的优点，在时域和频域都有表征信号局部信息的能力，它被称为“数学显微镜”，广泛应用于包括化学领域在内的各个学科。

化学量测的最终目的是获取物质系统的定性、定量信息。这些信息有的可直接由实验获得，但有的信息是一种隐性性质，难以直接用化学方法测量得到。如化学中的分类或判别等问题，一些隐含性质常常不是直接测定能得到的。一般来说，单因子或双因子的判别分类问题，人们有较强的判别能力，但对于多因子的判别分类则需要借助于化学计量学方法。模式识别技术是以数值计算为基础、从化学量测数据中提取物质系统隐含信息的计算机多因子判别分析方法。例如，聚类分析、判别分析、非线性映射等模式识别方法，在各领域的分析检验等方面得到成功应用。此外，人工智能、蒙特-卡罗数字模拟、化学专家系统以及数据库检索等对于获取物质系统的信息以及判别分类，也都是很有用的化学计量学方法。人工神经网络虽然始于 20 世纪 40 年代，但 80 年代后人工神经网络发展迅速，该技术是建立在现代神经科学研究成果基础上的一种抽象数学模型，它反映了人大脑功能的基本特征，是一种简化、抽象化的思维模拟，它也是人工智能在化学领域应用的一门新技术，是化学计量学内容中的新成员，而且该技术在其他学科应用也非常广泛。

总之，化学计量学包含的内容是极其丰富的，鉴于该学科在分析化学领域的重要作用，现代分析化学工作者都要掌握这门技术。既然化学量测是每个化学工作者的基本功，则化学计量学就是每个化学工作者必须具备的技术。

1.2 化学计量学与铁矿石检验的关系

1.2.1 铁矿石检验学

铁矿石检验学是一门边缘学科，也是一门多学科交叉的应用化学学科，铁矿石检验技术内容涉及地质、矿物、冶金、分析化学、物理、机电、自动化、计量、计算机工程、统计、仪器仪表、外贸、管理等专业。随着我国钢铁经济的飞速发展，我国积极利用国际国内两种原料市场发展我国的钢铁工业，自 20 世纪 80 年代起，我国大规模从国外进口钢铁原料——铁矿石，至 2003 年已经成为世界最大的铁矿石生产国和铁矿石进口国。因此，铁矿石的验收就成为贸易环节中的非常重要的一节。铁矿石检验与其他产品检验相比，有其特殊性，首先铁矿石是一种最常见的、贸易量非常大的矿产品，它与其他矿产品一个批次不会超过几万吨的情况不同，铁矿石检验工作的完成需要一个系统协同运作；其次，铁矿石检验涉及大型成套设备及多台套精密仪器，有些大型设备是铁矿石检验所特有的，专业跨度大；其三，由于铁矿石检验工艺流程涉及多种专业，参与人员众多，需要应用恰当的管理技术对整个流程进行协调管理。另外，铁矿石检验设备投资大、规模大、检验成本高、系统复杂。铁矿石检验这门学科不仅在铁矿石贸易环节应用广泛，而且在铁矿石生产厂商的生产过程质量控制、出厂质量检验、钢铁企业原料质量检验，都有着广泛的应用。铁矿石检验学的具体内容可分为铁矿石资源、铁矿石商品检验、实验室质量控制、标准制定、实验室建设、新技术的应用等，这些内容都是针对铁矿石商品，目的是让从事该商品检验的工作人员及其贸易相关人员对铁矿石及铁矿石检验有更深入的了解；让从事铁矿石检验及其相关行业的人员，尤其是从事铁矿石检验的管理人员，能跨专业掌握相关技术知识。通过这门学科的建立，铁矿石检验人员可以更好地用自己精湛的检验技术为贸易关系人和优质产品的生产服务，并促进我国钢铁工业的健康发展。

1.2.2　化学计量学在铁矿石检验中的应用

1.2.2.1　在取制样技术中的应用

铁矿石取制样是以化学计量学为基础、理论性很强的学科。就铁矿石取制样标准而言，一套完整的取制样标准应该由机械取样、制样，手工取样、制样，品质波动评定，校核取样精密度，校核取样偏差（包括物理试验用样、直接还原铁、块矿）等组成，我国国家标准、国际标准、其他国家与地区所制定的铁矿石取制样标准都制定了相应的标准系列，这些标准的内容都离不开化学计量学。目前国际国内通用的铁矿石取制样标准有 GB/T 2007.1—1987 散装矿石取样制样通则—手工取样法；GB/T 2007.2—1987 散装矿石取样制样通则—手工制样法；GB/T 10122—1988 铁矿石（烧结矿、球团矿）物理试验用试样的取样和制样方法；GB/T 10322.1—2000 铁矿石—取样和制样方法。国际标准有 ISO 3082—2002 铁矿石—取样和样品制备过程；ISO 10836—1994 铁矿石—物理检验用样品制备法和抽样法；ISO 10835：1995 直接还原铁—取制样—还原球团及块矿。配套标准，我国有：GB/T 10322.2—2000 铁矿石—评定品质波动的实验方法；GB/T 10322.3—2000 铁矿石—校核取样精密度的实验方法；GB/T 10322.4—2000 铁矿石—校核取样偏差的实验方法。国际有：ISO 3086—1998 铁矿石—取样偏差检验的实验法；ISO 3085—2002 铁矿石—取样精度检验的实验法；ISO 3084—1998 铁矿石—质量变化评定实验。最近检验检疫系统已经利用化学计量学开展分层取样方法、模拟取样方法的研究。

1.2.2.2　在铁矿石分析测试中的应用

应用如下：

(1) 数据处理的应用。化学计量学的误差理论是铁矿石分析测试应用最多的基本知识，其统计检验、异常值检验、精密度、准确度、质量控制、数据校正、数字修约，均伴随着铁矿石日常分析检测工作，具体包括检测方法及数据有效性研究，如不同检测方法及结果数据等效性验证方法学研究、不同检出限数据的处理、异常值处理、未检出数据的处理。

(2) 测试方法确定。铁矿石分析或检测方法、标准的制定需要化学计量学的理论支持，在标准方法制定过程中方法的检出限、检测上下限、方法精密度、方法准确度、方法适用范围、空白分析等都需要应用化学计量学。一些标准的开发规定引用的标准，如 ISO 5725 系列标准、GB/T 6379 系列标准等，都以化学计量学为理论基础进行制定。

(3) 信号处理。铁矿石分析测试普遍采用仪器分析，如 X 荧光光谱仪、原子吸收光谱仪、电感耦合等离子光谱仪等，这些仪器的发展一部分归功于计算机技术的发展，相当一部分取决于化学计量学的发展。如仪器校正曲线的回归分析、数据平滑、偏最小二乘法、通用标准加入、间接校正、卡尔曼滤波、多元分辨、傅里叶变换、卷积和去卷积等，都为仪器分析的操作软件的波谱处理、扣背、重叠峰解析分离、消噪、导数变换、干扰校正等提供了强有力的理论依据，大大提高了仪器的信号检出率、信噪比，扩展了仪器的功能，使仪器分析进一步向痕量、超痕量检测发展。

(4) 试验方法的设计。为了尽可能降低试验成本，从尽可能简便的试验中获得尽可能多的信息，化学计量学中的试验方法设计和优化，已经使铁矿石分析化学产生了经济效益。

1.2.2.3　在铁矿石商品管理的应用

应用如下：

(1) 定量危害性风险分析技术及评估体系研究。该技术已经在铁矿石检验领域开始应用,如神经网络、蒙特－卡罗数字模拟、聚类分析、判别分析等,在铁矿石检验管理的风险评估、预警方面起到了应有的作用。研究内容包括出入境资源性商品检验数据的基础统计学特征描述的研究,如数据分布形态、稳健统计描述;出入境资源性商品中检验数据特征的多元统计学研究;产品质量差异及主要危害因子提取,如定量危害性主成分分析、因子分析、线性判别分析及聚类分析。

(2) 重要出入境资源类产品安全与质量动态分析系统研究。包括有害成分的数据分布形态及特征值描述研究;数据降维技术对复杂多变量产品质量动态描述方法学研究;资源类产品复杂多变量有害成分特征指标筛选技术研究;有害成分特征指标控制图技术研究,如舒哈特控制图;资源类产品安全与质量的时间序列(time series)分析。

(3) 出入境重要资源性商品中有毒、有害物质安全评估研究。研究内容包括有毒、有害物质暴露浓度的分布形态的拟合优度分析及参数法描述研究,如正态、Lognormal 及 Gamma 分布;有毒、有害物质暴露浓度的代表值计算及置信区间获取;资源性商品中有害物质安全控制限量建立的参数法研究,如 Student's t 及 Land's H 方法;资源性商品中有害物质安全控制限量建立的非参数法研究,如 Bootstrap t 模拟取样方法及 Hall's bootstrap 方法。

1.3　小波分析和神经网络的基本知识

1.3.1　小波分析

小波(wavelets)是目前科学和工程技术研究中的一个热门话题。不同学科的研究专家对小波有不同的看法,迅速发展的小波技术在成长过程中受惠于物理学、计算机科学、信号和图像处理科学、数学和地球物理勘探等众多科学研究领域与工程技术应用领域专家的共同努力。小波虽然来自十分广泛的科学研究和工程应用领域,但它却起因于傅里叶变换分析。所以,介绍小波就得从傅里叶变换、Gabor 变换和加窗傅里叶变换开始。

1.3.1.1　傅里叶变换

傅里叶分析是数学分析中重要内容之一,它对数学家和其他研究领域的专家以及工程师都是相当重要的。从实用的观点来看,当人们考虑傅里叶分析的时候,通常是指积分傅里叶变换和傅里叶级数。

(1) 傅里叶级数。设 $f(x)$ 是以 2π 为周期的函数,且 $f(x)\in L^2(-\pi,\pi)$,则

$$\left\{\frac{1}{\sqrt{2\pi}}e^{-inx}\right\}_{n=0,\pm1,\pm2,\cdots} \tag{1-1}$$

是 $L^2(-\pi,\pi)$ 的标准化正交基,则 $f(x)$ 可展开为:

$$f(x)=\sum_n \hat{f}(n)e^{-inx} \tag{1-2}$$

其中

$$\hat{f}(n)=\frac{1}{2\pi}\int_{-\pi}^{\pi}f(x)e^{inx}dx \tag{1-3}$$

称为 $f(x)$ 的傅里叶级数,其中 n 为整数。

(2) 傅里叶变换。傅里叶级数是将信号分解为离散谱上函数的叠加,但是在对频率变化敏感的某些应用中,离散的频率信息显得太粗糙,傅里叶变换就是傅里叶级数在连续的情

况下的推广。

定义：函数$f(x) \in L^1(R)$的傅里叶变换为：

$$F(\omega) = \int_{-\infty}^{\infty} e^{-i\omega t} f(t)\,dt \tag{1-4}$$

$F(\omega)$的傅里叶逆变换定义为：

$$f(t) = \frac{1}{2\pi}\int_{-\infty}^{\infty} e^{i\omega t} F(\omega)\,d\omega \tag{1-5}$$

傅里叶变换的物理意义为，如果f是一个能量有限的模拟信号，则$(\hat{f})$是它的频谱，因此可以得到一个信号能量与频谱含量的比例：

$$<f, f> = \frac{1}{2\pi} <\hat{f}, \hat{f}> \tag{1-6}$$

傅里叶变换存在的条件为$f(x)$在R上绝对可积。傅里叶变换把信号完全转换到频域进行分析，不但为了某一点频率的频谱需要计算过去和未来所有时间的信号，而且丢弃了时域的所有信号。对于非平稳信号，需要区分各种频率成分，而且需要每个时刻附近的频率成分，因此傅里叶分析就显得比平稳信号难以处理。

（3）加窗傅里叶变换。为了弥补傅里叶变换不能表达随时间变化的频率这个概念，提出了加窗傅里叶变换的概念，即提出一个可变时域－频域窗，使这个窗能体现频率的信息，这个加窗傅里叶分析也叫“时间－频率分析”。

（4）Gabor 变换。Gabor 变换是 D. Gabor 在 1946 年提出的，它继承了傅里叶变换所具有的“信号频谱”的物理解释，同时，它克服了傅里叶变换只能反映信号的整体特征而对信号的局部特征反应不敏感这一缺陷。首先介绍 Gaussian 函数，Gaussian 函数表达式为：

$$g_a(t) = \frac{1}{2\sqrt{\pi a}} e^{-\frac{t^2}{4\pi}} \tag{1-7}$$

以 Gaussian 函数为窗的 Gabor 变换定义为：

$$S(\omega, \tau) = \int_{-\infty}^{\infty} e^{-i\omega t} f(t) g_a(1-\tau)\,dt \tag{1-8}$$

可见式 1-8 在傅里叶变换基础上，加上了 Gaussian 函数限制需要分解的函数时间。随着τ的变化，$g_a(1-\tau)$确定的时间窗在整个实数轴上移动，这样就可以对不同时段的信号逐一进行分析。

由于窗函数的时间窗和频率窗宽度的乘积最小值都是 2，由此说明在时间和频率两个空间不可能以任意精度逼近被测信息，因此在信号分析上，时间和频率的精度必须有所取舍，而小波分析为多分辨率下分解信号提供了可能。

1.3.1.2 小波分析原理

小波分析也就是小波变换，这个概念由法国从事石油信号处理的工程师 J. Morlet 于 1974 年提出。1986 年，法国大数学家 Y. Meyer 构造出了一个真正的小波基，并与 S. Mallat 合作建立了构造小波基的方法以及多尺度分析，由此推动了小波分析的快速发展。从小波分析的发展历史看，从 1807 年傅里叶提出傅里叶分析到 1910 年由 Haar 提出简单小波，一直到 1980 年后，Morlet、Meyer、Mallat、I. Daubechies、Chui C. K. 等科学家为该领域做出了不可磨灭的贡献。

小波即小区域的波，是一种特殊的长度有限、平均值为 0 的波，它具有两个特点：一是在时域都具有紧支集或近似紧支集;二是正负交替的波动性。与傅里叶变换不同,小波倾向于不规则和不对称,小波分析可以将信号分解为一系列小波函数的叠加,而这些小波函数都是由一个母小波函数经平移与尺度伸缩得来。

小波变换的定义为,将某一被称为基本小波(母小波)的函数 $\psi(t)$ 做位移 τ 后,在不同尺度 α 下与待分析的信号 $x(t)$ 进行内积:

$$WT_x(\alpha,\tau) = \frac{1}{\sqrt{\alpha}}\int_{-\infty}^{\infty} x(t)\psi^*\left(\frac{t-\tau}{\alpha}\right)\mathrm{d}t, \quad \alpha > 0 \tag{1-9}$$

等效的频域表示为:

$$WT_x(\alpha,\tau) = \frac{\sqrt{\alpha}}{2\pi}\int_{-\infty}^{\infty} X(\omega)\Psi^*(\alpha\omega)\mathrm{e}^{j\omega\omega}\mathrm{d}\omega \tag{1-10}$$

式中,$X(\omega)$ 和 $\Psi(\omega)$ 分别为 $x(t)$ 和 $\psi(t)$ 的傅里叶变换。可以这样理解,将小波比喻为放大镜,则用目镜观察目标 $x(t)$,$\psi(t)$ 代表镜头所起的作用,τ 相当于镜头相对于目标平移,α 的作用相当于镜头的推拉,由此可见,小波变换具有如下特点:

(1) 多分辨率和多尺度;

(2) 可以看作基本频率特性的带通滤波器在不同尺度下的信号滤波;

(3) 恰当选择基本小波,使 $\psi(t)$ 在时域上为有限支撑,$\Psi(\omega)$ 在频域上也比较集中,便可以在时、频域都有表征信号局部特征的能力,因此有利于检测信号的瞬态或奇异点。

小波分析可以检测出许多其他分析所忽视的细小信号特征,如信号细小畸变、信号趋势、高阶不连续点、自相似性、高保真信号压缩和消噪,在二维情况下,小波分析除显微功能外,还有极化能力(方向选择性)。

小波分析作为一种数学理论和工程技术的结合,已经在多行业、多学科产生巨大影响,特别是信号处理、图像处理、模式识别、语音识别、量子物理、地震勘测、流体力学、CT 成像、机械状态监控、故障诊断、分形、数值计算等领域应用尤为广泛。

1.3.1.3　小波分析的种类

小波分析的种类如下:

(1) 一维连续小波变换。由于小波变换是求 $f(t)$ 在各个小波函数上的投影值,每个小波函数均由一个母小波函数经过尺度伸缩 α 与时间平移 τ 得来,因此小波变换可以用式 1-11 表达:

$$C(\mathrm{Scale},\mathrm{time\_position}) = \int f(\tau)\Psi(\mathrm{scale},\tau)\mathrm{d}\tau \tag{1-11}$$

将上面得到的每一个系数同相应经过伸缩和平移后的小波函数相乘并叠加,就可以恢复原始信号。小波分析的一般思路就是分解和组合,寻找一组能代表信号特征的函数形式,用这些量或者是这些量的线性组合形式来逼近信号。小波分析也可以用滤波器来描述,高分辨率相当于应用高通滤波器,低分辨率相当于应用低通滤波器。小波来源于伸缩和平移。

1) 尺度伸缩。波形尺度伸缩就是在时间轴上对信号进行压缩和伸展。

2) 时间平移。时间平移就是指小波函数在时间轴上的波形平行移动。

3) 尺度与频率的关系。尺度越大,表示小波函数在时间上越长,被分析的信号区间也越长,因此尺度越大意味着频率分辨率越低,获取的是信号低频部分。反之,尺度越小,意味着只与信号非常小的局部进行比较,获得的是高频特征。它们之间相互关系为:

小尺度 α→压缩的小波→快速变换的细节→高频部分；

大尺度 α→拉伸的小波→缓慢变换的粗部→低频部分。

（2）离散小波变换。离散小波变换是建立在二进制小波变换的基础上的，离散小波变换目的是为了避免小波系数计算的复杂性，减少工作量，同时又不失准确性。目前，常用的方法为将尺度按幂级数进行离散化，该方法是一个高效的离散方法，因为幂级数的小变化，将会引起非常大的变化，动态范围非常大。时间位移也可以进行离散化，即沿时间轴以某间隔做均匀采样，这样仍然可以不丢失信息。

1）一阶滤波。对应大部分信号来说，低频部分是有用的，因为低频信号往往体现了信号的特征。而高频部分则与噪声相关，将信号的高频部分滤除，信号的基本特征仍然可以保留。在信号分析中可按照需要，分别提取高频细节和低频近似。

2）多尺度分解。小波分解可反复进行，信号的低频部分还可以被继续分解，这样就可以得到小波分解树，见图 1-1。

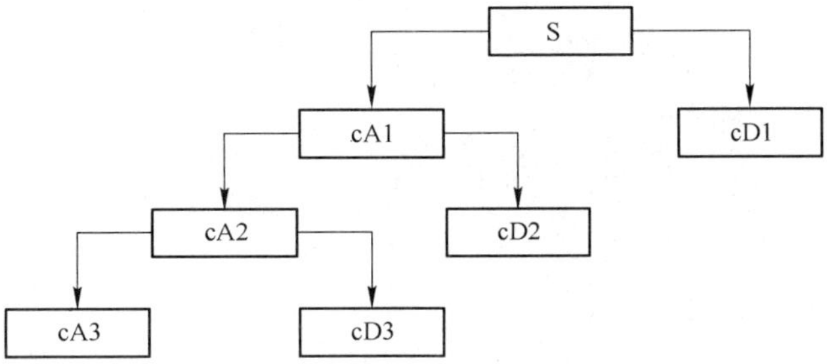

图 1-1 小波分解树

3）小波重构。将小波分解成一个个互相正交的小波函数线性组合，可以展示信号的重要性，小波分析的这种功能可在分析、比较、处理（如去噪）小波变换系数后，根据新得到的系数去重构信号。这个过程称之为逆离散小波变换（IDWT），或小波重构、合成等。信号合成主要包括对小波变换系数的插值与滤波，正好与信号分解相反。

4）重构滤波器。重构滤波器的类型对信号重构的质量非常关键，因此需要选择用于信号分析的合适的分解与重构滤波器。在信号分解与综合的过程中，由于存在抽取与插值，从而有信号频率混迭的可能性。必须选择合适的滤波器将这种混迭消除掉。低通分解滤波器、高通分解滤波器，以及相应的低通重构滤波器、高通重构滤波器，共同构成镜像滤波器组。

5）重构粗略部分与细节部分。可以通过对信号经过分解滤波器后得到的系数进行重构，对信号进行重构。

6）多尺度与重构。多尺度分解与重构基本与上述分解、重构一致，包括将信号分解成多层小波系数，然后对这些系数进行分析、处理，对得到的新系数进行多尺度重构。对系数进行处理的过程，其作用相当于滤波、消噪、加密等过程。

（3）小波包分析。小波包是由小波分析延伸出来的一种对信号进行更加细致的分析与重构的方法。在小波分析中，信号被分解成低频的粗略部分与高频的细节部分，然后只对低频部分细节再进行第二次分解，再次分成低频和高频部分，而不对高频部分进行二次分解。依此类推得到分解系数序列，即小波分解系数，如：

$$S = A1 + D1 = A2 + D2 + D1 = A3 + D3 + D2 + D1$$

小波包不但对低频部分进行分解，而且对高频部分也作二次分解，如：

$$S = A1 + AAD3 + DAD3 + DD2$$

小波包的主要特点为小波包可以对信号的高频部分进行更加细致的分析，对信号的分析能力更强，当然，代价是信号分析的计算量也显著上升，见图 1-2。

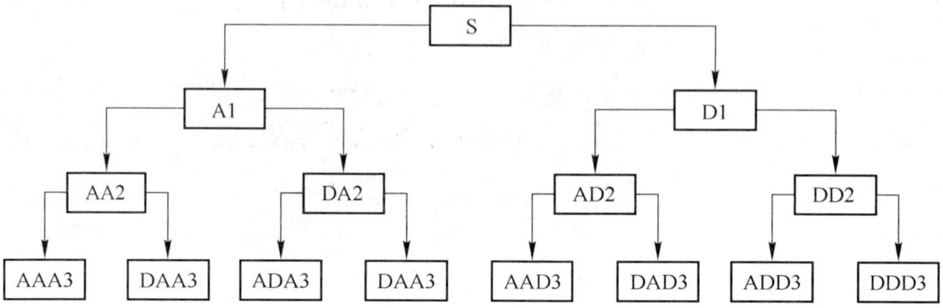

图 1-2　小波包分析——高频分解

1.3.1.4　常用小波函数

在 Matlab 命令行使用 wavemngr('read',1)命令，可以显示 Matlab 小波工具箱中所有的小波。

```
>> wavemngr('read',1)
ans =
====================================
Haar                          haar
====================================
Daubechies                    db
-------------------------------
db1     db2 db3 db4
db5     db6 db7 db8
db9     db10     db**
====================================
Symlets                       sym
-------------------------------
sym2    sym3    sym4    sym5
sym6    sym7    sym8    sym**
====================================
Coiflets                      coif
-------------------------------
coif1   coif2   coif3   coif4
coif5
====================================
```

Haar 小波，函数定义为：

$$\psi = \begin{cases} 1 & 0 \leqslant x \leqslant 1/2 \\ -1 & 1/2 \leqslant x < 1 \\ 0 & \text{其他} \end{cases}$$

Daubechies 小波：记为 db$N$，N 为小波序号

Symlets 小波：其编号为 sym$N$

Coiflets 小波：具有 coif$N$，$N = 1 \sim 5$

BiorSplines 小波

BiorSplines　　bior　　通常表示为 BioNr. Nd

\-------------------------------

bior1. 1　bior1. 3　bior1. 5　bior2. 2
bior2. 4　bior2. 6　bior2. 8　bior3. 1
bior3. 3　bior3. 5　bior3. 7　bior3. 9
bior4. 4　bior5. 5　bior6. 8

=====================================　ReverseBior 小波

ReverseBior　　rbio　　由 biorthogonal 而来

\-------------------------------

rbio1. 1　rbio1. 3　rbio1. 5　rbio2. 2
rbio2. 4　rbio2. 6　rbio2. 8　rbio3. 1
rbio3. 3　rbio3. 5　rbio3. 7　rbio3. 9
rbio4. 4　rbio5. 5　rbio6. 8

=====================================　Meyer 小波

Meyer　　meyr

=====================================　DMeyer 小波即离散 Meyer 小波

DMeyer　　dmey

=====================================　Gaussian 小波为高斯密度函数的微分形式

Gaussian　　gaus

\-------------------------------

gaus1　gaus2　gaus3　gaus4
gaus5　gaus6　gaus7　gaus8
gaus * *

=====================================　墨西哥帽小波

Mexican_hat　　mexh　　Gauss 的函数二阶导数

=====================================　Morlet 小波，定义为：

Morlet　　morl　　$\psi(x) = Ce^{-\frac{x^2}{2}}\cos 5x$

=====================================　Complex Gaussian 小波

Complex Gaussian　　cgau　　属于一类复小波

\-------------------------------

cgau1　cgau2　cgau3　cgau4
cgau5　cgau * *

=====================================　Shannon 小波，定义为：

Shannon　　shan　　$\psi(x) = \sqrt{f_b}\left(\mathrm{sinc}\left(\frac{f_D x}{m}\right)^m\right)e^{2i\pi f_c x}$

\-------------------------------

shan1 -1. 5　shan1 -1　shan1 -0. 5　shan1 -0. 1
shan2 -3　shan * *

=====================================　Frequency B-Spline 小波

Frequency B-Spline　　fbsp

\-------------------------------

fbsp1 -1 -1. 5　fbsp1 -1 -1　fbsp1 -1 -0. 5　fbsp2 -1 -1
fbsp2 -1 -0. 5　fbsp2 -1 -0. 1　fbsp * *

```
====================================  Complex Morlet 小波
Complex Morlet                  cmor  属于一类复小波
------------------------------
cmor1 -1.5  cmor1 -1  cmor1 -0.5  cmor1 -1
cmor1 -0.5  cmor1 -0.1  cmor**
====================================
```

1.3.2 人工神经网络

人工神经网络(artifical neural networks,ANN)是由大量的、简单的处理单元(神经元)广泛互相连接而形成的复杂网络系统,它反映了人脑功能的许多基本特征。神经网络具有大规模并行、分布式存储和处理、自组织、自适应和自学习能力,特别适合处理需要同时考虑许多因素和条件、模糊的信息。人工神经网络与众多学科都有关联,是一门新兴的边缘交叉学科。

1.3.2.1 神经网络的历史

1943 年,美国心理学家 Mc Culloch 和 Pitts 从处理信息的角度出发,研究神经细胞行为的数学模型表达,提出了神经元模型,即 MP 模型,该模型的提出启动了对神经网络的研究进程。1949 年心理学家 D. O. Hebb 提出著名的 Hebb 学习规则,即由神经元之间突触联系强度的改变来实现神经学习的方法。虽然 Hebb 学习规则在人们研究神经网络的初期就已提出,但是其基本思想至今在神经网络的研究中仍发挥着重要作用。1957 年,Rosenblatt 提出感知机模型,这是一种学习和自组织的心理学模型,感知机虽然比较简单,却已具有神经网络的一些基本性质,如分布式存储、并行处理、可学习性、连续计算等。1962 年,掀起了神经网络研究的第一次高潮。但是,当时人们对神经网络研究过于乐观,后来的研究结果却又使人们走到另一个极端上,因而研究工作进入低潮。

20 世纪 60 年代末,美国著名人工智能专家 Minsky 和 Papert 对 Rosenblatt 的工作进行了深入研究,指出感知机的功能和处理能力的局限性,指出如果在感知器中引入隐含神经元,增加神经网络的层次,可以提高神经网络的处理能力,但却无法给出相应的网络学习算法,因此 Minsky 的结论也是悲观的。由于 60 年代以来集成电路和微电子技术飞速发展,电子计算机的计算速度也飞速提高,加上当时的功能模拟、知识信息处理以及知识工程的研究成果,给人工智能的发展带来了希望。但当时人们对大脑的计算原理,神经网络计算的优点、缺点、可能性及其局限性等还很不清楚。一些学者继续进行着神经网络模型和学习算法的基础理论研究,提出了许多有意义的理论和方法。其中,S. Grossberg 等提出了自适应共振理论,Kohenen 提出了自组织映射,Fukushima 提出了认知机网络模型理论,Anderson 提出了 BSB 模型等,为神经网络的进一步发展奠定了理论基础。

1982 年起,具有并行分布处理模式的神经网络理论又重新受到人们的重视,对神经网络的研究掀起了第二次研究高潮。美国加州理工学院物理学家 J. J. Hopfield 提出了一种新的神经网络模型(HNN),他引入了"能量函数"的概念,使得网络稳定性研究有了明确的判据,HNN 的电子电路技术的实现为神经计算机的研究奠定了基础,并将其应用于目前电子计算机尚难解决的计算复杂度为 NP 完全型的问题。1985 年,Hinton、Sejnowski 和 D. E. Rumelhart 提出的 Boltzman 模型,对 Hopfield 模型引入随机机制。1986 年,

D. E. Rumelhart 等人在多层神经网络模型的基础上，提出了多层神经网络模型的反向传播学习算法（BP 算法）和 PDP 算法，解决了多层前向神经网络的学习问题，证明了多层神经网络具有很强的学习能力，它可以完成许多学习任务，解决许多实际问题。BP 网络迄今为止，是应用最为广泛的网络。

1987 年，在美国加州圣地亚哥举行了第一届神经网络国际会议，并成立了国际神经网络学会，以后每年举行 2 次国际联合神经网络大会。20 世纪 90 年代，随着 IEEE 网络的会刊问世，神经网络的研究进入了一个新的高潮。目前，许多具备不同信息处理能力的神经网络已被提出来并应用于许多信息处理领域，如模式识别、自动控制、信号处理、决策辅助、人工智能等方面。神经计算机的研究也为神经网络的理论研究提供了许多有利条件，各种神经网络模拟软件包、神经网络芯片以及电子神经计算机的出现，体现了神经网络领域的各项研究均取得了长足进展。同时，相应的神经网络学术会议和神经网络学术刊物的大量出现，给神经网络的研究者们提供了许多讨论交流的机会。虽然人们已对神经网络在人工智能领域的研究达成了共识，对其巨大潜力也毋庸置疑，但是，人类对自身大脑的研究，尤其是对智能信息处理机制的了解还十分肤浅。由于问题本身的复杂性，不论是神经网络原理自身，还是正在努力进行探索和研究的神经计算机，目前都还处于基础性的起步阶段，它的影响力和最终所能达到的目标，目前还不十分明确，还有待于继续深入研究。

在人类科学发展的里程碑上，人类大脑的研究将是 21 世纪划时代的挑战。未来的神经网络研究前景令人鼓舞，人类在探索大脑奥秘的过程中，人工智能将有长足的发展。

1.3.2.2 神经网络的应用

目前，神经网络在人工智能、自动控制、计算机科学、信息处理、机器人、模式识别、CAD/CAM、故障诊断等方面应用广泛。具体应用领域有：

（1）模式识别和图像处理。印刷体和手写体字符识别、语音识别、签字识别、指纹识别、人体病理分析、目标检测与识别、图像压缩与复制等。

（2）控制和优化。化工过程控制、机器人运动控制、家电控制、半导体生产中的掺杂控制、石油精炼优化控制和超大规模集成电路布线设计。

（3）预报和职能信息管理。股票市场预测、地震预报、财经证券管理、借贷风险控制、IC 卡管理和交通管理、农业病虫害控制、城市市政管理、水文管理、气象预报。

（4）通信。自适应均衡、回波抵消、路由选择、ATM 网络中呼叫接纳和识别控制等。

（5）空间科学。空间交汇对接控制、导航信息职能管理、飞行器制导、飞行程序优化管理。

（6）军事科学。监听侦查、雷达信号分析、导弹目标自寻、火炮自控、战时资源调配等。

1.3.2.3 神经网络模型分类

神经网络模型分类如下：

（1）生物神经元模型。人工神经网络是对生物神经系统的模拟。它的信息处理功能是由网络单元（神经元）的输入输出特性（激活特性）、网络的拓扑结构（神经元的连接方式）、连接权的大小（突触联系强度）和神经元的阈值（可视为特殊的连接权）等所决定的。神经网络在拓扑结构固定时，其学习归结为连接权的变化，在对这些生物神经系统进行模拟之前，我们需要对真实生物神经系统有一个大致的了解。

生物神经系统是一个有高度组织和相互作用的数量巨大的细胞组织群体。人类大脑的

神经细胞为 $10^{11}\sim10^{13}$ 个，神经细胞也称神经元，是神经系统的基本单元，这些基本单元被不同的结合方式构成了复杂的神经网络。通过神经元及其连接的可塑性，使得大脑具有学习、记忆和认知等各种智能。神经元的生物学结构见图 1-3。

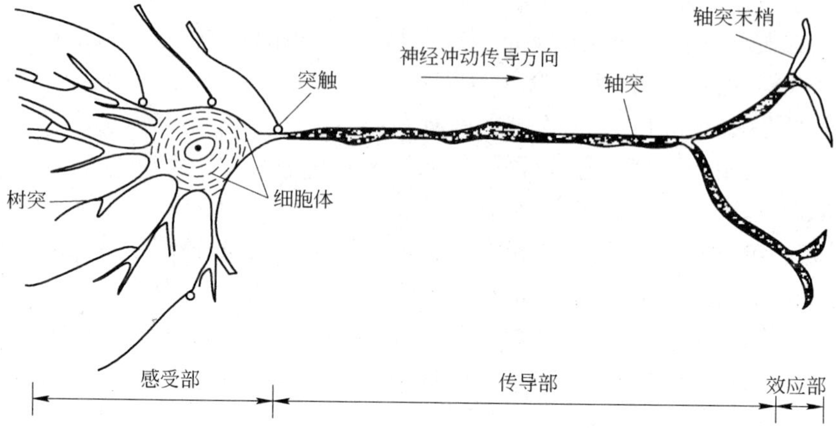

图 1-3 神经元的生物学结构

生物神经元之间的相互连接而让信息传递的部位被称为突触，突触可分为化学突触与电突触，其中化学突触占大多数，其神经冲动传递借助于化学递质的作用。神经元由细胞体和延伸部分组成。延伸部分按功能分有两种：一种称为树突，占延伸部分的大多数，用来接受来自其他神经元的信息；另一种用来传递和输出信息，称为轴突。神经元对信息的接受和传递都是通过突触来进行的。单个神经元可以从别的细胞接受多达上千个的突触输入。这些输入可达到神经元的树突、脑体和轴突等不同部位，但其分布各不相同，对神经元影响的程度也不同。突触是一个神经元的轴突末梢与另一个神经元所形成的功能性接触点。根据神经元学说，在突触处两个神经元的细胞质并不连通，仅仅是彼此发生功能联系。

（2）神经元模型。神经元是神经网络的基本处理单元。它的特征是多输入单输出，具有非线性，可以将其简单视作一个数学模型，见图 1-4。

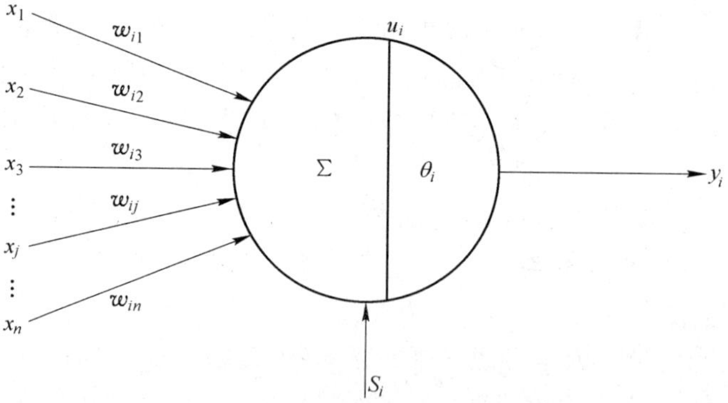

图 1-4 神经元数学模型

图 1-4 中，u_i 为神经元内部状态，$x_1, x_2, \cdots, x_n$ 是神经元的输入，即来自前级 n 个神经元的轴突的信号，θ_i 为神经元的阈值，S_i 表示某一外部输入的控制信号，$w_{i1}, w_{i2}, \cdots, w_{in}$ 分别是 i 对神经 $x_1, x_2, \cdots, x_n$ 权值的连接，y_i 是 i 神经元的输出，决定 i 神经元受到输入 $x_1, x_2, \cdots, x_n$

的共同作用达到阈值时以何种方式输出。神经元的传递函数由 f 表示，最常见的是阶跃型、线性型和 S 型三类。

（3）神经网络模型。神经元与神经网络的关系为元素与整体的关系，神经元虽然结构简单，但组成的神经网络很复杂。神经网络的特点是：1）非线性，人的思维是非线性的，因此神经网络的思维也是非线性；2）非局域性，人的神经系统是非局域性的，神经网络以大量神经元连接模拟人脑的非局域性，它的分布存储是非局域性的一种表现；3）非定常性，与人脑一样，神经网络会依据外部刺激不断修改自己的功能，是一个时变系统；4）非凸性，神经网络的非凸性指它有多个极值，即系统不止一个较稳定的平衡状态，这种属性会使系统演化多样化。

神经网络目前已有几十个不同模型，通常可分为 5 类：1）按网络结构可分为前向网络和反馈网络；2）按学习方式可分为有教师学习和无教师学习；3）按网络性能可分为连续型和离散型、随机型和确定型；4）按突触性状可分为单阶线性关联和高阶非线性关联；5）按生物神经系统层次模拟可分为神经元层次、组合式、网络层次、神经系统层次、智能型等模型。对于神经网络的互联，也可分为分层网络、层内连接的分层网络、反馈连接的分层网络、互联网络。

1.3.2.4　神经网络种类

神经网络种类包括：

（1）感知器。感知器可分为简单感知器和多层感知器，简单感知器其实是早期 MP 模型演化而来，但是它通过采用监督学习来逐步增强模式划分的能力，达到所谓学习的目的，感知器处理单元对 n 个输入进行加权和操作，即：

$$y = f\left(\sum_{i=1}^{n} w_i x_i - \theta\right) \tag{1-12}$$

式中，n 为第 i 个输入到处理单元的连接权值；θ 为阈值，见图 1-5。

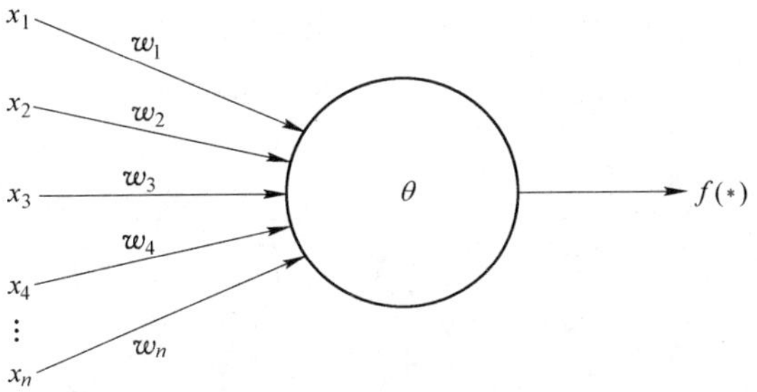

图 1-5　简单感知器模型

作为分类器，感知器模型输出 $y = f(*)$ 通常取阶跃函数：

$$y = \begin{cases} 1, & \sum_{i=1}^{n} w_i x_i - \theta > 0 \\ 0, & \sum_{i=1}^{n} w_i x_i - \theta \leqslant 0 \end{cases} \tag{1-13}$$

感知器在形式上与 MP 模型差不多，它们之间的区别在于神经元间连接权的变化。感知器的连接权定义为可变，这样感知器就被赋予了学习的特性。

如果在输入和输出层间加上一层或多层的神经元（隐层神经元），就构成了多层前向网络,即多层感知器,如图 1-6 所示。

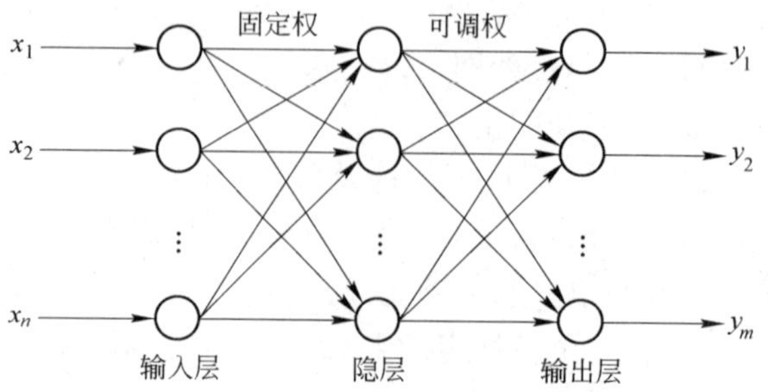

图 1-6 多层感知器模型

多层感知器只允许调节一层的连接权,这是因为按感知器的概念,无法给出一个有效的多层感知器学习算法。图 1-6 的三层感知器中,有两层连接权,输入层与隐层单元间的权值是随机设置的固定值,不被调节;输出层与隐层间的连接权是可调节的。

(2) 线性神经网络。感知器神经网络只能输出 0 或 1,而线性神经网络由一个或多个线性神经元组成,它可以输出任意值,但它只能处理线性分离问题。对应线性神经网络,需要给定输入向量和相应的期望输出向量,参照输出量与输入量的差别,调整网络权值和阈值,使得训练误差的平方小于或小于等于一定值,该算法称为 LMS 算法,该神经网络的收敛速度和精度较感知器有较大的提高。线性神经元模型见图 1-7,网络结构见图 1-8。图 1-8 显示的是一个单层线性网络结构,多层线性网络结构也是从单层变化而来。但单层网络结构同样非常有用。线性神经网络在函数拟合、信号滤波、预测、控制等方面有着广泛的应用。线性神经网络设计时需经过网络生成和初始化、网络学习、训练和仿真几个步骤。线性神经网络的网络权值和阈值学习规则采用最小二乘原理的 Widrow-Hoff 学习算法。线性神经网络还可以扩展为自适应滤波线性神经网络,它是线性神经网络的一个特殊形式,该网络引入了一个延迟链(TDL),自适应滤波网络的输出由输入信号及其延迟信号的线性组合构成。

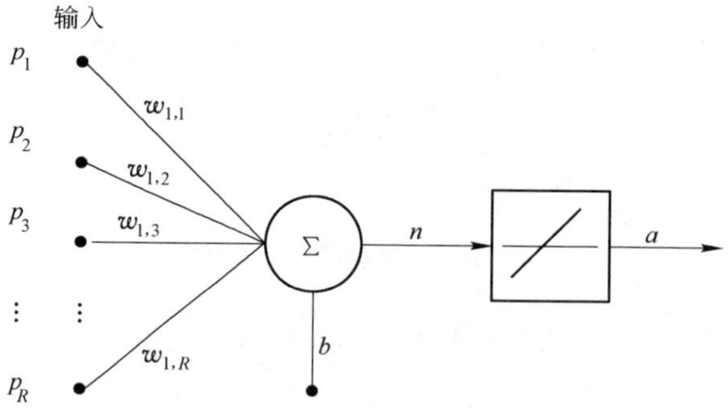

图 1-7 线性神经元模型

(3) BP 神经网络。由于在神经网络中引入了隐层神经元,神经网络就具有更好的分类和记忆等能力。Rumelhart 等人提出的反向传播(EBP)算法(简称 BP),系统地解决了多层神经元网络中隐单元层连接权的学习问题,并在数学上给出了完整的推导。由于 BP 网络克服了简单感知机不能解决的一些问题,所以 BP 模型已成为神经网络的重要模型之一。

采用 BP 算法的多层神经网络模型称为 BP 网络。多层神经网络模型的拓扑结构如图 1–9 所示。它由输入层、中间层和输出层组成。中间层也就是隐含层，可以是一层或多层。

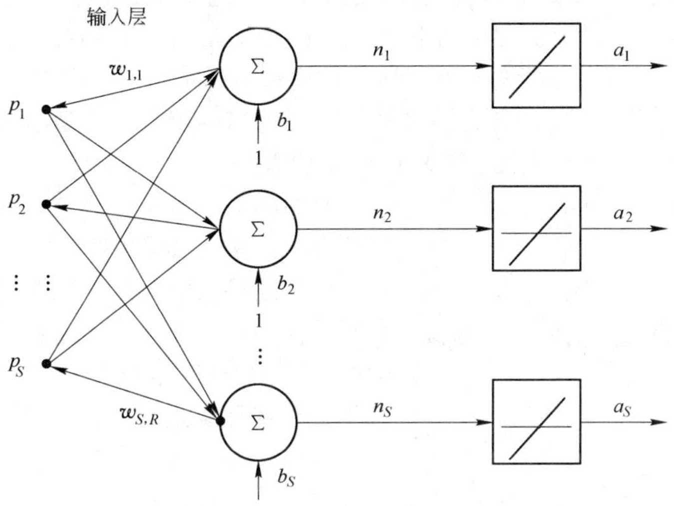

图 1–8 线性神经网络模型

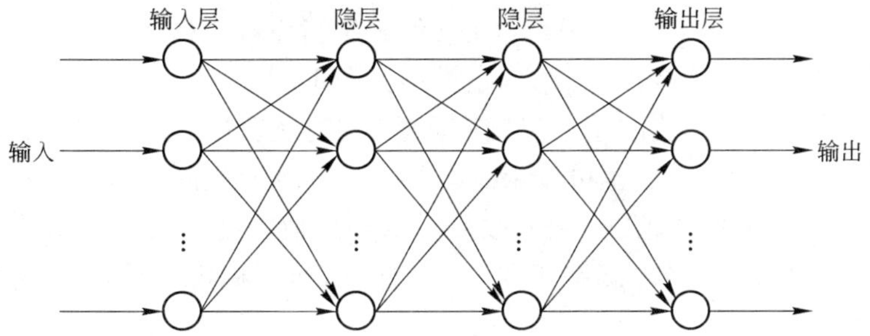

图 1–9 BP 网络拓扑结构

BP 网络的学习过程由两部分组成：正向传播和反向传播。当正向传播时，输入信息从输入层经隐单元层处理后传向输出层，每一层神经元的状态只影响下一层的神经元状态。如果在输出层得不到希望的输出，则转入反向传播，将误差信号沿原来的神经元连接通路返回。返回过程中，逐一修改各层神经元连接的权值。这种过程不断迭代，最后使得信号误差达到允许的范围之内。BP 网络中采用了有一定阈值特性的连续可微的 Sigmoid 函数作为神经元的激发函数。当然其他类似的非线性函数也可选用。这里采用的 S 型函数为：

$$f(x)=\frac{1}{1+e^{-x}} \tag{1-14}$$

BP 神经网络在函数逼近、模式识别、数据压缩等领域应用广泛。虽然 BP 网络克服了感知器和线性神经网络的局限性，但它是基于梯度下降的误差反向传播算法进行学习的，因此训练速度慢，且很容易陷入局部极小点，需要反复试凑训练过程，无法保证每次训练的收敛结果都是最优的。

（4）径向基函数网络。径向基（RBF）网络是以函数逼近理论为基础构造的一类前向网络,网络只有两层,中间层以对局部响应的径向基函数代替传统的全局响应的激发函数,由于是局部响应,因此对函数逼近是最优的。由于它具有结构简单、训练过程快速、与初始权值无关的优良特性,在多维曲面拟合、自由曲面重构、大型设备故障诊断有广泛应用。

(5) 自组织网络。自组织神经网络是一类无教师学习的神经网络模型,这类模型大都采用了竞争型学习机制。自组织神经网络无需提供教师信号,它可以对外界未知环境(或样本)进行学习或模拟,并对自身的网络结构进行适当的调整。竞争学习机制以及自组织神经网络的代表模型有 ART 模型、SOM 模型和 CPN 模型。

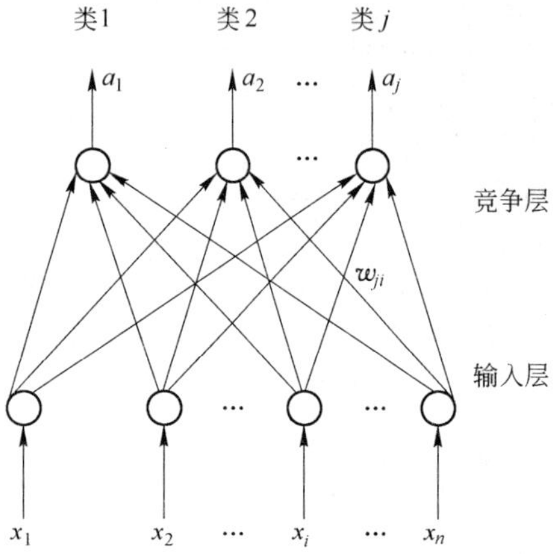

图 1-10　竞争型网络模型

竞争学习是指同一层神经元层次上的各个神经相互之间进行竞争,竞争胜利的神经元修改与其相连的连接权值。这种机制可以用来进行模式分类。竞争学习是一种无监督学习,在学习中,只向网络提供一些学习样本,而没有期望输出。网络根据输入样本进行自组织,并将其划分到相应的模式类别中。基本的竞争学习网络由两个层次组成,即输入层次和竞争层次。在竞争层次中,神经元之间相互竞争,最终只有一个或几个神经元活跃,以适应当前的输入样本。竞争胜利的神经元就代表着当前输入样本的分类模式。竞争型网络模型见图 1-10。

(6) 反馈网络。反馈网络除了信息前向传递,同时还要进行反向传递,这种信息的反馈可以发生在不同层神经元之间,也可以限定在某一层神经元之间,见图 1-11。图中 V_i 表示节点的状态,x_i 表示节点输入值,x'_i 表示收敛后的输出值。由于反馈网络是动态网络,因此只有满足了稳定性条件,网络才能在工作一段时间后达到稳定。反馈网络主要有 Hopfield 网络和 Elman 网络。

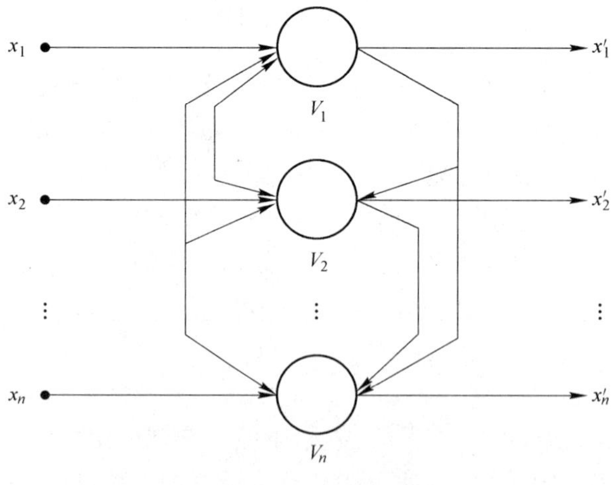

图 1-11　反馈网络模型

1) Hopfield 网络。Hopfield 网络是一种可用作联想存储器的互联网络,它可分为离散和连续两种。离散 Hopfield 网络所用神经元为二值神经元,所输出的离散值 1 和 0 分别表示神经元处于激活和抑制状态。离散 Hopfield 网络模型见图 1-12。

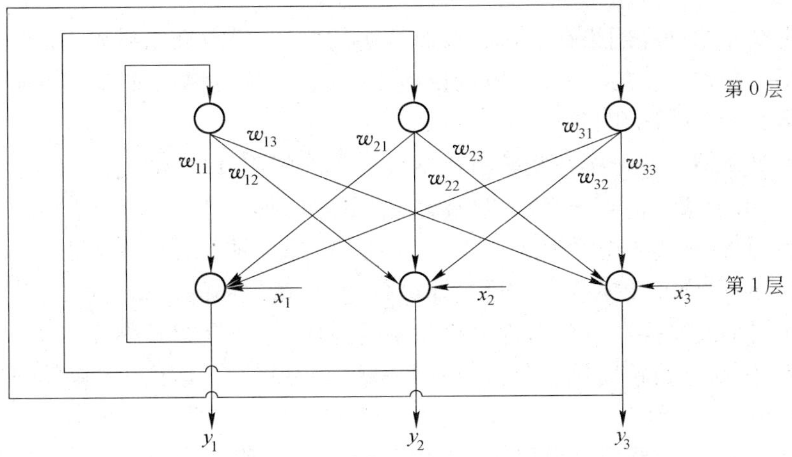

图 1-12 离散 Hopfield 网络模型

连续 Hopfield 网络与离散的 HNN 相比较,连续 Hopfield 网络多了一个一阶惯性环节(连续时间动力学方程)。要注意的第二个差异是:连续 Hopfield 网络函数是连续的 S 型函数,不是二值函数,见图 1-13。

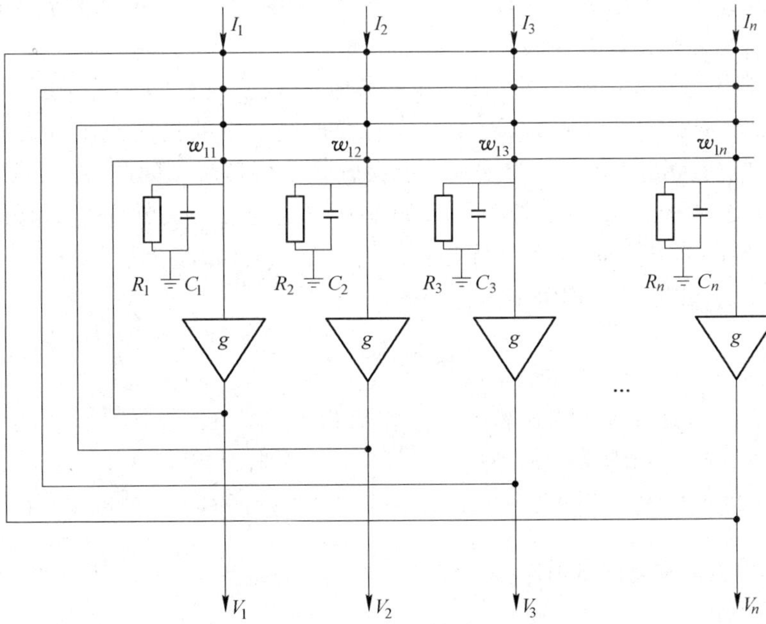

图 1-13 连续 Hopfield 网络模型

2) Elman 网络。Elman 网络由若干个隐层和输出层组成,并在隐层存在反馈环节。

1.4 本书的主要内容

总体讲,本书第 1 章介绍了化学计量学基本内容及化学计量学与铁矿石检验的关系,从而引出小波分析及人工神经网络,进而重点介绍小波分析及神经网络基本理论。第 2 章～

第7章介绍了小波分析和神经网络在铁矿石检验及其管理中的应用。第8章主要介绍 Matlab 的小波工具箱、神经网络工具箱的简单使用方法。

第2章主要介绍神经网络在铁矿石取制样中的应用,重点介绍铁矿石品位确认、铁矿石检验记录数据库操作、神经网络在品位确认应用、铁矿石品质特性、铁矿石品质特性分类,分别从神经网络的命令代码和 GUI 两种方式进行介绍。

第3章主要介绍小波分析在铁矿石化学分析中的应用,以自动电位滴定、X 荧光价态分析为例,详细介绍了微波消解—自动电位滴定的课题内容及小波变换在单位滴定曲线的导数变换的应用,而且采用了命令代码、GUI 和系统仿真三种手段分别予以说明。利用 X 荧光的谱峰选择,通过小波变换技术对重叠峰进行分离,实现铁的价态分析。

第4章介绍小波变换在铁矿石物理检验中的应用,主要介绍了小波变换在噪声滤除、趋势分析的应用,使铁矿石粒度偏析分析与避免、球团矿最佳抗压压力点确认、还原曲线数据校正等得以实现。

第5章介绍小波分析和神经网络在矿物分析中的应用,主要有 X 衍射谱线滤噪、矿相图谱的检索和处理、热重曲线的滤噪和导数变换。

第6章主要介绍利用小波分析和神经网络或小波神经网络技术,通过聚类分析、趋势分析等,对实验室存在的差错隐患进行分析,提出预防和改进措施。

第7章利用神经网络在铁矿石实验室管理应用进行了一些探索,如质量体系管理、绩效考核、安全管理的应用,同时对风险评估、分类管理、人事管理、科技管理等提出了利用神经网络处理相关问题提高工作效益,提出了研究思路。

本书主要以小波分析和神经网络手段解决铁矿石检验过程的相关问题,因此对铁矿石检验业务介绍比较详细。限于篇幅,对小波分析和神经网络的具体使用方法介绍仅作一般性常识介绍,因此初次接触该技术的读者可能会感到不好理解。因此,建议感兴趣的读者借助于相关小波分析和神经网络的教学用书,如本书所附的参考文献中的书籍进行参考。由于小波分析、神经网络和 Matlab 在各行各业应用广泛,因此市场上该类技术书籍种类很多,只有做到配合阅读,才能深入理解本书介绍的内容。

参考文献

[1] 应海松,等. 铁矿石检验系列丛书:铁矿石取制样及物理检验[M]. 北京:冶金工业出版社, 2007.
[2] 王松青,等. 铁矿石与钢材的质量检验[M]. 北京:冶金工业出版社, 2007.
[3] 许东,吴铮. 基于 MATLAB 6.X 的系统分析与设计——神经网络[M]. 2 版. 北京:电子工业出版社, 2007.
[4] 葛哲学,孙志强. 神经网络理论与 MATLAB R2007 实现[M]. 西安:西安电子科技大学出版社, 2002.
[5] 飞思科技产品研发中心. MATLAB 6.5 辅助小波分析与应用[M]. 北京:电子工业出版社, 2003.
[6] 飞思科技产品研发中心. 小波分析理论与 MATLAB 7 实现[M]. 北京:电子工业出版社, 2005.
[7] 董长虹. MATLAB 神经网络与应用[M]. 北京:国防工业出版社, 2007.
[8] 许禄,等. 化学计量学方法[M]. 北京:科学出版社, 1995.
[9] 朱尔一,等. 化学计量学技术及应用[M]. 北京:科学出版社, 2001.

2 神经网络在铁矿石取制样中的应用

近几年来，小波神经网络技术在矿产冶金领域应用广泛，如工艺优化、模型预报、故障分析、相统计分析、信号降噪、类型分类等，利用小波分析及神经网络技术可以将大量信息进行分析，通过计算机工具，以数学的形式模拟解决各种问题。随着我国进口铁矿批量的逐年上升及口岸质量检验机构检测设备自动化程度的不断提高，历年积累的大量铁矿检测数据的原始电子档案对人工神经网络和小波分析应用于进口铁矿检验提供了基本条件。

2.1 神经网络在铁矿取样品位波动中的应用

品位波动可由因矿山矿体、采矿方法、选矿方法、堆积和采取的方法、装/卸的方法、交货批质量的变化而改变。因此，任何矿石的品位波动应经常校核以确定上述变化的影响。一般矿产品的取样标准都必须引用品位波动结果来确定所采取样品的品位是选择“大”、“中”，还是“小”，不同的选择直接影响采用的代表性样品的质量，也影响工作人员的实际工作量，以往的方法大都采用人工作业，劳动强度大，时间周期长。用神经网络方法建立数学模式来判断铁矿的品位波动，可以将原本需要大量人工劳力辅助的铁矿石品质波动评定，成为只需计算机运算的模拟处理，使品位波动评估大大简单化，减轻铁矿石取制样人员在品位波动评估工作中的负担，可以规范铁矿石取制样程序，大大降低实验成本，同时可为ISO标准的修订提供依据❶。

2.1.1 产生铁矿石品位差异的原因

2.1.1.1 对初采的铁矿石未进行混料加工

无论是露天作业还是地下开采，即使是直接开采就能使用的商品矿，初采的铁矿石除部分含有品位高的富矿外，其余大都是含有大量脉石的贫矿，有时富矿中也会因铁矿石矿物组成不同而引起品位不一致，因此同一矿点开采出来的铁矿石品位也会不均匀，一些操作规范的矿山一般将初采的铁矿石进行碎矿、磨矿、分选、富集、混匀等工艺加工，但也有一些欠发达地区的铁矿山，由于缺乏矿产品前期加工的投资资金，采剥水平差，只是将未进行任何处理的初采矿直接用来销售，其铁矿石产品大多会产生品位不匀。

2.1.1.2 不同品位的矿点产地铁矿石混装

有些铁矿石产地因矿山规模比较小，而矿业公司多，一次交易的铁矿石数量大，造成一条大吨位铁矿船所载铁矿石分别来自多个不同品位的矿山或公司，而在装船时又未将其进行混匀等处理，甚至同一货舱的铁矿石来自多地，很容易引起整船铁矿石品位不匀。在这种情况下，有时可观察到同一船舱的上下层铁矿石的颜色也有所不同，就是因为上下层铁矿石

---

❶ 本项目参与人员有应海松、贺存君、朱波、徐良忠。

是来自不同的矿山。

2.1.1.3　粉块差异大的铁矿石

在铁矿石运输、装卸、堆存等过程中，由于颠簸、风力、滚动、运动等会造成铁矿石大小颗粒的分离。根据不同铁矿石的矿物特性，有的铁矿石大颗粒的品位高于小颗粒，有的却是小颗粒的品位大于大颗粒。因此粉块差异大的铁矿石有时品位也会极不均匀。一般情况下颗粒大的铁矿石品位相对较高，这是因为大颗粒铁矿石的矿物纯度较高，硬度也大，尤其是磁铁矿。

2.1.1.4　生产时破碎设计不当

在铁矿石粗破碎、中破碎和细破碎作业中，矿石粒度（粗粒级）、硬度（坚硬类型矿石）的波动对破碎有一定的影响。对于旋回破碎机，当给矿粒度变小时，矿石只通过破碎机而不被破碎，当给矿粒度过粗时，破碎机处理量降低；对于标准或短头圆锥破碎机，当给矿粒度变小时，破碎部分和破碎空间的充填率缩小，导致破碎矿石粒度增大，使得金属矿物解离度不足，均会导致铁矿石品位不均匀。另外，在干式和湿式磁选作业中，矿石粒度、含铁量（磁铁矿中的铁）的波动导致精矿质量降低和尾矿中铁流失增加。在浮选作业中，粒度的改变会导致精矿质量和尾矿中铁成分流失。

2.1.2　传统铁矿石品位波动确认方法

2.1.2.1　基本原则

有两种不同的传统方法可以进行品位波动评定，即份样交替合法和变量法。铁矿石的品质波动以标准偏差来表示。层内采取的各份样间品质特性的标准偏差由 σ_w 表示，它是以估计交替副样间的偏差，或以测定各个份样以及按变量法扣除制样和测定偏差的直线截距和斜率来确定。这两种情况都要做制样和测定偏差修正，且制样和测定偏差必须在确定品质波动实验时同时确定。确定品位波动所选择的品质特性可以是全铁含量、二氧化硅含量、三氧化二铝含量等成分含量和水分含量、粒度分布及其他物理品质特性。确定品质特性的样品单独采取时，则应分别对应于各个特性的品质波动。如果所取样品用于确定一个以上的品质特性时，则应选择这些特性中品质波动大的类别。评定品质波动的取样可以和测定交货批品质的日常取样相结合。

2.1.2.2　确认方法

A　采用交替副样评定品质波动

交替副样应按以下步骤组成：

(1) 按采样的顺序给每个交货批或交货批部分的份样编顺序号；

(2) 由每个交货批或交货批部分的连续奇数号份样（以副样 A_i 表示）和连续的偶数号份样（以副样 B_i 表示）组成一对交替副样；

(3) 每次试验，都要制备 n 组成对交替副样；

(4) 每个交替副样应由两个或两个以上的份样组成。

应由交替副样 A_i 和 B_i 分别制备试样。试样按需要可作为化学分析、水分测定、粒度测定或物理试验用。

从一个或数个交货批采取份样的个数可以和日常取样选取的个数相同。但当日常取样是按品质波动类别“小”时，且份样的个数不足以获得可靠的标准偏差时，则应增加份样的个数。

有四种试验类型：

(1) 如果是经常到港的交货批，品质波动可由质量大致相等的许多交货批按两种方法确定：第一，分别处理每个交货批；第二，每个交货批组成一对交替副样。份样的个数 n_1 应按 ISO 3082 选取，每个交货批应组成一对交替副样。试样的制备和测定可以按 1 个交货批 =1 部分进行，如：

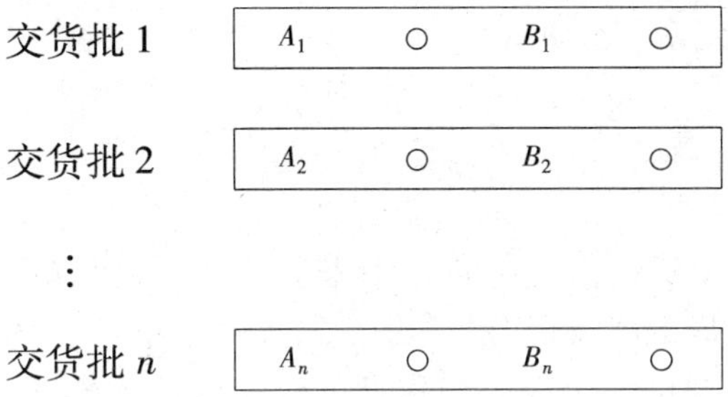

(2) 如果不是经常到港的大交货批，品质波动可由单一的交货批按两种方法确定：1) 将此交货批至少划分成质量大致相等的 10 个部分；2) 把每部分采取的份样合并组成一对交替副样。份样的个数 n_1 应按 ISO 3082 确定，至少应组成 10 对交替副样。试样的制备和测定可以按 1 个交货批（以分成 10 个部分）进行，如：

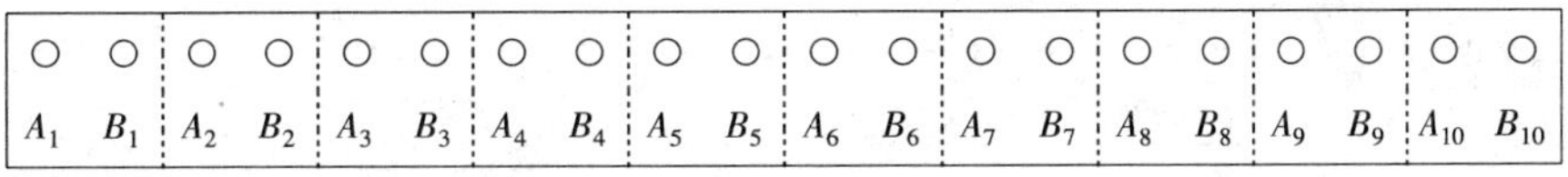

长方形框代表一个交货批，用虚线把框分成的各个间隔便代表一部分，一对圆圈代表一对交替副样。

成对交替副样实例草图见图 2-1。

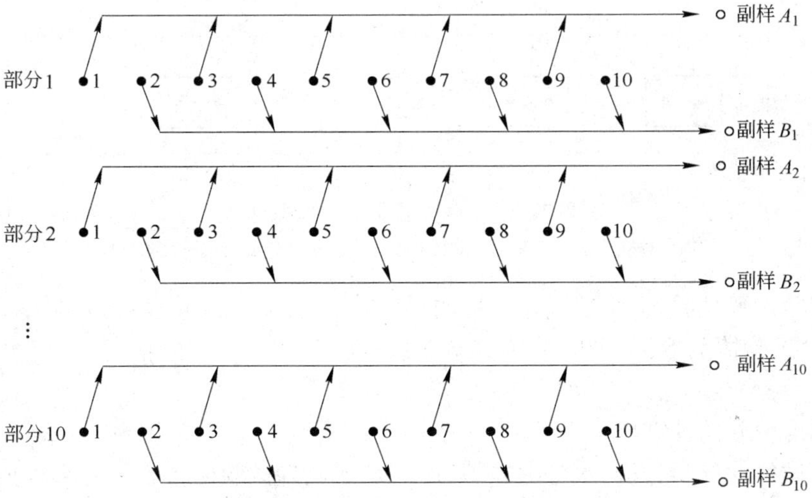

图 2-1 成对交替副样实例草图

(3) 如果是经常到港的小交货批，品质波动可由质量大致相等的若干交货批按两种方法确定:第一,把涉及的全部交货批至少划分成质量大致相等的 10 个部分; 第二,把从每部分采取的份样合并组成一对交替副样。每个交货批应按 ISO 3082 采取份样的个数 n_1。每交货批应分为若干层,从每层中采取的份样应合成一对交替副样。试样的制备和测定可以按几个交货批(以 3 个交货批分成 12 个部分)进行,如:

交货批 1	A_1 ○ B_1 ○	A_2 ○ B_2 ○	A_3 ○ B_3 ○	A_4 ○ B_4 ○
交货批 2	A_5 ○ B_5 ○	A_6 ○ B_6 ○	A_7 ○ B_7 ○	A_8 ○ B_8 ○
交货批 3	A_9 ○ B_9 ○	A_{10} ○ B_{10} ○	A_{11} ○ B_{11} ○	A_{12} ○ B_{12} ○

(4) 如果是从车载交货批取样或者是从交货批的全部货车中采取份样,可将取样方法看作是分层取样。当交货批是经常到港的交货批时,确定品质波动的程序如下:1) 分别处理每个交货批;2) 每个交货批组成一对交替副样。由每个交货批采取的份样个数 n_1 应按 ISO 3082 相关图表确定,由每个货车采取的份样个数 n_w 应按 ISO 3082 确定。如果个数是奇数,应增加 1 个使之为偶数。每个交货批应组成一对交替副样。试样的制备和测定可以按车载交货批的分层取样法,如图 2-2 所示。

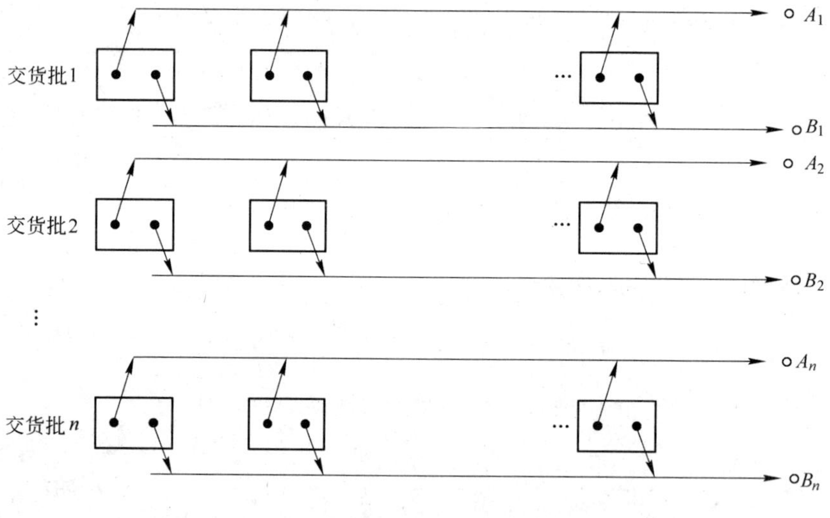

图 2-2 车载交货批的分层取样法

每个长框代表一节货车,框中实心点代表份样,圆圈代表交替副样

因为试验次数少时,很难精确估计层内品质特性的标准偏差,故推荐最少试验次数为:在(2)和(3)试验情况下,至少应单独试验 5 次;在(1)和(4)试验情况下,至少应单独试验 10 次。

层内标准偏差的计算如下:

将各个试样的化学分析、水分测定、粒度测定或物理试验所得到的实验数据记录下来。

层内的估计标准偏差应以式 2-4 计算。成对测定的极差 R_i 用式 2-1 计算:

$$R_i = |A_i - B_i| \tag{2-1}$$

式中 A_i——由交替副样 A_i 制备试样测定的品质特性(如铁含量);

B_i——由和交替副样 A_i 成对的副样 B_i 制备的试样测定的品质特性;

i——下标,指每交货批交替副样部分。

极差 R_i 的平均值计算见式 2-2:

$$\overline{R} = \frac{1}{n_4}\sum R_i \tag{2-2}$$

式中 n_4——极差 R_i 的个数,相同于试验中交货批的部分数。

每部分成对测定的平均值$\overline{X}$用式 2-3 计算:

$$\overline{X}_i = \frac{1}{2}(A_i - B_i) \tag{2-3}$$

估计层内标准偏差用式 2-4 计算:

$$\hat{\sigma}_w = \sqrt{n_5}\frac{\overline{R}}{d_2} \tag{2-4}$$

式中 n_5——包含在每个交替副样 A_i 或 B_i 中的份样个数;

d_2——极差估计标准偏差的系数,成对数据时 $1/d_2 = 0.8862$。

在(3)试验情况下,第 j 交货批品质特性的平均值 j 可由式 2-5 得到:

$$\overline{X}_j = \frac{1}{n_6}\sum X_{ji} \tag{2-5}$$

式中 X_{ji}——j 交货批中每部分成对测定的平均值;

n_6——交货批中的部分数。

由式 2-4 得到的层内估计标准偏差$\hat{\sigma}_w$ 是取样、制样和测定的总标准偏差。当$\hat{\sigma}_w$ 过高估计时,可以采用分类值。

如果想得到层内标准偏差的无偏差估计,而且 σ_p 代表的制样标准偏差,$\hat{\sigma}_w$ 代表的测定标准偏差均已知时,则层内估计标准偏差$\hat{\sigma}_w$ 应用式 2-6 计算:

$$\hat{\sigma}_w = \sqrt{n_5\left[\left(\frac{\overline{R}}{d_2}\right)^2 - \hat{\sigma}_p^2 - \hat{\sigma}_m^2\right]} \tag{2-6}$$

如果是按上述方法确定份样的个数,而且采取了那些份样,则包含在每个副样中的份样个数差异一定很小。如果差异等于或小于 10%,则 n_5 的平均值可以近似地应用于式 2-4 和式 2-6。

结果的表示如下:

对于(2)和(3)试验,由一系列试验所得特定铁矿石及取制样装置的计算层内标准偏差估计平均值$\hat{\sigma}_w$ 应以全部$\hat{\sigma}_w^2$ 测定值的平均值的平方根作为结果,即:

$$\overline{\hat{\sigma}}_w = \sqrt{\frac{1}{n_7}\sum \hat{\sigma}_w^2} \tag{2-7}$$

式中,n_7 为各个值的个数。对于(1)和(4)试验,由式 2-4 或式 2-6 得到的$\hat{\sigma}_w$ 值,应作为特定铁矿石和取制样装置的层内估计标准偏差的结果。

B 采用变量法评定品质波动

变量法是在以不同的质量间隔(称滞后间隔)情况下,检查份样间的差异。采用此方法,要采取大量的连续份样 n(20~40 个),并要制备和测试双样。对应于一个滞后间隔 k,

份样的变量法的值 $V_E(t)$ 由式 2-8 得出：

$$V_E(t) = \frac{\sum_{i=1}^{N_k}[\overline{X}_{i+k} - \overline{X}_i]^2}{2N_k} \tag{2-8}$$

$$t = k\Delta t$$

式中 Δt——以时间或质量为单位的取样间隔，取决于采用定时或定量$\overline{X}_{i+k}$取样法；

N_k——以滞后间隔 k 分开的份样的对数，$N_k = n - k$；

$\overline{X}_{i+k}$——份样 $i+k$ 两个测定值的平均值；

$\overline{X}_i$——份样 i 两个测定值的平均值。

变量法结果的 $V_E(t)$，称为“实验的”变量法，它包括制样、测定和取样偏差。采取的份样要制备和测定双样，按规定的方法由测定的极差平均值来确定制样和测定偏差。由此确定的制样和测定偏差和的一半，即$\hat{\sigma}_{PM}^2/2$，从每个滞后间隔计算的 $V_E(t)$ 值中减去，可求得“修正的”变量法 $V_C(t)$ 值，它只能提供取样偏差的信息。

滞后间隔有时以一个整数表示，是取样间隔 Δt 的倍数。于是变量法的 $V_C(k\Delta t)$，可以当作 V_k，即定变量法的值并使用它，取样间隔并不需要相同，因此，以时间或质量为单位表示滞后间隔是重要的，如果 Δt 可以改变，则变量法表示为连续滞后间隔的一个函数。

在大多数情况下，从范围很小的 k 值到至少两倍的份样间隔，发现变量法的值实际上近似于直线。因此，可以假定：

$$V_C(t) = V_0 + Bt \tag{2-9}$$

式中 V_0——修正变量法值的随机偏差；

B——变量法的斜率（或倾斜度）。

估计取样偏差$\hat{\sigma}_s^2$ 计算如下：

系统取样：
$$\hat{\sigma}_s^2 = \frac{V_0}{n} + \frac{BT}{6n^2} \tag{2-10}$$

分层随机取样：
$$\hat{\sigma}_s^2 = \frac{V_0}{n} + \frac{BT}{3n^2} \tag{2-11}$$

随机取样：
$$\hat{\sigma}_s^2 = \frac{V_0}{n} + \frac{BT}{3n} \tag{2-12}$$

式中 T——交货批的总吨数（定量取样），或进行取样时总的时间间隔 $n\Delta t$（定时取样）。

估计取样偏差依所选择的取样方案而定，随机取样精密度最差。如果没有周期性的品质波动时，系统取样比分层随机取样精密度高。

假定采用系统取样，简化的变量法符合变量法头两点的一条直线为：

$$V_0 = 2V_1 + V_2 \tag{2-13}$$

$$B = (V_2 - V_1)/\Delta t \tag{2-14}$$

式中 V_1——以滞后间隔 1 的变量法，$V_1 = V_C(\Delta t)$；

V_2——以滞后间隔 2 的变量法，$V_2 = V_C(2\Delta t)$。

正常情况下，通过 V_1 和 V_2 的直线斜率将为正值或零（$B \geqslant 0$），因此从式 2-13 得到的 V_0 值应小于或等于 V_1。但是，如果直线为负斜率（$B<0$），并且 $V_0 > V_1$，则设 $V_0 = V_1$ 和 $B=0$。

变量法与品质波动间的关系为用变量法确定的连续取样的取样间隔 Δt 代替 T/n，系统取样的公式 2-10 变为：

$$\hat{\sigma}_s^2 = \frac{V_0}{n} + \frac{B\Delta t}{6n} \tag{2-15}$$

估计取样偏差$\hat{\sigma}_s^2$ 和估计品质波动$\hat{\sigma}_w^2$ 间的关系如下：

$$\hat{\sigma}_s^2 = \hat{\sigma}_w^2/2 \tag{2-16}$$

结合式 2-15 和式 2-16 得出变量法估计的$\hat{\sigma}_w^2$ 如下：

$$\hat{\sigma}_w^2 = V_0 + \frac{B\Delta t}{6} \tag{2-17}$$

于是：

$$\hat{\sigma}_w = \sqrt{V_0 + \frac{B\Delta t}{6}} \tag{2-18}$$

式 2-18 可以计算任何取样间隔 Δt 的估计品质波动$\hat{\sigma}_w$。而且用式 2-16 可以确定相应的取样精密度$\hat{\sigma}_s$。同交替副样方法相反，$\hat{\sigma}_w$ 不是假定为一个常数，它的值随取样层的大小而定，即取决于 Δt。

用简化变量法中的公式能确定任何取样间隔的取样精密度，但计算达到理想取样精密度所需要份样的个数却不简单，份样个数必须用如下逐步逼近法确定：1）对计划的份样个数用式 2-18 计算$\hat{\sigma}_w$；2）用式 2-16 计算取样精密度$\hat{\sigma}_s$；3）将计算精密度与理想值比较；4）增加或减少份样的个数，并重复上述的步骤，直至计算的取样精密度达到理想的值。

2.1.3 神经网络在品位确认中的应用

2.1.3.1 基本原理及介绍

工作人员应将多年来某产地批次或多产地批次品种铁矿石的相关品质特征信息输入人工神经网络的数学模型进行迭代运算，如粒度、水分、成分分析检测结果，产地、品种、矿山、加工工艺、船舶运输以及其他相关铁矿石商品信息，目的是利用“输入 - 目标”样本矢量数据对人工神经网络进行学习、训练，最终达到能自动确认未知铁矿石交货批品位波动情况的效果。因为无论是手工还是机械取样，在取样前必须确认所取交货批铁矿石的品位波动情况，利用原先取样手段的取样工作量极其繁重，而采用神经网络技术及多年来积累的铁矿石品质特征信息，以及强大功能的 Matlab 神经网络工具箱，可以大大解放劳动力。相关神经网络的基础知识见第 1 章，Matlab 软件的基本功能详见第 8 章。本章简单介绍神经网络的函数。

（1）神经网络工具箱及函数。Matlab 神经网络工具函数主要分为两部分：一部分是特别针对某一类型的神经网络，如感知器创建函数、BP 网训练函数等；另一类是通用型的，几乎可用于所有的神经网络，如神经网络仿真函数、初始化函数、训练函数等。

（2）通用函数。Matlab 通用函数有神经网络仿真函数（sim）、神经网络训练函数（train、trainb、adapt）、神经网络学习函数（learnp、learnpn）、初始化函数（revert、init、initlay、initnw、initwb）、神经网络调入函数（netsum、netprod、concur）、传递函数（harlim、hardlims）、权值求积函数（dotprod）。

（3）感知器神经网络函数。感知器神经网络是一个具有单层神经元、采用阈值激活函数的向前网络。通过对网络权值的训练，可以使感知器对一组输入矢量的响应达到元素为 0 或 1 的目标输出，可对输入矢量进行分类。感知器函数有创建函数（newp）、显示函数

(plotpc、plotpv)、性能函数(mac)。

(4) 线形网络的神经网络函数。它的结构与感知器类似,属单层神经网络,但它的训练属自适应滤波的 LMS 算法,因此它是自适应可调网络,可以应用于信号处理的自适应滤波、预测、模型识别。函数有线形网络创建函数(newlin、newlind)、学习函数(learnwh、maxlinlr)。

(5) 反向传播网络(BP)的神经网络函数。该网络是一个向前多层网络,其结构简单、可塑性强,因此在函数逼近、模式识别、信息分类及数据压缩等领域有广泛的应用,BP 网原理见图 2-3。它由输入层、隐蔽层、输出层组成,一般算法的步骤有:由随机数给定(0,1)范围内的初始权重;将试样的矢量输入到输入层;计算输出层和输入层的误差;进行权重调整;重复前面过程,计算下一个试样;算出的均方根误差(RMS)达到预先给定的较小值停止迭代。函数有向前网络创建函数(newcf、newff、newffd)、传递函数(logsig、dlogsig、tansig、dtansig、purelin、dpurelin)、学习函数(learnd、learndm)、性能函数(mse、msereg)、显示函数(plotperf、plotes、plotep、errsurf)。

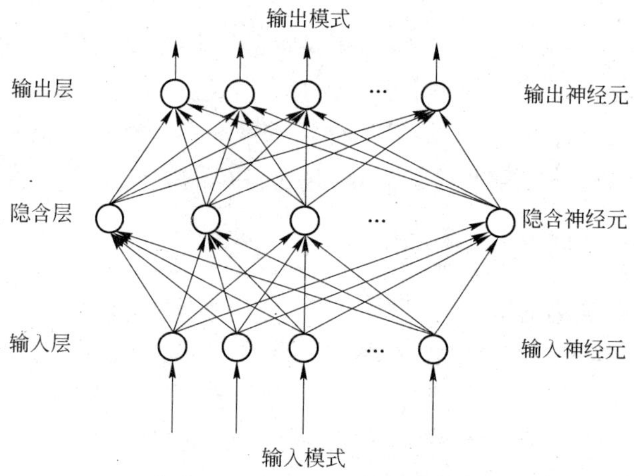

图 2-3 BP 人工神经网络原理图

(6) 反馈神经网络(动态神经网络)函数。反馈神经网络的输出不仅与当前的输入有关,而且还与以前的网络输入、输出有关,根据回馈形式有:输入有延迟的时间延迟回馈网络和输入有延迟、输出有回馈的层回馈网络。反馈网络典型的有 Hopfield 网络和 Elman 网络。常用函数有网络创建(Newfftd、Newdtdnn、Newnarx、Newnarxsp、Newlrn)、转换函数(sp2narx),典型函数有 Hopfield 网络创建(newhop)、Elman 网络创建(newelm)、Hopfield 网络传递函数(satlins)。Hopfield 网络主要应用于图像和语音处理、数据查询、容错控制、模式分类和识别。

(7) 径向基网络的神经网络函数。径向基(RBF)网络的神经网络函数是以逼近理论为基础构造的一类向前网络,该网络只有两层,其中间层对应局部径向基函数代替传统的全局响应的激发函数,该函数可应用于多面曲线拟合、自由曲面重构和大型设备故障诊断等领域。函数有网络创建函数(newrb、newrbe、newpnn、newgrnn)、神经元传递函数(radbas)、传递函数(ind2vec、vec2ind)。

(8) 自组织竞争网络的神经网络函数。该网络以无教师的方式进行网络训练,具有自组织特性,在训练过程中,不需要期望值,而是根据输入数据的属性来调整权值,从而完成向环境学习、自动分类和聚类。自组织竞争神经网络是利用网络竞争层中的各神经元通过竞争来获取对输入模式的影响机会，最后的竞争胜利者为输出最大的神经元，同时与获胜的神经元相关的各连接权值向更有利于竞争的方向调整，该神经网络大大拓展了应用范围。其函数有网络创建（newc、newsom、newlvq）、神经元传递函数（compet、softmax）、距离函数（boxdist、dist、linkdist、maxdist）、学习函数（learnk、learnsom、learnis、learnos）、初始化函数（midpoint）、权值函数（negdist）、显示函数（plotsom）、结构函数（hextop、gridtop、randtop）。

2.1.3.2　学习、训练、测试数据的提取

A　Access 数据库的数据提取

如果每检验批次的铁矿石品质特性储存在 Access 数据库中，则首先要了解数据库的结构。如某一口岸检验机构的铁矿石品质特性数据库是以品质情况及贸易数量为要素而设计，则数据库需建有大量的基础数据，并对每批次检验需有完整的信息记录，通过数据库表相互导入可读取有关数据或相互链接以达到在数据录入时可即时添加或修改表及被链接表的内容，数据库表内部分字段采用 SQL（structured query language）查询的“SELECT”语句。

a　数据库基础数据档案

在 Access 数据库中建立一系列包含同一主题的基础信息表，表中每个字段包含关于该主题的各个事件，为尽量避免表与表之间的重复及减少对数据库的占有量，表内个别内容采用 SQL 查询，基础数据表及表内字段包括：人员、国内外客户名录、国家、原产地、船舶、装运港、品名、编码、商品品名（每种品名可对应粉、块、球三个品种）、名称、品种。

b　数据库商品数据档案

该档案主要为每批次铁矿检验的报验信息以及数量、品质检验信息，如：

（1）报验单。包括：报验号、船名、装卸情况、用户、收发货人、国外公司、品名、数量、原产地、日期、装运港、金额等报验信息。该表个别内容采用 SQL 查询，并赋予相应的常规（标题、格式、掩码、有效性规则、有效性文本等）、查询（显示控件、行来源及行来源类型、绑定列、列数等）设置及数据类型、说明。

（2）品质结果。包括：报验号、品质项目（采用 SQL 查询，同上设置常规、查询及数据类型、说明）、合同值、国外值、检验值、是否合格。

（3）品质项目。包括：粒度、水分、化学分析、物理测试等项目。为了查询设置方便，对粒度各档指标赋上前缀“Size：”，对球团矿物理指标赋上前缀“INX”。

使用 Access 查询“设计”视图建立基于报验单、品种结果、品种项目三个表的选择查询，分别形成以报验号、原产地、国外公司、品种、鉴定数量、商品总值、收货人、发货人、最终用户、减载等为字段和以报验号、原产地、国外公司、品种、鉴定数量、商品总值、项目、合同值、国外值、检验值、是否合格为字段的有用数据提取出来形成汇总新表。采用查询中的语句准则“like”或“not”再次对所需数据进行提取。例如，粒度通过查询准则 like “Size *”语句提取；水分通过查询准则 like “moisture”语句提取；球团矿物理试验通过查询准则 like “INX *”语句提取。

提取后的查询结果可以转换成 Excel 文件，经过相应的处理后，如数据归类、数据归一化等，在 Matlab 转换成 mat 文件保存于 Matlab 的 work 文件夹中，以备程序调用。

B　SQL server 数据库的数据提取

某一口岸检验机构开发了一套能将每一交货批次的每一份样粒度检测结果自动储存在

机械取制样设施的存储装置中，并利用 ADSL 拨号连接将机械取制样设施的存储装置中数据自动传输到管理计算机的 SQL server 数据库中，SQL server 数据库功能包括：报检录入、任务维护、取样管理、基础数据、系统设置。其中取样管理功能包括：数据审核、结果处理、异常处理、查询打印、报表打印等功能。但该数据库主要存储的是全自动取样及粒度筛分设备记录的每个份样的份样量、粒度结果，以及人工输入的每个水分测试样的水分结果，如遇设备故障或遇粉矿、黏矿而粒度湿筛或干筛时，其粒度结果也是人工输入。

要提取 SQL server 数据库的数据，则先要安装 SQL server，如 SQL server 2000。然后，打开 SQL server 程序组的“查询分析器”，可直接在服务器上操作，也可在某一终端计算机上操作，如在某一终端计算机上操作时，则在启动 SQL 查询分析器时，需首先打开“连接到 SQL server 服务器”对话框，连接指定的 SQL server 服务器，经过必要的验证后再打开“查询分析器”，得到查询分析器窗口。查询分析器窗口分为左右两部分，左边为“对象浏览器”窗口，右边为 SQL 语句输入窗口。“对象浏览器”窗口的“对象”选项卡显示了 SQL server 服务器的数据库及数据库对象，“模板”选项卡显示了查询分析器包含的各种 T-SQL 语句模板。SQL 语句输入窗口中可输入 SQL 语句及可打开一个 SQL 脚本文件（后缀为 . sql）。

a 简单查询

简单的 T-SQL 查询只包括选择列表、FROM 子句和 WHERE 子句。它们分别说明所查询列、查询的表或视图以及搜索条件等。例如，下面的语句查询 ciqresult 表中编号为“2367”的 Fe 字段和 SiO_2 字段。

```
SELECT Fe, SiO2
FROM ciqresult
WHERE 编号 ='2367'
```

（1）选择列表。选择列表(select_list)指出所查询列，它可以由一组列名列表、星号、表达式、变量（包括局部变量和全局变量）等构成。

1）选择所有列。如下面语句显示 ciqresult 表中所有列的数据：

```
SELECT *
FROM ciqresult
```

2）选择部分列并指定它们的显示次序。查询结果集合中数据的排列顺序与选择列表中所指定的列名排列顺序相同，例如：

```
SELECT Fe, SiO2
FROM ciqresult
```

3）更改列标题。在选择列表中，可重新指定列标题。定义格式为：

```
列标题 = 列名
```

如果指定的列标题不是标准的标识符格式时，应使用引号定界符，如下列语句使用汉字显示列标题：

```
SELECT Fe as '全铁',SiO2 as '二氧化硅'
FROM ciqresult
```

4）删除重复行。SELECT 语句中使用 ALL 或 DISTINCT 选项来显示表中符合条件的所有行或删除其中重复的数据行，默认为 ALL。使用 DISTINCT 选项时，对于所有重复的数据行，在 SELECT 返回的结果集合中只保留一行。

5）限制返回的行数。使用 TOP n [PERCENT] 选项限制返回的数据行数，TOP n 说明返回 n 行，而 TOP n PERCENT 时，说明 n 是表示一个百分数，指定返回的行数等于总行数的百分之几。

例如：

```
SELECT TOP 2 * FROM ciqresult
SELECT TOP 20 PERCENT * FROM ciqresult
```

（2）FROM 子句。FROM 子句指定 SELECT 语句查询及与查询相关的表或视图。在 FROM 子句中最多可指定 256 个表或视图，它们之间用逗号分隔。在 FROM 子句同时指定多个表或视图时，如果选择列表中存在同名列，这时应使用对象名限定这些列所属的表或视图。例如在 consigneetable 和 consignertable 表中同时存在 numberid 列，在查询两个表中的 numberid 时应使用下面语句格式加以限定：

```
SELECT username, consignertable. numberid
FROM consigneetable, consignertable
WHERE consigneetable. numberid = consignertable. numberid
```

在 FROM 子句中可用以下两种格式为表或视图指定别名：

```
表名 as 别名
```

例如，上面语句可用表的别名格式表示为：

```
SELECT username,b. numberid
FROM consigneetable a, consignertable b
WHERE a. numberid = b. numberid
```

SELECT 不仅能从表或视图中检索数据，它还能够从其他查询语句所返回的结果集合中查询数据。

（3）使用 WHERE 子句设置查询条件。WHERE 子句设置查询条件，过滤掉不需要的数据行。例如，下面语句查询全铁含量大于 60 的数据：

```
SELECT *
FROM ciqresulttable
WHERE TFe >60
```

WHERE 子句可包括各种条件运算符：

比较运算符（大小比较）：>、>=、=、<、<=、<>、! >、! <。

范围运算符（表达式值是否在指定的范围）：BETWEEN…AND…，或 NOT BETWEEN…AND…。

列表运算符（判断表达式是否为列表中的指定项）：IN（项 1，项 2，…），或 NOT IN（项 1，项 2，…）。

模式匹配符(判断值是否与指定的字符通配格式相符):LIKE、NOT LIKE。

空值判断符(判断表达式是否为空):IS NULL、NOT IS NULL。

逻辑运算符(用于多条件的逻辑连接):NOT、AND、OR。

1)范围运算符例:TFe BETWEEN 60 AND 70 相当于 TFe >=60 AND TFe <=70。

2)列表运算符例:country IN ('Australia','Brazil')。

3)模式匹配符例:常用于模糊查找,它判断列值是否与指定的字符串格式相匹配,可用于 char、varchar、text、ntext、datetime 和 smalldatetime 等类型查询。

可使用以下通配字符:

百分号%:可匹配任意类型和长度的字符,如果是中文,请使用两个百分号即%%。

下划线_:匹配单个任意字符,它常用来限制表达式的字符长度。

方括号[]:指定一个字符、字符串或范围,要求所匹配对象为它们中的任一个。[^]:其取值也[] 相同,但它要求所匹配对象为指定字符以外的任一个字符。

例如:

限制以 Publishing 结尾,使用 LIKE '%Publishing'

限制以 A 开头:LIKE '[A]%'

限制以 A 开头外:LIKE '[^A]%'

4)空值判断符例:WHERE age IS NULL。

5)逻辑运算符:优先级为 NOT、AND、OR。

(4)查询结果排序。使用 ORDER BY 子句对查询返回的结果按一列或多列排序。ORDER BY 子句的语法格式为:

```
ORDER BY {column_name [ASC|DESC]} [,…n]
```

其中 ASC 表示升序,为默认值,DESC 为降序。ORDER BY 不能按 ntext、text 和 image 数据类型进行排序。

例如:

```
SELECT *
FROM ciqresulttable
ORDER BY TFe desc,numberid ASC
```

另外,可以根据表达式进行排序。

b 联合查询

UNION 运算符可以将两个或两个以上 SELECT 语句的查询结果集合合并成一个结果集合显示,即执行联合查询。UNION 的语法格式为:

```
select_statement
UNION [ALL] selectstatement
[UNION [ALL] selectstatement][…n]
```

其中 selectstatement 为待联合的 SELECT 查询语句。

ALL 选项表示将所有行合并到结果集合中。不指定该项时,被联合查询结果集合中的重复行将只保留一行。

联合查询时,查询结果的列标题为第一个查询语句的列标题。因此,要定义列标题必须在第一个查询语句中定义。要对联合查询结果排序时,也必须使用第一查询语句中的列名、列标题或者列序号。

在使用 UNION 运算符时,应保证每个联合查询语句的选择列表中有相同数量的表达式,并且每个查询选择表达式应具有相同的数据类型,或是可以自动将它们转换为相同的数据类型。在自动转换时,对于数值类型,系统将低精度的数据类型转换为高精度的数据类型。

在包括多个查询的 UNION 语句中,其执行顺序是自左至右,使用括号可以改变这一执行顺序。例如:

```
查询1 UNION (查询2 UNION 查询3)
```

c 连接查询

通过连接运算符可以实现多个表查询。连接是关系数据库模型的主要特点,也是它区别于其他类型数据库管理系统的一个标志。

在关系数据库管理系统中,建立表时各数据之间的关系不必确定,常把一个实体的所有信息存放在一个表中。当检索数据时,通过连接操作查询出存放在多个表中的不同实体的信息。连接操作给用户带来很大的灵活性,他们可以在任何时候增加新的数据类型。为不同实体创建新的表,之后通过连接进行查询。

连接可以在 SELECT 语句的 FROM 子句或 WHERE 子句中建立,似是而非在 FROM 子句中指出连接时有助于将连接操作与 WHERE 子句中的搜索条件区分开来。所以,在 Transact - SQL 中推荐使用这种方法。

SQL—92 标准所定义的 FROM 子句的连接语法格式为:

```
FROM join_table join_type join_table
[ON (join_condition)]
```

其中 join_table 指出参与连接操作的表名,连接可以对同一个表操作,也可以对多表操作,对同一个表操作的连接又称做自连接。

join_type 指出连接类型,可分为三种:内连接、外连接和交叉连接。内连接(INNER JOIN)使用比较运算符进行表间某(些)列数据的比较操作,并列出这些表中与连接条件相匹配的数据行。根据所使用的比较方式不同,内连接又分为等值连接、自然连接和不等连接三种。外连接分为左外连接(LEFT OUTER JOIN 或 LEFT JOIN)、右外连接(RIGHT OUTER JOIN 或 RIGHT JOIN)和全外连接(FULL OUTER JOIN 或 FULL JOIN)三种。与内连接不同的是,外连接不只列出与连接条件相匹配的行,而是列出左表(左外连接时)、右表(右外连接时)或两个表(全外连接时)中所有符合搜索条件的数据行。

交叉连接(CROSS JOIN)没有 WHERE 子句,它返回连接表中所有数据行的笛卡儿积,其结果集合中的数据行数等于第一个表中符合查询条件的数据行数乘以第二个表中符合查询条件的数据行数。

连接操作中的 ON (join_condition) 子句指出连接条件,它由被连接表中的列和比较运算符、逻辑运算符等构成。

无论哪种连接都不能对 text、ntext 和 image 数据类型列进行直接连接,但可以对这三种列进行间接连接。例如：

```
SELECT p1. pub_id,p2. pub_id,p1. pr_info
FROM pub_info AS p1 INNER JOIN pub_info AS p2
ON DATALENGTH(p1. pr_info) = DATALENGTH(p2. pr_info)
```

(1) 内连接。内连接查询操作列出与连接条件匹配的数据行,它使用比较运算符比较被连接列的列值。内连接分三种：

1) 等值连接。在连接条件中使用等于号(=)运算符比较被连接列的列值,其查询结果中列出被连接表中的所有列,包括其中的重复列。

2) 不等连接。在连接条件使用除等于运算符以外的其他比较运算符比较被连接的列的列值。这些运算符包括 >、>=、<=、<、!>、!< 和 <>。

3) 自然连接。在连接条件中使用等于(=)运算符比较被连接列的列值,但它使用选择列表指出查询结果集合中所包括的列,并删除连接表中的重复列。

例如,下面使用等值连接列出 authors 和 publishers 表中位于同一城市的作者和出版社：

```
SELECT *
FROM authors AS a INNER JOIN publishers AS p
ON a. city = p. city
```

又如使用自然连接,在选择列表中删除 authors 和 publishers 表中重复列(city 和 state)：

```
SELECT a. *,p. pub_id,p. pub_name,p. country
FROM authors AS a INNER JOIN publishers AS p
ON a. city = p. city
```

(2) 外连接。内连接时,返回查询结果集合中的仅是符合查询条件(WHERE 搜索条件或 HAVING 条件)和连接条件的行。而采用外连接时,它返回到查询结果集合中的不仅包含符合连接条件的行,而且还包括左表(左外连接时)、右表(右外连接时)或两个边接表(全外连接)中的所有数据行。如下面使用左外连接将论坛内容和作者信息连接起来：

```
SELECT a. *,b. * FROM luntan LEFT JOIN usertable as b
ON a. username = b. username
```

下面使用全外连接将 city 表中的所有作者、user 表中的所有作者以及他们所在的城市连接起来：

```
SELECT a. *,b. *
FROM city as a FULL OUTER JOIN user as b
ON a. username = b. username
```

(3) 交叉连接。交叉连接不带 WHERE 子句,它返回被连接的两个表所有数据行的笛卡儿积,返回到结果集合中的数据行数等于第一个表中符合查询条件的数据行数乘以第二个表中符合查询条件的数据行数。例,titles 表中有 6 类图书,而 publishers 表中有 8 家出版社,则下列交叉连接检索到的记录数将等于 $6 \times 8 = 48$ 行。

```
SELECT type,pub_name
```

```
FROM titles CROSS JOIN publishers
ORDER BY type
[Post = 0][/Post]
```

d 导入数据库

也可以将 mdf 文件导入 SQL server,然后进行查询。下面是导入 mdf 文件的具体方法。

在查询分析器里执行如下语句:

```
exec sp_attach_db '数据库名','mdf 文件路径'
```

比如你的数据库名字为 firstborn,mdf 文件储存在 d 盘,则路径是 d:/firstborn. mdf,可以用下面的代码打开文件:

```
exec sp_attach_db 'firstborn','d: /firstborn. mdf'
```

C CIQ2000 中的数据提取

目前检验检疫系统内正在使用的 CIQ2000 检验检疫综合管理系统虽无详细的铁矿石品质特征的数据库信息,但它包含的通用性检务信息还是对铁矿石品质特性的分类有一定的意义,如收发货人、产地国别、品种、数量、HS 编码、货值等。如需要调用某一自然年的进口铁矿石信息,则可利用 CIQ2000 的查询统计功能,以 CIQ2000 数据库在 CIQ2000 检验检疫综合管理系统中的进口铁矿为关键词,设定时段为 1 个自然年,剔除撤检批次,选择需要的查询字段,设定需要的查询条件,查询条件可以追加,所得查询结果以 TXT 形式导出,并转换成 Excel 形式后经过数据处理,再次转换为 Matlab 可识别文件保存备用。CIQ2000 采用的数据库为 Oracle 数据库,由于其专业性强,因此数据的提取还是建议采用 CIQ2000 开发的查询统计模块。

2.1.3.3 *神经网络在铁矿石确认的实例*

A 利用成分检验结果确认品位

a 网络设计

本例采用 BP 网设计一个状态分类器,利用每交货批进口铁矿石的成分分析结果作为状态样本数据,分别对应品位波动的大、中、小,最终达到能够判别品位波动的目的。

首先,选择某一时间阶段来自不同产地的 50 个交货批铁矿石粉矿,选其全铁、磷、硫的合同值、国外检验值和口岸机构检验值,得 50 组状态样本值,其中包括品位波动为大、中、小的数据,见表 2-1。

表 2-1 状态样本数据

矿石类别	合同 TFe	国外 TFe	国内 TFe	合同 P	国外 P	国内 P	合同 S	国外 S	国内 S	品位
CVRD	64.00	66.29	66.34	0.05	0.020	0.0225	0.03	0.004	0.0023	小
哈默斯利	57.00	58.58	58.72	0.050	0.053	0.0524	0.050	0.002	0.014	小
MMTC	66.00	66.10	65.80	0.050	0.036	0.037	0.010	0.008	0.003	中
印度矿	62.00	62.75	62.88	0.070	0.035	0.0276	0.020	0.012	0.0088	中
CVRD	64.00	66.27	66.48	0.06	0.023	0.023	0.05	0.004	0.002	小
哈默斯利	62.00	63.82	63.84	0.07	0.069	0.0683	0.05	0.023	0.0193	小

续表 2-1

矿石类别	合同 TFe	国外 TFe	国内 TFe	合同 P	国外 P	国内 P	合同 S	国外 S	国内 S	品位
哈默斯利	62. 00	63. 67	63. 75	0. 070	0. 073	0. 072	0. 050	0. 020	0. 018	小
纽曼山	12. 00	63. 45	63. 48	0. 07	0. 070	0. 0699	0. 03	0. 010	0. 0072	小
杨　迪	58. 0	58. 41	58. 40	0. 05	0. 043	0. 0408	0. 05	0. 012	0. 0094	小
纽曼山	62. 00	63. 48	63. 26	0. 08	0. 070	0. 068	0. 03	0. 015	0. 009	小
哈默斯利	62. 00	64. 15	64. 10	0. 070	0. 062	0. 062	0. 050	0. 014	0. 014	小
委内瑞拉矿	63. 90	65. 78	65. 60	0. 09	0. 071	0. 0721	0. 05	0. 012	0. 0221	小
MBR	66. 50	67. 82	67. 68	0. 050	0. 034	0. 034	0. 015	0. 005	0. 0028	小
哈默斯利	62. 00	63. 31	63. 28	0. 070	0. 069	0. 071	0. 050	0. 020	0. 021	小
杨　迪	58. 0	58. 44	58. 37	0. 05	0. 043	0. 0435	0. 05	0. 008	0. 0092	小
CVRD	64. 00	66. 16	66. 34	0. 06	0. 024	0. 021	0. 05	0. 005	0. 001	小
纽曼山	62. 00	63. 08	63. 14	0. 07	0. 071	0. 065	0. 03	0. 01	0. 009	小
哈默斯利	62. 00	63. 66	63. 48	0. 070	0. 068	0. 067	0. 050	0. 012	0. 012	小
哈默斯利	62. 00	63. 41	63. 18	0. 070	0. 072	0. 072	0. 050	0. 013	0. 010	小
FERTECO	67. 00	67. 27	67. 40	0. 05	0. 038	0. 0371	0. 007	0. 004	0. 0017	小
MBR	66. 50	67. 44	67. 34	0. 05	0. 037	0. 036	0. 015	0. 007	0. 003	小
杨　迪	58. 0	58. 32	58. 05	0. 05	0. 042	0. 0416	0. 05	0. 010	0. 0131	小
MBR	66. 50	67. 20	67. 34	0. 05	0. 034	0. 0316	0. 015	0. 006	0. 0030	小
依斯科	65. 00	65. 53	65. 58	0. 065	0. 058	0. 051	0. 045	0. 012	0. 018	小
CVRD	65. 5	66. 45	66. 54	0. 035	0. 024	0. 024	0. 035	0. 004	0. 002	小
CVRD	63. 00	63. 59	63. 82	0. 050	0. 031	0. 0324	0. 020	0. 0058	0. 0029	小
阿索马	65. 00	64. 24	64. 49	0. 07	0. 036	0. 034	0. 055	0. 01	0. 016	小
FERTECO	64. 00	65. 2	65. 42	0. 055	0. 035	0. 035	0. 01	0. 0038	0. 0018	小
CVRD	64. 00	66. 43	66. 59	0. 05	0. 024	0. 0263	0. 03	0. 003	0. 0011	小
秘鲁矿	66. 00	67. 07	66. 78	0. 045	0. 021	0. 023	0. 50	0. 366	0. 291	大
秘鲁矿	66. 00	67. 07	66. 78	0. 045	0. 021	0. 023	0. 50	0. 366	0. 291	大
MBR	66. 50	67. 26	67. 52	0. 05	0. 049	0. 0497	0. 015	0. 006	0. 0045	小
MBR	67. 00	67. 68	67. 71	0. 050	0. 033	0. 0334	0. 010	0. 004	0. 001	小
CVRD	64. 00	66. 46	66. 56	0. 06	0. 025	0. 023	0. 05	0. 005	0. 001	小
哈默斯利	61. 00	63. 67	63. 68	0. 08	0. 071	0. 074	0. 05	0. 021	0. 018	小
纽曼山	63. 50	64. 67	64. 62	0. 05	0. 037	0. 039	0. 04	0. 005	0. 004	小
杨　迪	58. 0	58. 44	58. 27	0. 05	0. 041	0. 0425	0. 05	0. 011	0. 0108	小
哈默斯利	62. 00	63. 64	63. 72	0. 070	0. 067	0. 0722	0. 050	0. 017	0. 0154	小
纽曼山	62	63. 93	63. 73	0. 07	0. 067	0. 0676	0. 03	0. 011	0. 0072	小
哈默斯利	62. 00	64. 14	63. 96	0. 08	0. 066	0. 069	0. 05	0. 013	0. 014	小
哈默斯利	62. 00	63. 47	63. 36	0. 070	0. 070	0. 072	0. 050	0. 022	0. 022	小
依斯科	65. 00	65. 80	65. 57	0. 065	0. 058	0. 060	0. 045	0. 011	0. 015	小

续表 2-1

矿石类别	合同 TFe	国外 TFe	国内 TFe	合同 P	国外 P	国内 P	合同 S	国外 S	国内 S	品位
阿索马	65.00	65.02	64.12	0.07	0.034	0.036	0.055	0.01	0.016	小
印度矿	65	66.13	65.84	0.05	0.042	0.0354	0.01	0.005	0.0021	中
秘鲁矿	66	67.82	66.92	0.045	0.022	0.024	0.40	0.310	0.318	大
秘鲁矿	66	67.82	66.92	0.045	0.022	0.024	0.40	0.310	0.318	大
秘鲁矿	68	70.37	70.08	0.02	0.009	0.007	0.22	0.137	0.150	大
罗布河	64.00	66.37	66.44	0.05	0.023	0.0201	0.03	0.004	0.0014	小
依斯科	65	65.67	65.40	0.065	0.055	0.054	0.045	0.010	0.012	小
印度矿	64	65.65	65.44	0.06	0.051	0.0396	0.02	0.008	0.0040	中

注:重复的数据为不同批次产品。

为简化网络结构,将大、中、小分别以(0,0,1)、(0,1,0)、(1,0,0)表示。根据 Kolmogorov 定理,采用 $N\times 2N+1\times M$ 的 3 层 BP 网,这里输入特征向量的分量数 $N=9$,即输入层为 9 神经元,输出状态类别总数 $M=3$,即输出神经元为 3 神经元,中间为 19 神经元。BP 网的训练函数为 trainlm,学习函数默认值为 learngdm,性能默认值 mse,函数 minmax 设定了输入向量元素的阈值范围。

b 数据归一化

数据归一化是为了加快训练网络的收敛性,使得所有样本的输入信号其均值接近于 0 或与其均方差相比很小。数据可以不进行归一化处理,但这样会使运算速度减慢,这是因为当所有样本的输入信号都为正值时,与第一隐含层神经元相连的权值只能同时增加或减小。归一化的具体作用是归纳统一样本的统计分布性。归一化在[0,1]之间是统计的概率分布,归一化在[-1,+1]之间是统计的坐标分布。归一化有同一、统一和合一的意思。归一化将有量纲的表达式化为无量纲的表达式,目的是为了:(1) 避免具有不同物理意义和量纲的输入变量不能平等使用;(2) BP 网中常采用 sigmoid 函数作为转移函数,归一化能够防止净输入绝对值过大引起的神经元输出饱和现象;(3) 保证输出数据中数值小的不被吞食。

但是归一化处理并不总是合适的,根据输出值的分布情况,标准化等其他统计变换方法有时可能更好。

归一化方法主要有如下几种:

(1) 线性函数转换:

$$y=(x-\mathrm{MinValue})/(\mathrm{MaxValue}-\mathrm{MinValue})$$

说明:x、y 分别为转换前、后的值,MaxValue、MinValue 分别为样本的最大值和最小值。

(2) 对数函数转换:

$$y=\log_{10}(x)$$

说明:以 10 为底的对数函数转换。

(3) 反余切函数转换:

$$y=\mathrm{atan}(x)*2/\mathrm{PI}$$

可以利用 premnmx 语句进行归一化，premnmx 语句的语法格式是：

```
[Pn,minp,maxp,Tn,mint,maxt] = premnmx(P,T)
```

式中，P，T 分别为原始输入和输出数据；minp 和 maxp 分别为 P 中的最小值和最大值；mint 和 maxt 分别为 T 的最小值和最大值。

premnmx 函数用于将网络的输入数据或输出数据进行归一化，归一化后的数据将分布在[-1,1]区间内。在训练网络时如果所用的是经过归一化的样本数据，那么以后使用网络时所用的新数据也应该和样本数据接受相同的预处理，这就要用到 tramnmx，tramnmx 函数语法格式是：

```
[Pn] = tramnmx(P,minp,maxp)
```

式中，P 和 Pn 分别为变换前、后的输入数据；maxp 和 minp 分别为 premnmx 函数找到的最大值和最小值。

另外，除 premnmx 函数外，Matlab 中的归一化处理还有 postmnmx、tramnmx、restd、poststd、trastd。

如：

```
pm = max(abs(p(i,:))); p(i,:) = p(i,:)/pm;
for i = 1:27
p(i,:) = (p(i,:) - min(p(i,:)))/(max(p(i,:)) - min(p(i,:)));
end
```

可以归一到[0,1]之间。

```
0.1 + (x - min)/(max - min) * (0.9 - 0.1)
```

式中，max 和 min 分别表示样本最大值和最小值。这个可以归一到 0.1 ~0.9。

c　网络训练

设 P 为网络输入样本向量，T 为网络的目标向量，分别将表 2-1 的数据转换为 mat 文件存于 Matlab 的 Workspace，默认学习函数为 learngdm，默认训练函数为 trainlm，默认循环 100 次，默认训练误差为 0，程序代码为：

```
>> load P;load T;
>> net = newff(minmax(P),[9,19,3]);
net = train(net,P,T)
```

循环结果 25 次显示一次，则训练结果为：

```
TRAINLM-calcjx, Epoch 0/100, MSE 0.320824/0, Gradient 14.6527/1e-010
TRAINLM-calcjx, Epoch 25/100, MSE 0.000187911/0, Gradient 0.0763979/1e-010
TRAINLM-calcjx, Epoch 50/100, MSE 1.65926e-006/0, Gradient 0.00265009/1e-010
TRAINLM-calcjx, Epoch 75/100, MSE 1.1451e-007/0, Gradient 0.000672243/1e-010
TRAINLM-calcjx, Epoch 100/100, MSE 1.17053e-008/0, Gradient 0.00135402/1e-010
TRAINLM, Maximum epoch reached, performance goal was not met.
```

即训练 100 次后，虽然误差尚未达到 0，但误差已经相当小了，见图 2-4。

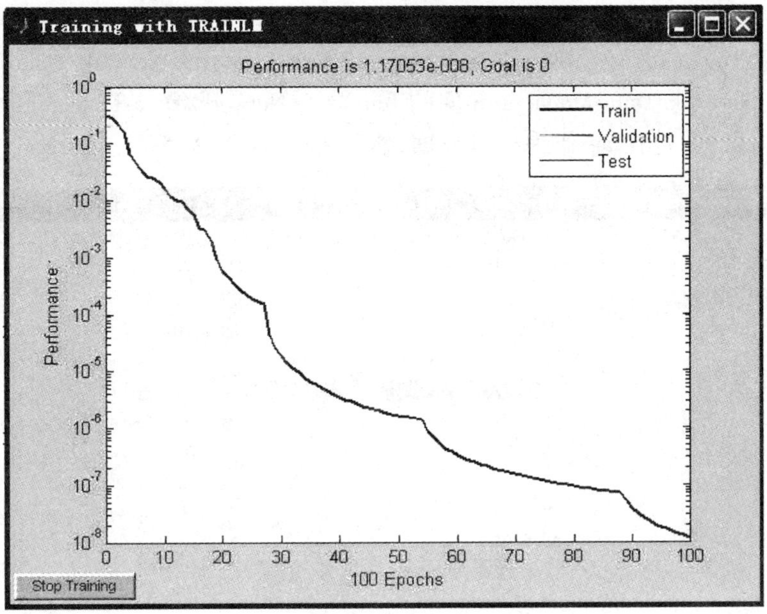

图 2-4　网络训练结果

d　网络测试

网络测试的目的是为了确定网络是否满足实际要求，表 2-2 为三种不同品位的数据，数据结构与训练样本一致。设 P_test 为网络测试输入向量，测试模拟的句法为：

```
Y = sim(net,P_test)
```

则输出结果为：

```
Y =
    1.0000    -0.9875    -0.0469
    0.0075     1.0000    -0.0178
    0.0003    -0.0002     0.9997
```

模拟测试后的输出结果与表 2-2 的品位结果[1 0 0;0 1 0;0 0 1]基本对应，该 BP 网络设计很有效。

表 2-2　测试数据

矿石类别	合同 TFe	国外 TFe	国内 TFe	合同 P	国外 P	国内 P	合同 S	国外 S	国内 S	品位
哈默斯利矿	61	63.45	63.37	0.08	0.067	0.0671	0.05	0.015	0.0102	小
印度矿	64	65.87	65.22	0.06	0.053	0.0364	0.02	0.007	0.0036	中
秘鲁矿	68.00	70.33	69.96	0.02	0.010	0.007	0.25	0.152	0.126	大

e　GUI 方式

除命令行形式调用神经网络函数外，同样事例也可以用 Matlab 的 GUI 方式解决，Matlab 提供了一个基于神经网络工具箱的图形用户界面(GUI)。打开方式为：

设 a3 为训练数据，a4 为训练目标数据，a1 为测试数据，将它们转换后导入 Matlab 的

Workspace,在命令窗用 load 分别运行 a3、a4、a1。依次选择 Matlab 的 Start→Tool Boxes→Neural Network→NNTool,打开神经网络工具箱,显示如图 2-8 所示的 Network/Data Manager 界面。

首先点击 Network/Data Manager 界面的 Import to Network/Data Manager 菜单,分别选择 a1、a3 作为输入数据,选择 a4 作为目标数据,然后关闭,见图 2-5。

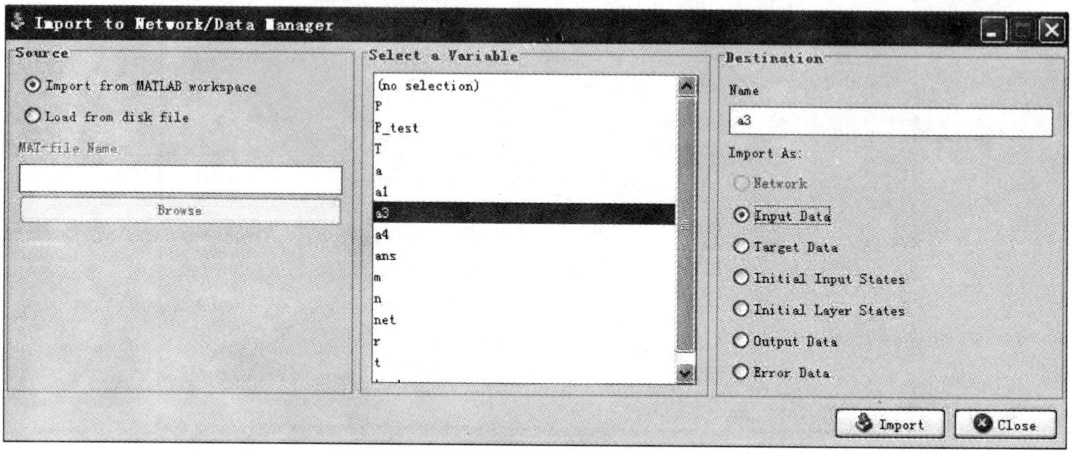

图 2-5　数据导入菜单界面

继续点击 Create Network or Data,进入网络创建界面,见图 2-6。创建一个 BP 网,名称取

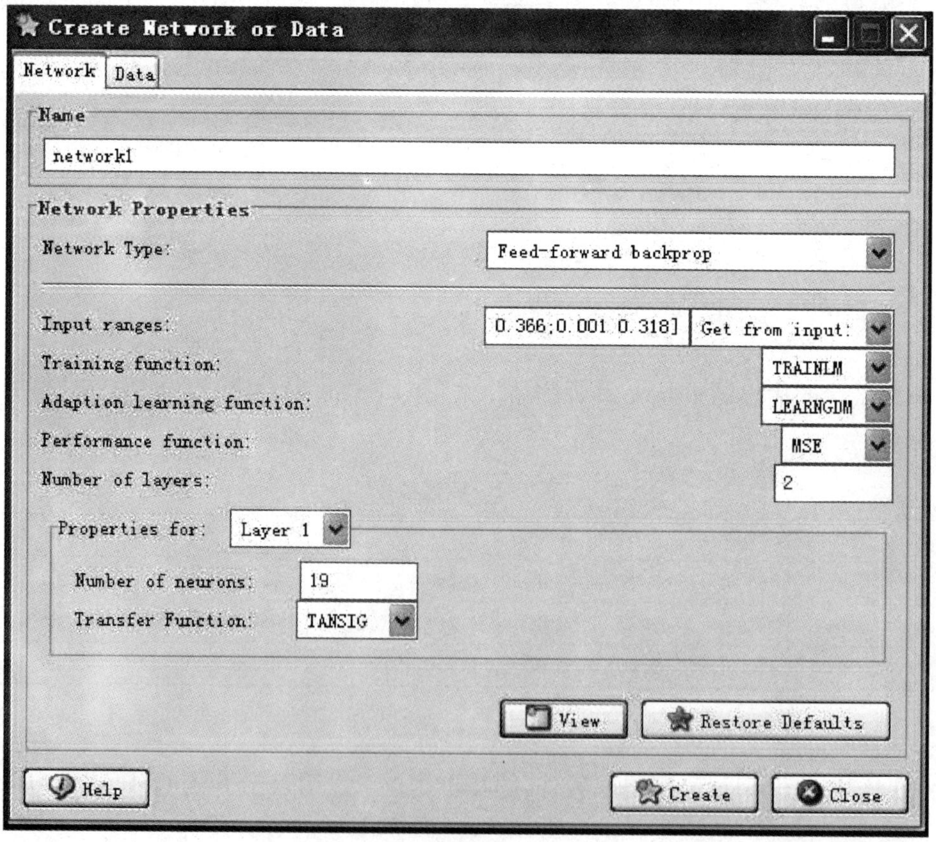

图 2-6　网络创建界面

Network1,在 Network Type 下拉菜单选择 Feed-forward backprop,在 Import Range 下拉菜单选择 a3,在 Training function 下拉菜单选择 TRAINLM,Performance 取默认值 MSE,Number of layers 选择网络层数 2,在 Properties for 的 Layer 1 选择 19、Layer 2 选择 3,在 Transfer Function 下拉菜单选择 TANSIG,点击 View 可见刚刚设计好的 BP 网络,见图 2-7,然后单击 Create。

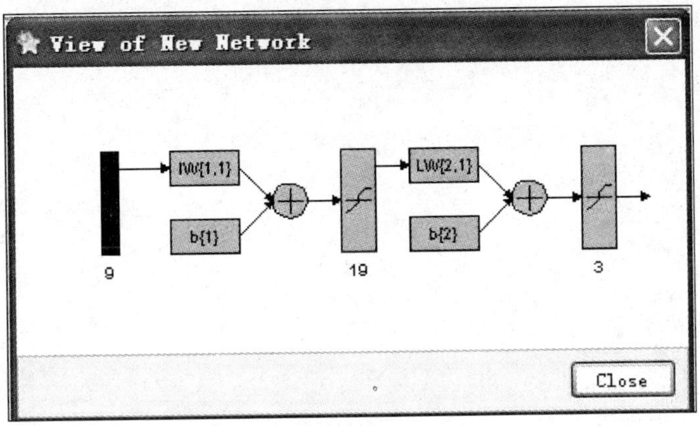

图 2-7 创建的 BP 网络

创建网络后的 Network/Data Manager 界面见图 2-8,在此界面双击 Input Data 或 Target Data 等,都会显示数据。然后双击新网络名可打开网络参数设置,见图 2-9。分别在 Train 选项卡的 Training info 设置 Inputs 和 Targets 数据,Training parameters 设置训练循环次数(1000 次)、误差目标(0.01)等参数,然后单击 Train Network,见图 2-10 结果,该训练结果图表明,原先设定的 1000 次循环,其实只循环了不到 60 次就达到误差要求。

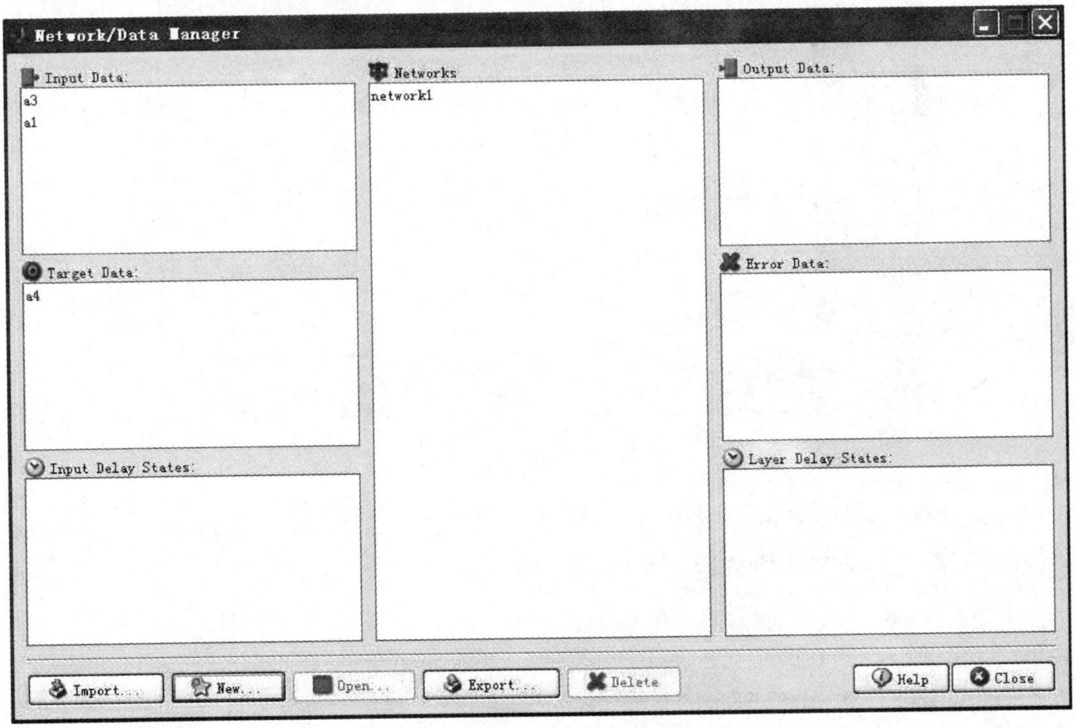

图 2-8 神经网络工具箱界面

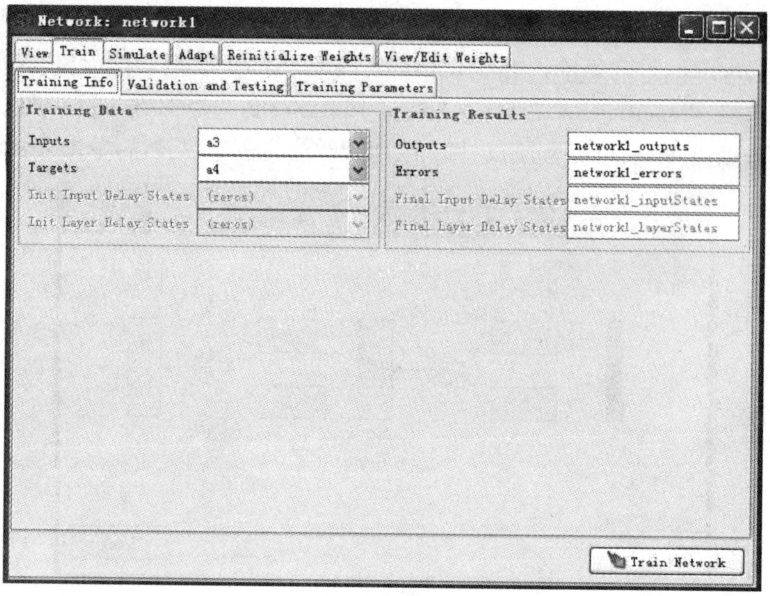

图 2-9　网络训练参数设置

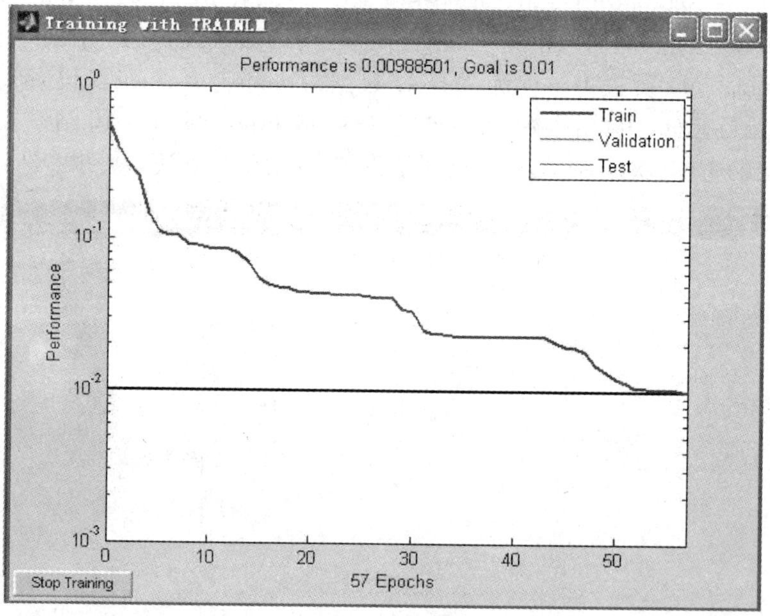

图 2-10　网络训练结果

训练完成后，选择 Simulate 选项卡，设置测试数据输入，然后点击 Simulate Network，测试结果会自动输出到 Output Data 栏，点击可得结果为：

[0.96189　　-0.99012　　0.50924;
0.038604　　0.9791　　-0.19147;
0.015644　　0.027898　　0.89466]

测试结果基本与上述命令方式一致。利用 GUI 方式解决神经网络问题，有直观、方便、自动数据归一化等优点。利用 Network/Data Manager 的 Export from network/Data Manager，可将结果输出到 Workspace。

B 利用粒度结果

上述利用成分结果作为品位波动判定的依据，只能在分析测试完成后进行，因此已经失去了在取样前预先得知品位波动情况的需求。由于铁矿石取样及粒度筛分是在卸货过程中在线完成，如果在取样之初能够发现品位波动情况，还来得及对取样方案依照实际品位波动情况进行调整。本例还是采用上述 BP 神经网络对铁矿石品位波动进行判定，只是最后测试一下系统仿真转换。

a 训练样本选择

随机选择进口铁矿石粉矿 6 交货批，选取特征参数为交货批数量、粒级、最初 5 个粒度测试结果，根据以往品位经验赋予品位被动情况，形成训练样本，见表 2-3。测试样本见表 2-4。品位被动大、中、小也可以采用[1 0;0 1;1 1]来描述，这样可以减少网络的复杂性，即输出神经元可以为 2。

表 2-3 训练样本数据

产 地	总数量	粒级	测试 1	测试 2	测试 3	测试 4	测试 5	品位
智 利	12767.7	6.3	4.29	4.53	4.89	4.65	4.63	大
印 度	10345.7	10	2.63	2.26	4.62	3.39	2.53	中
巴西山马矿	13673.9	9.5	2.2	2.02	2.02	2.23	2.02	小
澳罗布河	21499.4	8	2.59	2.96	2.15	2.78	3.49	小
澳哈默斯利	9334.7	9.5	11.76	11.48	11.95	11.27	11.6	小
澳 BHP(必和必拓)	13693.2	6.3	14.23	13.97	14.65	13.4	13.73	小

表 2-4 测试样本数据

产 地	总数量	粒级	测试 1	测试 2	测试 3	测试 4	测试 5	品位
澳罗布河	14411.3	8	2.01	1.64	1.77	2.02	1.79	小
澳哈默斯利	13814.7	8	2	2	1.83	1.68	2.04	小

b 网络创建

建立输入神经元为 7，中间神经元为 15 和输出神经元为 2 的 BP 网络，默认学习函数为 learngdm，默认训练函数为 trainlm，默认循环 100 次，默认训练误差为 0。

c 网络训练

设 P 为网络输入样本向量，T 为网络的目标向量，Ptest 为网络测试输入向量。分别将表 2-3、表 2-4 的数据转换为 mat 文件存于 Matlab 的 Workspace，数据需要转置，程序代码为：

```
>> load P;load T;load Ptest;
>> net = newff(minmax(P),[7,15,2]);
net = train(net,P,T)
```

训练循环 25 次显示一次，则训练结果为：

```
TRAINLM-calcjx, Epoch 0/100, MSE 1.78202/0, Gradient 902.208/1e-010
```

```
TRAINLM-calcjx, Epoch 25/100, MSE 0.133333/0, Gradient 8.6257e-006/1e-010
TRAINLM-calcjx, Epoch 50/100, MSE 0.125/0, Gradient 1.31394e-005/1e-010
TRAINLM-calcjx, Epoch 75/100, MSE 0.125/0, Gradient 2.32109e-006/1e-010
TRAINLM-calcjx, Epoch 100/100, MSE 0.125/0, Gradient 9.07025e-007/1e-010
TRAINLM, Maximum epoch reached, performance goal was not met.
net =
    Neural Network object:
    architecture:
         numInputs: 1
         numLayers: 3
       biasConnect: [1; 1; 1]
      inputConnect: [1; 0; 0]
      layerConnect: [0 0 0; 1 0 0; 0 1 0]
     outputConnect: [0 0 1]
     targetConnect: [0 0 1]
        numOutputs: 1 (read-only)
        numTargets: 1 (read-only)
    numInputDelays: 0 (read-only)
    numLayerDelays: 0 (read-only)
    subobject structures:
            inputs: {1x1 cell} of inputs
            layers: {3x1 cell} of layers
           outputs: {1x3 cell} containing 1 output
           targets: {1x3 cell} containing 1 target
            biases: {3x1 cell} containing 3 biases
      inputWeights: {3x1 cell} containing 1 input weight
      layerWeights: {3x3 cell} containing 2 layer weights
    functions:
          adaptFcn: 'trains'
       gradientFcn: 'calcjx'
           initFcn: 'initlay'
        performFcn: 'mse'
          trainFcn: 'trainlm'
    parameters:
        adaptParam: .passes
     gradientParam: (none)
         initParam: (none)
      performParam: (none)
        trainParam: .epochs, .goal, .max_fail, .mem_reduc,
                    .min_grad, .mu, .mu_dec, .mu_inc,
                    .mu_max, .show, .time
    weight and bias values:
                IW: {3x1 cell} containing 1 input weight matrix
```

LW：{3x3 cell} containing 2 layer weight matrices

b：{3x1 cell} containing 3 bias vectors

other：

userdata：(user information)

如果需要调整训练循环次数和训练误差目标,可以在训练命令前加：

```
net.trainParam.epochs = 1000;
net.trainParam.goal = 0.001;
```

训练结果见图 2-11。

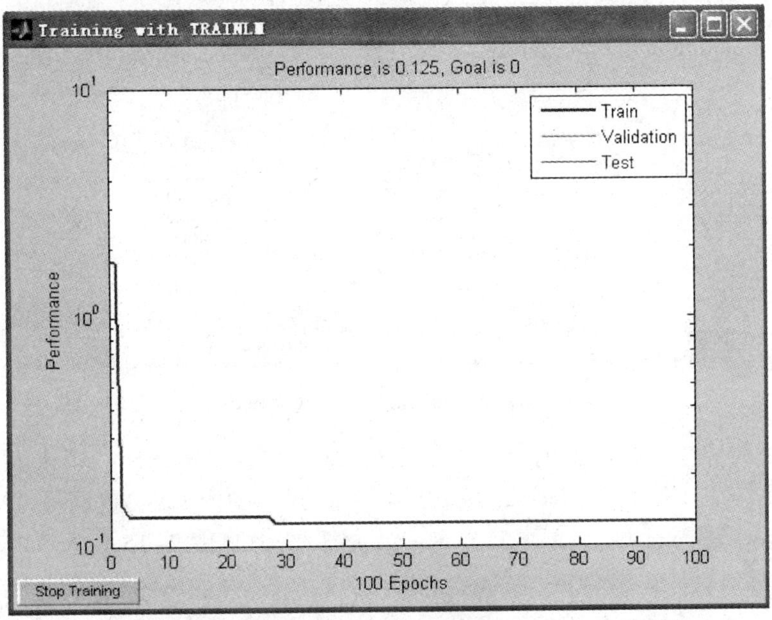

图 2-11 训练结果

d 网络测试

```
>> sim(net,Ptest)
```

得：

```
ans =
    0.7500    0.7500
    0.7500    0.7500
```

网络测试结果与测试目标[1 1;1 1],即与小品位非常接近,从网络训练的结果看,虽然训练误差不是非常小,但还是可以判断出结果。

e 系统仿真转换

可以利用 gensim 函数将所建的神经网络转换为相应的 Simulink 形式。在 Matlab 的工具箱中,包含专门用于在 Simulink 中构建和设计神经网络的工具模块,利用 gensim 函数可直接将设计好的神经网络进行可视化仿真,调用 Simulink 神经网络模块组可直接在 Matlab 命令行键入 neural 打开。gensim 函数的调用格式为:gensim(net,st),st 为仿真步长,缺省为 1,如果网络中不含输入或网络延迟环节,则可将 st 设为 -1,表示对神经网络进行连续仿真。

因此,在上述网络测试结果后面再输入命令:

```
>> gensim(net)
```

会自动进入 Simulink 神经网络模块组,且自动生成如图 2-12 所示的模块。图 2-12 中左边为数据输入模块,右边为仿真显示示波器,中间为封装的神经网络模块。

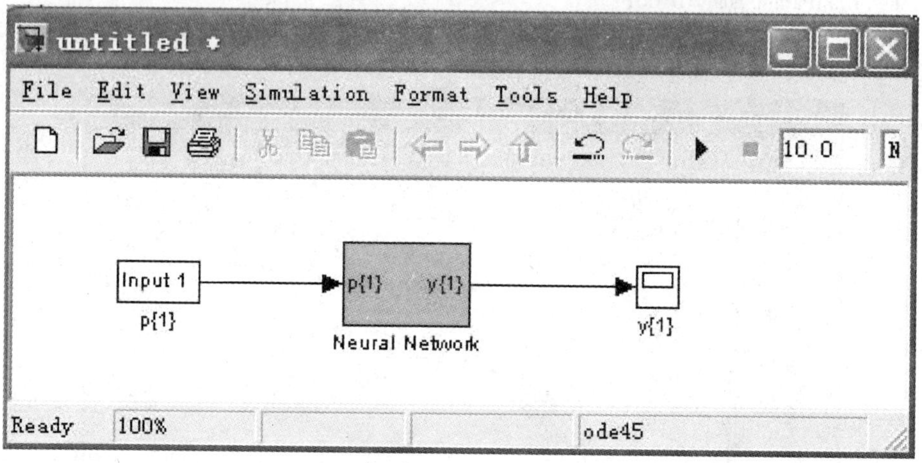

图 2-12　Simulink 神经网络模块

其实,封装的神经网络模块内部结构很复杂。可以双击 Neural Network 封装模块,观察其内部结构,见图 2-13。再次双击 Layer1 打开一层网络的内部结构,得图 2-14 所示的结构,再打开 Layer1 的 Weight,还可见其进一步的内部结构,见图 2-15。

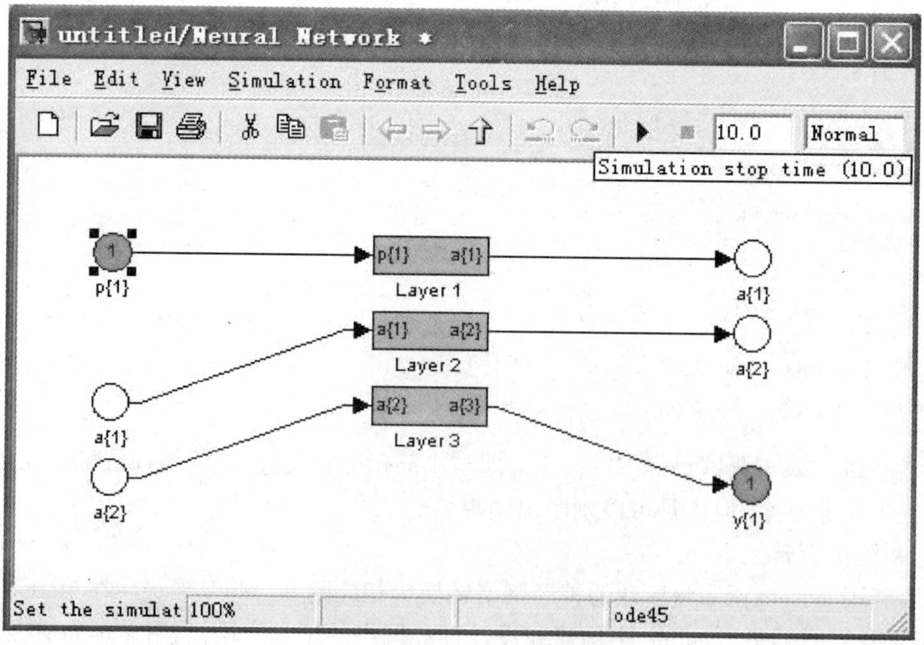

图 2-13　神经网络模块内部结构

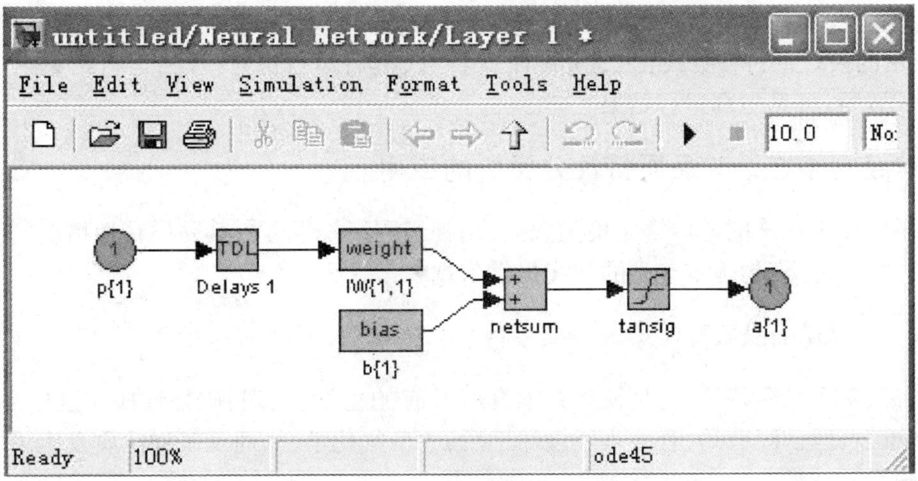

图 2-14 Layer1 内部结构

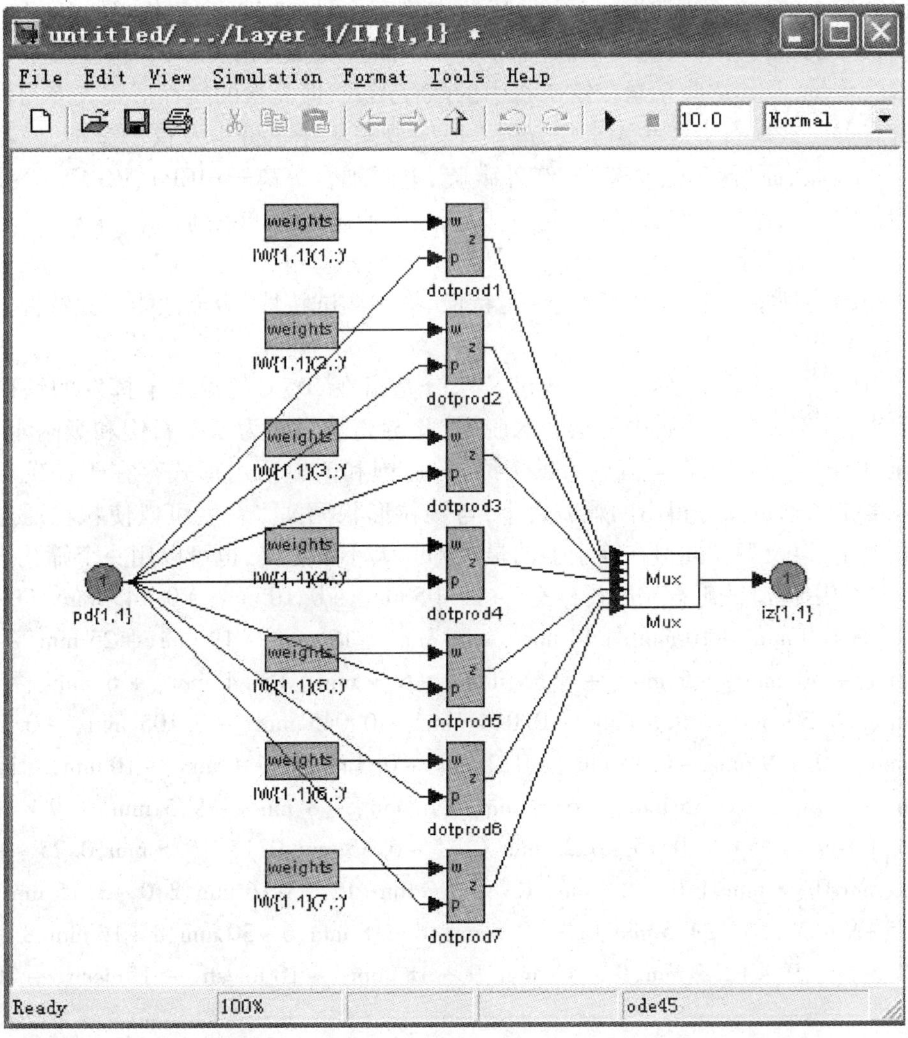

图 2-15 权重设置内部结构

系统仿真封装模块，其作用相当于单板机中某一 EEPROM 内存储的固定程序，将图 2-12 所示的模块进行参数设置，如 Input1 等参数，然后运行仿真模块，运行结束后，打开输出显示示波器，可见仿真运行结果。

2.2 神经网络在铁矿品质特性分类中的应用

利用历年来积累的进口铁矿检测数据，用神经网络技术分析其品质特性情况，并对未知矿种进行特性分类，为确定产品的归属提供依据[1]。

2.2.1 铁矿石品质特性

所有铁矿石品质特征，就是铁矿石本身所具有的化学、物理、矿物性质。这些品质特性有些是铁矿石原矿固有的，有些是经过加工后，原矿的化学、物理及矿物性质发生了变化，形成了新的品质特性。

2.2.1.1 化学特性

进口铁矿石的（含直接还原铁）化学特性主要有全铁、亚铁、金属铁、磷、硫、硅、铝、钛、锰、钙、镁、钾、钠、铅、锌、铜、烧失重、砷、钒、铬、镍、碳、氟、氯、钴、锡、钡、稀土总量、铋、结合水等元素的含量，及其这些元素在铁矿石中的赋存形式，但元素的赋存形式大多与铁矿石的矿物结构有关。铁矿石中这些元素的分析手段主要采用化学分析及仪器分析，仪器分析主要采用原子吸收、原子荧光、X 荧光、红外碳硫、电感耦合等离子（ICP）、ICPMS 等技术。这些元素的化学或仪器分析多数已有完整的国家标准或国际标准系列。

2.2.1.2 物理特性

铁矿石的物理特性主要分为物理试验特性、物性测试特性、冶金性能试验特性。

A 物理试验特性

铁矿石的物理试验主要有水分、粒度。水分是指在 105℃的温度下挥发的铁矿石中的游离吸附水，且不会使铁矿石中的结合水脱离，此游离吸附水为铁矿石饱和吸附水，以铁矿石试样在 105℃空气中干燥至恒重为烘干终点，过饱和的以明水形式存在于铁矿石中的水除外。粒度是指通过筛分得出的颗粒大小，与颗粒形状无关。粒度可以使颗粒通过的最小筛具筛孔大小，以及颗粒残留在筛子上的最大筛孔大小来定义，也可以用一个筛孔大小来粗略地定义。常用进口铁矿石粒度指标有：+0.105 mm、+0.10 mm、+0.149 mm、+0.15 mm、+0.2 mm、+1.0 mm、+10 mm、+14 mm、+16 mm、+18 mm、+19 mm、+25 mm、+30 mm、+31.5 mm、+50 mm、+5 mm、+6.35 mm、+6.3 mm、+6.4 mm、+6 mm、+75 mm、+8.0 mm、+9.53 mm、+9.5 mm、-0.044 mm、-0.045 mm、-0.105 mm、-0.106 mm、-0.10 mm、-0.149 mm、-0.15 mm、-0.2 mm、-0.3 mm、-1.0 mm、-10 mm、-12.5 mm、-25 mm、-5 mm、-6.35 mm、-6.3 mm、-6 mm、-8 mm、-9.5 mm、-9 mm、0.1 ~ 0.15 mm、0.149 ~ 0.5 mm、0.15 ~ 0.25 mm、0.15 ~ 6.35 mm、0.15 ~ 9.5 mm、0.25 ~ 0.5 mm、0.5 ~ 1.0 mm、0 ~ 8 mm、1.0 ~ 2.0 mm、1.0 ~ 6.3 mm、12.5 ~ 16 mm、2.0 ~ 3.15 mm、3.15 ~ 6.3 mm、5 ~ 9 mm、6.3 ~ 31.5 mm、6.3 ~ 9.5 mm、6 ~ 18 mm、6 ~ 30 mm、8 ~ 16 mm、8 ~ 18 mm、9.5 ~ 12.5 mm、9 ~ 12.5 mm、9 ~ 16 mm、9 ~ 18 mm、-100mesh、-10mesh、-200mesh、

---

[1] 本项目参与人员有应海松、任春生、陈贺海、廖海平、余清、付冉冉、王艳、张爱珍、贺存君。

-325mesh、-425mesh、+1/4in、+3/8in、-1/4in。

B 物性测试特性

铁矿石常见物性测试特性有体积密度、真密度、松散密度、空隙率、比表面积等。体积密度指多孔体材料的质量与其总体积之比值；真密度指多孔体材料的质量与其真体积之比值；松散密度指堆密度；空隙率指气孔的体积与其总体积之比值；比表面积指 1 g 试样所含颗粒的表面积。

C 冶金性能试验特性

铁矿石冶金性能试验特性主要有转鼓指数、落下指数、抗压强度、还原率、还原速率、自由膨胀指数、低温还原粉化率、铁矿石荷重还原性、熔滴性能、热裂指数等。转鼓指数表示方式有：+6.3 mm（转鼓）、-0.5 mm（研磨）。

2.2.1.3 矿物性质

铁矿石矿物种类可分为：磁铁矿石、赤铁矿石、假象或半假象赤铁矿石、钒钛磁铁矿石、褐铁矿石、菱铁矿石以及由其中两种或两种以上含铁矿物组成的混合矿石。其中磁铁矿石还可分为钛磁铁矿、钒磁铁矿、钒钛磁铁矿、铬磁铁矿、镁磁铁矿；赤铁矿石还可分为 $\alpha-Fe_2O_3$（赤铁矿）和 $\gamma-Fe_2O_3$（磁赤铁矿），以及镜铁矿、云母赤铁矿、鲕状或肾状赤铁矿；褐铁矿石是针铁矿、纤铁矿、水针铁矿、水纤铁矿以及含水氧化硅、泥质等的混合物。不同的铁矿石矿物由于其晶体结构不同而体现出不同的物理化学性质，如化学构成、色泽、密度、硬度、是否带有磁性、稳定性等。

2.2.2 铁矿石品质特性作用

2.2.2.1 化学品质特性的作用

A 全铁

铁矿石中全铁含量越低，脉石含量就越多，高炉冶炼就需多用熔剂和焦炭，生产率也下降。冶炼品位高的矿石，有利于提高产量，降低焦比。根据生产经验，铁矿石品位升高 1%，焦比可降低 2%，产量提高 3%。铁矿石的品位并非与冶炼价值成正比，而是在品位下降不多时，脉石数量却大为上升，当矿石品位降低 10%，脉石数量会增加 1 倍，渣量同样会增加 1 倍。全铁含量对铁矿石烧结和炼铁有着直接的影响。

B 亚铁

为了确定铁矿石的特性，了解铁矿石中的氧化状况，在分析上要确定铁价态数据，二价铁对高炉操作有很大影响，因为在冶炼过程中二价铁要用 CO 和 C 还原成 Fe，二价铁含量高，就增加还原难度。烧结矿中二价铁的含量高则烧结矿的强度高，但是难以还原为铁，需要消耗更多的焦炭，增大了焦比。二价铁含量低则烧结矿的强度低，进入高炉后易粉化，堵塞风路，影响冶炼，降低高炉利用系数。

C 金属铁

天然块铁矿、粗精矿、细精矿、球团矿等都不需要检测金属铁，即使有金属铁也是在采掘时金属设备留下的。但直接还原铁，如热压块、还原铁筛下粉则需要检测，测定金属铁含量是控制配料的重要依据。

D 钙、镁

铁矿石中钙、镁含量是以 CaO、MgO 形式计。铁矿石中一定的 CaO、MgO 含量有利于造渣，MgO 对烧结矿有较好的作用，它固溶于 $2CaO \cdot SiO_2$ 中，有稳定其液相的作用，对烧结矿强度有利。当 MgO 含量适当时，液相结晶能力增强，但其含量高于 4% ~5% 时，不易熔化，易使烧结矿中含有生料，降低强度。在炼铁中，CaO 作为一种冶炼熔剂，在同品位的铁矿石中它的含量越高，矿石的冶炼价值也就越高。

E　钾、钠

钾、钠等碱金属元素在高炉内会"自动富集"，炉料中过高的碱金属会在高炉炉内引起高炉结瘤、悬料甚至堵塞管道，超过一定的量后，对高炉危害更大，它主要表现在：破坏炉衬，缩短炉衬寿命：钾、钠化合物在高温区还原变成碱金属蒸气，恶化料柱透气性，最后导致炉瘤；破坏焦炭强度，使高炉下部透气性变坏；增加焦炭反应性，扩大直接还原，使高炉焦比升高，产量下降；增加低温还原粉化，造成球团恶性膨胀，降低焦炭与矿石的强度。

F　铅、锌、铜

铁矿石中铅在高炉内易还原成金属铅，由于其熔点比生铁低，密度大且不溶于生铁，因而沉在铁水下面，渗入高炉砖缝，破坏炉底砌砖，甚至使砌砖浮起，对炉底起破坏作用，铅在高炉内还会循环富集，造成高炉结瘤。铁矿石中锌在高炉中易于还原和挥发，高炉高温区锌以蒸气大量挥发上升，并在炉身上部被氧化而沉积，使体积膨胀，破坏炉衬，引起炉壳破裂，严重时，引起结瘤。铁矿石中铜在高炉冶炼时全部还原到生铁中，炼钢时又进入到钢中，钢材中铜的含量低于 0.3% 时，能改善钢材的耐腐蚀性。但当含铜量超过 0.3% 时，钢的焊接性能降低，并产生热脆现象，轧制时产生裂纹。

G　砷、锑、铋

铁矿石中砷在高炉中全部还原进入生铁，当钢中含砷大于 0.1% 时，钢的力学性能变坏。同时，砷的非金属性很强，不具有延展性，使钢铁"冷脆"，容易裂断。在烧结过程中脱砷较困难，只有增加燃料的消耗，才可使砷在烧结中有部分脱除。同样，增加氯化物燃烧料，也能促使砷的脱除，但这些添加物很贵，同时对设备腐蚀较为严重。由于矿石中的砷在烧结或高炉冶炼过程中产生的 As_2O_3 为极毒物质，且砷又影响钢材质量，因此，只有控制入炉原料的含砷量，才能保证冶炼和材质的要求。锑残留在钢材中，起到的作用与铜类似。

H　铬、镍、锡、钴

铁矿石中的有害杂质是指那些对冶炼有妨碍或使冶炼不易获得优质产品的元素，通常有硫、磷、铅、锌、砷等，铜有时有害，有时有益。对冶炼而言，希望铁矿石中有害杂质含量越低越好。铁矿石中的有益元素指对金属质量有改善作用或有益于提取的元素，如锰、铬、钴、镍、钒、钛、铌、钽、铈、镧等，当这些元素达到一定含量时，即可视为复合矿石。有些元素是发展高科技所急需的，其经济价值很高。

I　磷、硅、铝、钛、锰、钒、碱度

铁矿石中磷和铁结合生成 Fe_3P，它与铁形成二元共晶的 Fe_3P-Fe，导致钢材"冷脆"。但是磷可以改善铁水的流动性，所以在浇铸形状复杂的普通铸件时，允许铁水含有较高的磷。对炼钢生铁而言含磷越低越好。磷在烧结过程中不易脱除，炼铁过程中磷又全部进入生铁，可以控制磷的唯一办法就是控制入炉原料中的含磷量。

铁矿石中脉石成分与数量在很大程度上决定熔剂与燃料的消耗量。因此，它也是评价铁矿石的重要指标。与铁矿石伴生的脉石矿物有 CaO、MgO、SiO_2、Al_2O_3、TiO_2、CaF_2 等。烧结料中含有一定量的 SiO_2（一般要求为 5.5% 左右）时，能生成合适数量的液相，这是保证烧结矿有较高强度的重要条件。因为一定数量的 SiO_2 可在烧结时产生足够的液相作为铁矿晶粒黏结的基础，使烧结矿具有较高的机械强度。但是，用含 SiO_2 超过10%的矿粉生产自熔性烧结矿（碱度为1.1%～1.3%）时，在冷却过程中自动粉化严重，产生大量粉末。总之，对烧结用矿粉而言，必须有稳定的 SiO_2 含量，为保证精料，钢铁厂在组织烧结用矿粉进厂时，一般会要求 SiO_2 含量稳定在一定的水平，既不允许太低，也不允许太高。在炼铁过程中，SiO_2 少量进入铁水中，但它在铁水中的含量须严格控制。当铁水中含 SiO_2 量出格时，会使铁水降级或报废。大部分的 SiO_2 会进入炉渣，由于 SiO_2 熔点较高，要使它从铁矿石中分离出来进入炉渣，须添加白云石或石灰石等碱性脉石和燃料。因此，SiO_2 含量高，高炉冶炼焦比会升高，冶炼时间延长，产量下降。故对炼铁而言，SiO_2 含量以越低越好。烧结矿的固结基本上依靠高温下产生大量的液相，冷却时从液相中析出晶体或由液相将一部分未熔化的矿石颗粒黏结起来，因此，烧结矿的固结称为液相固结。为了获得足够数量的液相，要求原料中有一定数量的 SiO_2，从而限制了高炉渣量的进一步降低。球团矿的固结机理同烧结矿的固结机理有本质的区别。球团矿的固结，主要靠固相反应，没有液相，就可使球团固结起来，且有足够的强度。因此，球团矿并不要求原料中必须含有一定数量的 SiO_2。SiO_2 数量越少，生产的球团矿含 SiO_2 量就减少，高炉冶炼时渣量也就越少。烧结矿中 Al_2O_3 含量太多会引起烧结矿还原粉化性能恶化，使高炉透气性变差，炉渣黏度增加，放渣困难。但烧结原料中含有少量的 Al_2O_3 对烧结矿的性质能起良好作用，它可以降低烧结矿的熔化温度，生成铝酸钙和铁酸钙的固溶体（$CaO \cdot Al_2O_3$-$CaO \cdot Fe_2O_3$），增加液相数目，同时增加表面张力，降低液相黏度，促进铁氧化物的生成，利于烧结矿的氧化。因而富含 Al_2O_3 的烧结矿强度较高。Al_2O_3 在高炉冶炼中进入炉渣，同样需要消耗 CaO、MgO 等熔剂，增加燃料消耗，增加渣量，引起高炉冶炼焦比升高和产量降低。当高炉炉渣达到20%以上时，炉渣难熔且不易流动。

铁矿石中的 TiO_2，一般以钙钛矿（$CaO \cdot TiO_2$）存在，它无相变，抗压强度高，有一定的贮存能力，但矿石脆性大，烧结矿的平均粒度小。在高炉冶炼的条件下，含 TiO_2 量较高的高钛渣会自动变稠，甚至难于流动。其原因是 TiO_2 还原后生成 TiO、TiC 和 TiN，后两者会形成固溶体。这些物质熔点很高，在炉渣中以固相分散状存在。同时，TiC、TiN 还常常密集在渣内铁球表面，形成壳状物，不仅使炉渣黏度增高，也使渣中带铁，降低铁的回收率。因此，用 TiO_2 含量过高的矿石，或配用过多的钒钛矿进行冶炼时，若不采用特殊的办法，很难出铁。此外，TiC、TiN 常常成为尖晶石，钙钛矿的结晶中心，造成这些矿物提前在炉内形成固体，同时，也能使钛渣黏度增大，这是目前国内很多钢铁厂用钒钛矿、钒钛渣护炉的主要原因。但含钛过高的矿应作为宝贵的钛资源。

所谓碱度，即 CaO/SiO_2 的值，碱度对球团矿或烧结矿的冶金性能影响非常大，不同二元碱度的赤铁矿球团矿（TFe55%，MgO6%，$Al_2O_3$8%），在碱度较低时，球团矿是随温度升高逐渐软化的，即在 $t > 800$℃后开始软化，但收缩率－温度曲线无明显弯曲点，在 $m(CaO)/m(SiO_2) = 0.5 \sim 1.0$ 范围内，1020℃左右软化开始进行；而对 $m(CaO)/m(SiO_2) > 1.0$ 的熔剂性球团矿而言，软化开始温度升高，在温度大于1100℃才明显软熔。高炉冶炼过程中，料柱中球团矿在荷重下软化将导致料球间空隙率降低，使透气性变坏，故从软熔角度来看，碱度低的酸性球团矿有不利的一面。在较低温度（低于1200℃）下焙烧得到的球团矿其还原率随碱度升高而升高；而高温焙烧（高于1200℃）的球团矿在二元碱度小于1.0范围内，还原率随碱度升高而降低，超过1.0后又随碱度升高而升高。所以，从还原角度看，球团焙烧温度不宜太高，且碱度亦不宜低于1.0。还原率与碱度呈这种关系的实质，主要是由于焙烧温度高，其组成中的造渣成分易形成低熔点的硅酸盐渣。从 $CaO\text{-}SiO_2\text{-}Al_2O_3$ 三元共晶点看，在 $m(CaO)/m(SiO_2)=0.43$，$w(Al_2O_3)=13\%$ 时，假硅灰石、钙长石、鳞石英的三元共晶点只有1170℃。碱度愈低，SiO_2 含量愈高，这种倾向也愈明显。而在 $m(CaO)/m(SiO_2)>1.0$ 时，最低三元共晶点也在1265℃以上，所以不易出现液态渣相。由于物料呈固态，其空隙率没变小，随温度升高气相还原的动力学条件得到改善。故还原率随碱度增大而升高。

氟在高温下会气化，腐蚀金属，危害农作物与人体。它使高炉炉渣易熔，流动性好，但对炉衬维护不利，会侵蚀破坏炉衬，冶炼时要选择特殊的造渣制度。CaF_2 在造渣中能降低硅酸盐炉渣的熔化温度和黏度。此外，CaF_2 能促使 CaO 溶解，形成低熔点共熔物，消除渣中难熔组分。CaF_2 含量在0～10%时对黏度影响最大，其含量高于10%以后，对黏度的影响变小。

J　碳、硫

铁矿石中硫是对钢质量有害的元素，含硫熔体在凝固过程中，逐渐浓聚，最后以Fe-FeS共晶形式凝固在先结晶的晶粒边界上，这样就破坏了金属结构的完整性，大大降低了钢的塑性。在热加工过程中晶粒边界先熔化，出现金属热脆现象。此外，硫对铸造生铁同样有害，它降低生铁流动性及阻止碳化铁的分解，使铸件容易产生气孔和难于切削。

2.2.2.2　物理特性作用

A　物理试验特性

铁矿石的数重量的交接一般都以干态为基准，因此铁矿石的水分指标与进口铁矿石运输及数量有关，在进出口贸易中，如水分含量超过合同约定值，则卖方要补贴买方相当数量的运费，有些合同要求如超规格，则需补贴超规格水分的部分折算成水的重量的运费，而且过高的水分也会增加卸货作业难度。水分对铁矿原料准备工艺影响有两个方面：一是对烧结矿的影响，烧结料中含有一定的水分是保证烧结过程顺利进行，提高烧结矿产量和质量必不可少的条件之一，因为水分能改善烧结料的透热性，润滑烧结料颗粒表面，减少气流阻力，改善料层的透气性，并使燃烧带的热量集中在一较窄地带，烧结时能在燃料消耗较少的条件下获得必要的高温。但不同烧结料的适宜水分含量是不同的，一般适宜水分与矿粉的粒度、气温有很大的关系。物料越细，比表面积越大，所需适宜水分越多；气温高，适宜的水分相对高，反之亦然。对烧结用矿粉而言，必须有稳定的水分，以便配料时，能根据生产需要添加水分。同时，烧结用矿粉一般都先经过中和混料才进入烧结料仓，如果粉矿过湿或黏结性过大，就会同火车皮、料仓壁或皮带黏结，影响卸车和转运，也就影响了矿粉的使用。二是水分在造球用精粉中的作用，造球用精粉除需要有较细的粒度外，还必须有合适的水分。造球原料的含水量影响成球速度和生球强度，水分不足，成球速度慢，结构也脆弱。原料水分过多，不仅会使生球互相黏结变形，也会使生球长得过大，粒度不均匀。过湿的原料还容易使造球机黏结，破坏造球料的运动状态，增大造球机负荷。过湿的生球，强度也很低，在运输过程中易变形、黏结和破裂；在干燥过程中，料层透气性变坏，导致焙烧、固结时间延长，产量质量下降。一般磁铁精粉和赤铁精粉的造球水分为8%～10%，褐铁精粉的造球水分为14%～24%。为有利于造球作业，理想的造球水分应比上述值稍低，以便在造球过程中适当加水。适宜的造球精粉水分波动范围仅 ±0.5%，须严格控制造球料的水分值。一般精选厂的精矿水分值都高于适宜值，应进行适当的干燥。

铁矿石的粒度指标备受贸易关系人的关注，因为块铁矿的粒度太大会影响铁矿石的还原效率，粒度太小会堵塞炉料，烧结矿的性能优劣与其原料粗精矿的粒度有一定关系，球团矿的性能优劣与其原料细精矿的粒度有一定关系。有关资料表明，铁矿石的粒度越均匀，高炉料柱的透气性越好。入炉前，铁矿石粒度小于 5 mm 的应不超过 3% ~5%，烧结矿粒度上限不超过 50 mm，块矿不超过 30 mm，烧结矿的粒度组成中 5 ~10 mm 的不大于 30%。入炉料粉末降低 1%，高炉利用系数提高 0.4% ~1.0%，焦比降低 0.5%，产量上升 10%。炉料中大小粒度尺寸的比例与大小粒级所占百分比对炉料在炉内的透气性起着决定性的作用，混合料中大粒级和更小的粒级的增加，都会使混合料层的空隙度变小，使煤气通过料层的阻力增加，影响高炉正常运行。优化的粒度组成应是粗细粒级的粒级差别越小越好，矿石的粒度宜小而均匀。有钢厂进行过不同粒度天然矿的冶炼试验，如全部使用粒度 20 ~35 mm 的中块代替 35 ~50 mm 的大块时，降低焦比 51 kg/t，而全部使用粒度 8 ~20 mm 的小块代替中块时，降低焦比 130 kg/t。因此，天然富矿入炉前往往使其粒度控制在 8 ~25 mm 或 10 ~50 mm 内。对于铁矿石烧结生产而言，烧结料中 0 ~3 mm 料的含量与烧结生产率成反比关系，不大于3 mm 部分比率越高，烧结生产率越低。因此，减少烧结混合料中不大于 3 mm 的粉末含量是提高烧结矿产量的重要条件。此外，随着烧结混合料中 0 ~3 mm 部分的减少，烧结过程进行得更加均匀，消除了烧结的夹生料，从而使烧结矿的机械强度得到改善。研究表明，烧结料合适的粒度组成是 0 ~3 mm 的料的含量不大于 15%，3 ~5 mm 的料的含量在 40% ~50%，5 ~10 mm 的料含量小于 30%，大于 10 mm 的料不得超过 10%，即尽量减少 0 ~3 mm 的粒级而增加 3 ~10 mm 的粒级。尤其是增加 3 ~5 mm 粒级的含量。这样才能使烧结料在减少粉末的基础上，粒度更加均匀，从而提高烧结矿的质量和产量。由于烧结工艺的需要，烧结料中须配有一定量的白云石粉和石灰石粉，且这些熔剂粉的粒度必须在 0 ~3 mm，故铁矿粉中 0 ~3 mm 的粒级含量就更应减少，所以烧结用的中和料中不可配用过多的精粉。值得说明的是：烧结料中的粒级比率不同，对烧结过程中脱除硫等有害成分也有很大影响，粒度小，比表面积大，硫化物及硫酸盐暴露的机会也大，硫酸盐的氧化物和分解物易从内部排除，但粒度小，粒层透气性差，抽入的空气量也减少，不能给予充分的氧量，同时硫的氧化物和分解物也不能迅速带走，对脱硫不利。粒度过大，则扩散更加困难。最好脱除有害杂质的粒度是 3 ~8 mm。造球用精粉粒度和粒度组成对球团矿成球影响也很大，粒度小，组成不均匀，则成球性好，生球长大快，强度高。这是由于粒度细小，比表面积大；粒度组成不均匀，则小颗粒容易嵌入大颗粒中，使颗粒排列紧密。因此，从有利于成球并获得好的生球强度出发，各种物料就应具有适宜的粒度及粒度组成，磁铁矿粒度上限应不大于 0.2 mm，即小于 0.074 mm 的应达到 80% 以上，赤铁矿小于 0.074 mm 的应大于 70%。当然，并非造球粒度越细越好，因为细磨需耗电增加成本，且细磨使回收率降低，浪费资源。同时，造球精粉粒度越细，成球速度越慢。

B　物性测试特性

体积密度和真密度与空隙率有关,空隙率主要是衡量球团矿还原能力的一项重要指标。松散密度(堆密度)除与单位体积的冶炼效率有关外,还与钢铁企业的堆场的储存效率有关。比表面积是细精矿的一项检测指标,比表面积越大则矿总表面积越大,有利于矿粉的成团和黏结。

C　冶金性能试验特性

转鼓指数是反应铁矿石抗冲击和抗摩擦的综合特性,该特性是衡量块铁矿、球团矿、烧结矿的质量的重要依据,属铁矿石机械强度的一种。落下指数是反映球团矿的抗冲击能力,即产品的耐转运能力,也是铁矿石机械强度的一种。抗压强度是指取规定直径(一般为12.5 mm)的球团矿在压力试验机上测定每个球在破裂前的最大抗压强度。相对还原度是用固定还原时间内的还原度;还原性指数(还原速率)是用还原度40%时的还原速率。自由膨胀指数指具有一定粒度范围的球团矿,在900℃的温度下等温还原,其体积自由膨胀的程度。低温还原粉化率分动态法和静态法两种,动态法指铁矿石边转鼓边还原,静态法为先静态还原,后进行转鼓。铁矿石荷重还原性和熔滴性能为在一定温度下,向规定粒度的试验样组成的试样床施加静荷重的同时进行还原,观测试验样重量的损失、试样床横截面气体压力差和试样床的高度,当还原度达到80%时测量不同压力和试样床高度的变化,该方法适合于块矿和球团矿。热裂指数热裂是衡量块铁矿在高温状态下开裂粉化程度的一项指标。

2.2.2.3　矿物特性作用

矿物的化学组成、内部结构、外表形态、物理性质和化学性质及其在地质作用过程中形成和变化的条件等诸方面的现象和规律,包括它们相互内在联系,都是矿物特性的表现形式。随着铁矿石贸易形势的变化,为保护我国人民安全健康、保护我国的环境以及维护公平与诚信贸易、反欺诈,利用矿物分析技术监控进口铁矿石的品质或进一步提高元素检测的准确性已日显重要。目前,分析矿物特性的作用有:

(1) 进口铁矿石中夹杂非铁矿类矿物、尾矿、垃圾矿、冶金渣、烧结碎粒、钢铁工业废弃物的定性、定量分析。对疑似含有此类物质的进口铁矿检验进行矿物分析,同时辅助元素分析。

(2) 对含有明水的进口铁矿石进行矿物分析,可以确认明水原因是铁矿石本身固有特性,还是人为欺诈,故意注水牟利。据悉,明水现象在我国各口岸出现几率非常高,约占巴西、印度进口铁矿石的20%,国家质检总局对铁矿石明水问题非常关注。

(3) 对铁矿石的矿物进行分析,可以确认所检铁矿石是否适用相关铁矿石化学分析标准。因为,每个铁矿石分析标准都规定了不同矿物的适用范围,如在化学分析前不对铁矿石进行矿物分析,有可能会导致检验人员采用错误的分析标准,造成检验差错,100%的进口铁矿石都需要检前确认矿物种类。

2.2.3　神经网络分析预测铁矿石品质特性

2.2.3.1　自组织竞争网络的应用

A　问题描述

竞争型神经网络是各网络竞争层的各神经元通过竞争来获得对输入模式的响应机会,

最后一个神经元为竞争胜利者,并将与获胜神经元有关的各连接权值向有利于其竞争方向调整。竞争型网络可分为输入层和竞争层。例如,从进口铁矿中选择8组样本,它们分别属于4种矿物,见表2-5,将这些样本成分分析中的全铁、磷、硫、二氧化硅、氧化铝结果作为训练数据,进行分析。

表2-5 训练数据

序号	公司	Fe	P	S	SiO_2	Al_2O_3	主要矿物
1	杨迪	58.72	0.0524	0.014	4.350	1.211	褐铁矿
2	杨迪	58.40	0.0408	0.0094	4.992	1.305	褐铁矿
3	印度矿	62.88	0.0276	0.0088	3.259	2.060	赤铁矿
4	哈默斯利	63.84	0.0683	0.0193	3.192	1.994	赤铁矿
5	CVRD	68.48	0.023	0.002	3.27	0.54	镜铁矿
6	MBR	67.68	0.034	0.0028	1.27	0.74	镜铁矿
7	秘鲁矿	66.78	0.023	0.291	3.17	0.59	磁铁矿
8	秘鲁矿	66.92	0.024	0.318	3.03	0.49	磁铁矿

B 网络创建

利用newc创建一个自组织竞争网络,区分类别为4,即神经元为4个,取学习速率为0.1,则代码为:

```
P =
    58.7200    0.0524    0.0140    4.3500    1.2110
    58.4000    0.0408    0.0094    4.9920    1.3050
    62.8800    0.0276    0.0088    3.2590    2.0600
    63.8400    0.0683    0.0193    3.1920    1.9940
    68.4800    0.0230    0.0020    3.2700    0.5400
    67.6800    0.0340    0.0028    1.2700    0.7400
    66.7800    0.0230    0.2910    3.1700    0.5900
    66.9200    0.0240    0.3180    3.0300    0.4900
>> P = P';
>> net = newc(minmax(P),4,0.1);
>> net = init(net);
```

C 网络训练

设训练循环为200,代码为:

```
>> net.trainParam.epochs = 200;
>> net = train(net,P)
```

训练结果为:

```
TRAINR, Epoch 0/200
TRAINR, Epoch 25/200
TRAINR, Epoch 50/200
TRAINR, Epoch 75/200
TRAINR, Epoch 100/200
TRAINR, Epoch 125/200
TRAINR, Epoch 150/200
TRAINR, Epoch 175/200
TRAINR, Epoch 200/200
TRAINR, Maximum epoch reached.
```

利用仿真函数检验上述矿物分类。

```
>> Y = sim(net,P)
```

运行结果为：

```
Y =
    (2,1)        1
    (2,2)        1
    (4,3)        1
    (4,4)        1
    (3,5)        1
    (3,6)        1
    (1,7)        1
    (1,8)        1
```

利用 vec2ind 函数将 Y 转换为串行数据：

```
>> Yc = vec2ind(Y)
```

则：

```
Yc =
    2  2  4  4  3  3  1  1
```

因此，分类结果与表 2-5 描述吻合。如果需要判别未知铁矿石的矿物，只需将上述 5 种成分数据进行模拟仿真，即可得所分的矿物种类。

2.2.3.2　自组织特征映射(SOM)神经网络应用

SOM 网络是一种具有模糊聚类功能的网络，本例通过 SOM 分析进口铁矿石的相关品质特性，对该进口铁矿石是产自何国、哪家公司的什么品种进行判定。随机选取进口铁矿石历史数据库的 13 批次铁矿石，内含多产地、多品种，见表 2-6。因不同产地及品种所要求检测的内容有所不同，因此表中某些批次的未测指标用 -1 代替。

先进行网络设计，设 P 为输入向量，创建竞争层为 6 × 4 的结构，网络结构可以调整，然后训练网络并对其进行仿真。由于不同的训练步数会输出不同的聚类结果，这里设置循环训练步数为 10、100、1000，观察其聚类结果。程序代码为：

表 2-6 品质分类训练数据

序号	Fe	P	S	SiO_2	Al_2O_3	Mn	TiO_2	Cu	Pb	Zn	CaO	MgO	FeO	L. O. I.	水分	+31.5	+25	+10	8-18	-8	-5	+6.35	-0.15	-0.045	产地	品种
1	58.72	0.0524	0.014	4.350	1.211	-1	-1	-1	-1	-1	-1	-1	-1	9.72	8.339	-1	-1	3.97	-1	-1	-1	-1	9.40	-1	澳哈默斯利杨迪	粗精粉
2	66.36	0.048	0.008	3.15	0.92	0	-1	-1	-1	-1	-1	-1	0	-1	0.87	-1	7.96	-1	-1	12.0	-1	-1	-1	-1	南非阿索玛	块铁矿
3	65.37	0.032	0.002	2.92	1.62	-1	-1	-1	-1	-1	0.94	-1	-1	-1	1.99	-1	-1	-1	85.86	-1	5.14	-1	-1	-1	印果阿	球团矿
4	65.80	0.037	0.003	2.12	1.82	-1	-1	0.0022	0.0040	0.0025	-1	-1	-1	-1	6.09	-1	-1	3.61	-1	-1	-1	-1	41.09	-1	印 MMTC	粗精粉
5	62.88	0.0276	0.0088	3.259	2.060	0.753	0.081	0.0032	0.0045	0.0033	-1	-1	-1	-1	10.419	-1	-1	0.72	-1	-1	-1	-1	24.29	-1	印果阿	粗精粉
6	66.48	0.023	0.002	3.27	0.54	0.214	0.051	-1	-1	-1	0.03	0.02	0	0.66	5.85	-1	-1	-1	-1	-1	-1	5.26	21.69	-1	巴 CVRD（淡水河谷）	粗精粉
7	64.91	0.053	0.007	3.3	1.57	-1	-1	0.001	-1	-1	-1	-1	-1	0	3.24	5.92	-1	-1	-1	-1	-1	86.86	-1	-1	澳纽曼山	块铁矿
8	58.40	0.0408	0.0094	4.992	1.305	-1	-1	0.001	-1	-1	-1	-1	-1	10.37	8.207	-1	-1	5.05	-1	-1	-1	-1	5.74	-1	澳纽曼山杨迪	粗精粉
9	65.22	0.0364	0.0036	2.357	1.881	-1	-1	-1	-1	-1	-1	-1	-1	0	4.248	-1	-1	2.50	-1	-1	-1	-1	27.82	-1	印白兰	粗精粉
10	70.24	0.008	0.125	1.15	0.27	-1	-1	0.004	-1	-1	-1	-1	27.77	0	7.59	-1	-1	-1	-1	-1	-1	-1	94.66	61.27	智利	精细粉
11	68.31	0.024	0.002	1.01	0.42	0.092	-1	-1	-1	-1	0.02	0.01	-1	0.68	9.19	-1	-1	-1	-1	99.25	-1	-1	93.02	41.84	巴 CVRD	精细粉
12	68.63	0.021	0.002	0.97	0.31	0.101	-1	-1	-1	-1	0.022	0.012	-1	0.40	7.62	-1	-1	-1	-1	0.57	-1	-1	94.29	41.79	巴 CVRD	精细粉

```
>>load P;
>>P = P';
>> net = newsom(minmax(P),[6,4]);
>> a =[10 100 1000];
>> yc = rands(1,10);
>> for i = 1:3;
net.trainParam.epochs = a(i);
net = train(net,P);
y = sim(net,P);
yc = vec2ind(y)
end
```

得到的结果见表2-7。

表2-7　聚类结果

训练步数	聚类结果											
10	1	1	1	4	4	4	1	1	4	24	24	4
20	18	18	24	13	19	7	12	18	19	1	1	1
50	21	7	1	21	21	21	7	21	21	6	6	6
100	3	15	19	10	10	16	1	3	10	12	12	12
1000	22	21	1	4	9	8	19	22	3	6	18	6

训练步数为10的结果说明，序号1、2、3、7、8为一类，4、5、6、9、12为一类，10、11为一类。该结果表明：训练步数为10的结果很乱，没有参考价值。训练步数为100的结果说明，序号1、8为一类，说明该两批铁矿石虽来自不同的公司，但都属于杨迪粉矿；4、5、9为一类，都为印度矿，但产地不同；10、11、12分辨细精矿，但产地不同。训练步数为1000的结果说明，序号1、8为一类，分辨出杨迪粉矿，虽然公司不同，其实矿点是连在一起的；其他各为一类。为了提高聚类的有效性，增加20步和50步训练，观察其训练结果，得出训练步数为20的结果说明，序号1、2、8为一类，5、9为一类，10、11、12为一类。训练步数为50的结果说明，序号1、4、5、8、9为一类，3为一类，2、7为一类，10、11、12为一类，说明已经区分出了品种，但欠精细。本例未对数据进行归一化，如果将数据进行归一化处理，则效果更佳。

2.2.3.3　利用神经网络验证粒度检测的可靠性

将历史记录的某部分品质特性数据作为训练集，验证或预测另一部分品质特性，如铁矿石取样为不可追溯的行为，铁矿石粒度及水分的检测也因为条件所限无法进行再现试验，但可以通过神经网络技术模拟再现粒度测试，或验证原先的结果的有效性，或预测某一批次粒度的结果。

表2-8是在某一时间段的巴西某公司的球团矿品质特性，共有24批次，每批次25个检测数据，包括成分、粒度水分、物理性能，其中还原和还原速率未测者以0替代。将成分、水分、物理性能作为训练数据，粒度为目标数据，将表2-8的前20组数据进行训练，最后五组用来测试，看看成分、物理性能与水分、粒度的关系如何。

表 2-8 巴西某产地的 24 批次检验数据

Fe	FeO	P	S	Al_2O_3	SiO_2	TiO_2	CaO	MgO	Mn	Cu	V_2O_5	Na_2O	K_2O	Zn	碱度	水分	+16 mm	8~16 mm	-6.3 mm	转鼓指数	研磨系数	抗压强度	还原率	还原速率
67.34	0.35	0.040	0.003	0.42	2.02	0.040	0.70	0.08	0.038	0.001	0	0.035	0.008	0.003	0.35	1.64	4.25	90.92	2.81	93.5	5.0	290	0	0.22
67.38	0.27	0.044	0.001	0.54	2.01	0.047	0.54	0.08	0.023	0.001	0	0.014	0.007	0.004	0.27	2.70	6.70	88.67	2.0	93.5	5.3	274	0	0.18
66.48	0.23	0.044	0.002	0.48	1.73	0.037	2.05	0.21	0.023	0.001	0.013	0.039	0.011	0.002	1.185	0.82	6.59	89.49	1.53	94.0	5.2	303	0	0.52
66.43	0.16	0.047	0.003	0.43	2.18	0.043	1.88	0.19	0.021	0.001	0.003	0.038	0.0085	0.002	0.86	2.28	7.08	88.57	2.38	94.2	4.5	287	0	0.22
67.40	0.15	0.047	0.002	0.49	2.30	0.041	0.69	0.17	0.046	0.001	0.007	0.036	0.004	0.002	0.30	1.57	5.09	88.01	3.38	93.8	4.9	268	0	0.29
67.38	0.16	0.047	0.003	2.09	0.49	0.055	0.66	0.09	0.034	0.001	0.005	0.049	0.004	0.002	0.31	2.35	6.6	87.5	2.85	94.0	5.2	263	0	0.31
66.29	0.14	0.042	0.006	0.30	1.90	0.049	2.23	0.31	0.029	0.001	0.005	0.039	0.007	0.002	1.17	1.96	6.92	88.78	2.46	93.8	5.1	253	75.0	0
67.55	0.17	0.050	0.002	0.42	1.96	0.048	0.65	0.10	0.029	0.001	0.006	0.014	0.006	0.002	0.33	2.45	6.71	88.09	3.36	93.7	4.9	251	54.4	0
67.61	0.21	0.047	0.003	0.43	2.15	0.040	0.74	0.10	0.034	0.002	0.005	0.033	0.008	0.002	0.30	1.98	7.28	87.68	3.57	93.8	5.3	272	55.4	0
67.17	0.21	0.041	0.003	0.51	2.08	0.049	0.65	0.22	0.034	0.001	0.007	0.038	0.008	0.002	0.31	1.35	7.04	88.04	3.72	93.8	5.1	269	53.7	0
67.13	0.10	0.047	0.002	0.49	2.32	0.049	0.78	0.10	0.066	0.001	0.005	0.044	0.009	0.002	0.34	1.80	4.92	91.07	2.66	93.8	5.1	258	53.9	0
67.19	0.12	0.041	0.002	0.45	2.36	0.047	0.78	0.10	0.028	0.002	0.0036	0.041	0.009	0.002	0.33	1.94	3.28	92.57	2.70	93.8	5.2	257	52.7	0
67.25	0.18	0.049	0.002	0.47	2.30	0.051	0.80	0.11	0.025	0.001	0.007	0.044	0.010	0.002	0.35	1.94	3.03	86.99	2.84	93.5	5.5	276	53.9	0
66.24	0.21	0.049	0.006	0.54	2.26	0.047	2.15	0.27	0.024	0.001	0.009	0.032	0.009	0.005	0.95	1.37	6.42	88.32	2.76	92.8	5.8	258	80.7	0
67.11	0.16	0.048	0.003	0.53	2.32	0.060	0.78	0.14	0.042	0.002	0.004	0.048	0.010	0.002	0.34	1.24	3.4	91.23	3.05	93.8	5.4	291	52.9	0
66.18	0.27	0.042	0.007	0.57	2.25	0.060	2.06	0.24	0.033	0.001	0.007	0.052	0.008	0.003	0.91	1.50	2.82	91.68	3.03	93.7	5.5	269	81.4	0
67.12	0.23	0.046	0.003	2.34	0.56	0.045	0.77	0.09	0.033	0.0004	0.008	0.045	0.005	0.002	0.33	1.10	4.41	90.25	3.34	93.5	5.7	276	61.0	0
66.94	0.32	0.049	0.0044	2.15	0.55	0.045	0.91	0.096	0.035	0.0028	0.004	0.0386	0.0063	0.0022	0.42	1.50	3.79	91.51	2.82	93.8	5.3	294	59.7	0
67.11	0.3	0.045	0.002	2.33	0.71	0.052	0.77	0.08	0.039	0.002	0.007	0.038	0.008	0.003	0.33	2.14	4.98	90.60	2.78	93.2	5.8	284	60.1	0
66.92	0.24	0.045	0.003	2.36	0.53	0.04	1.04	0.12	0.03	0.001	0.007	0.038	0.010	0.002	0.44	1.39	3.91	90.14	3.76	93.2	5.6	271	58.3	0
67.21	0.27	0.041	0.002	2.25	0.54	0.042	0.70	0.07	0.033	0.001	0.009	0.033	0.007	0.002	0.31	1.68	3.96	91.10	2.42	93.5	5.3	325	57.9	0
67.03	0.32	0.044	0.003	2.21	0.58	0.044	0.90	0.11	0.049	0.001	0.004	0.034	0.007	0.002	0.41	1.94	4.67	90.65	2.52	94.0	5.1	292	55.4	0
67.11	0.32	0.041	0.004	2.06	0.42	0.045	0.90	0.097	0.038	0.001	0.003	0.105	0.017	0.001	0.44	2.86	7.74	88.13	2.34	93.8	5.3	315	56.6	0
67.24	0.69	0.045	0.020	2.09	0.47	0.049	0.84	0.11	0.037	0.002	0.014	0.057	0.011	0.001	0.40	2.47	7.68	87.57	2.42	93.8	5.2	327	56.3	0

采用 BP 网，由于输入向量为 21 个参数，输出为 4 个参数，因此网络结构为 21×43×4，因为数据大小不一，为了提高网络运行的精度，需将数据进行归一化。设样本向量数据为 P，目标向量数据为 T，测试向量数据为 PT，测试向量目标为 PTT，则代码为：

```
>>p = xlsread('P');t = xlsread('T');pt = xlsread('PT');ptt = xlsread('PTT');
>> p = p';t = t';pt = pt';ptt = ptt'; %数据转置
%进行数据归一化
>>for i = 1:20;P(i,:) = (p(i,:) - min(p(i,:)))/(max(p(i,:)) - min(p(i,:)));
end
>>for i = 1:4;T(i,:) = (t(i,:) - min(t(i,:)))/(max(t(i,:)) - min(t(i,:)));
end
>> for i = 1:20;PT(i,:) = (pt(i,:) - min(pt(i,:)))/(max(pt(i,:)) - min(pt(i,:)));
end
>> for i = 1:4;PTT(i,:) = (ptt(i,:) - min(ptt(i,:)))/(max(ptt(i,:)) - min(ptt(i,:)));
end
>> net = newff(minmax(P),[43,4]);
>> net.trainParam.epochs = 1000;
>> net.trainParam.lr = 0.1; %训练速率为 0.1
>> net = train(net,P,T);
```

训练结果见图 2-16。

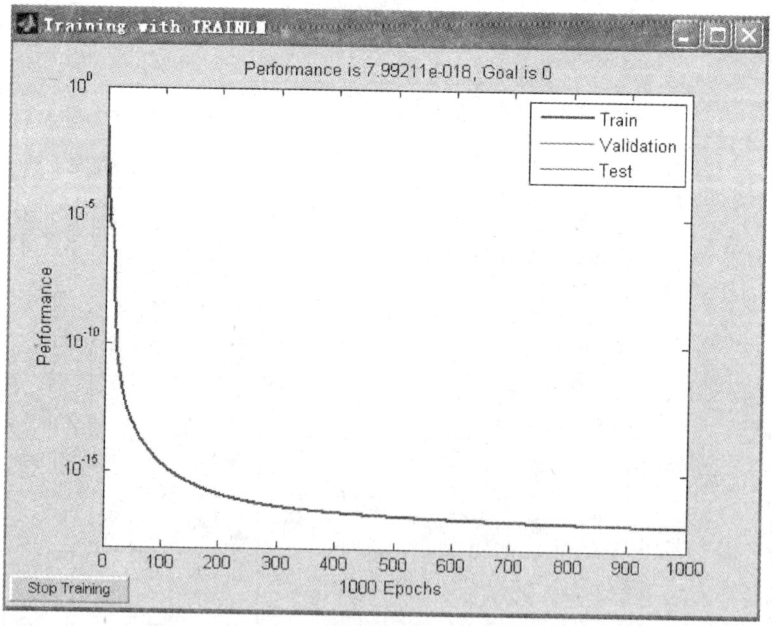

图 2-16 训练结果

```
%仿真运行
>> Out = sim(net,PT)
Out =
    0.0012  0.2414  0.9997  0.6424
```

0.0142 0.2013 0.9998 0.9978

0.9884 0.7725 0.8879 -0.015

0.4654 0.9182 0.0690 0.4610

>> plot(1:4,PTT-Out) %绘制预报误差曲线

所得预报误差曲线见图 2-17,即预报的结果与实际结果基本吻合,只是有一个数据相差较大,但误差也只有 0.75 左右。读者也可将自己关心的结果用相应的训练样本进行训练、测试,同样可得相同的结果。

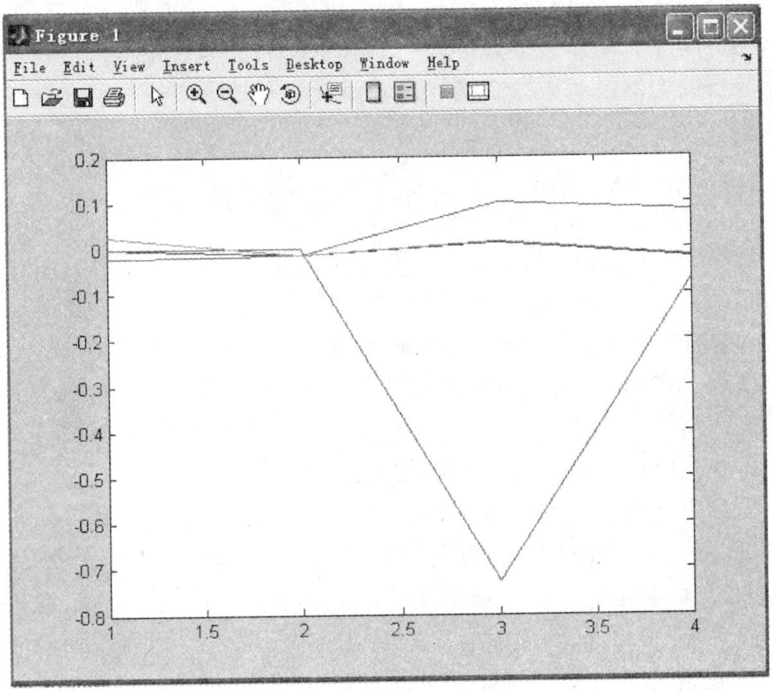

图 2-17 预报误差曲线

参考文献

[1] 应海松,等. 铁矿石检验系列丛书——铁矿石取制样及物理检验[M]. 北京:冶金工业出版社, 2007.

[2] 卢小泉,等. 分析化学中的小波分析技术[M]. 北京:化学工业出版社, 2006.

[3] 王松青,等. 铁矿石与钢材的质量检验[M]. 北京:冶金工业出版社, 2007.

[4] 许东,吴铮. 基于 MATLAB 6.X 的系统分析与设计——神经网络. 第 2 版.[M]. 北京:电子工业出版社, 2007.

[5] 葛哲学,孙志强. 神经网络理论与 MATLAB R2007 实现[M]. 西安:西安电子科技大学出版社, 2002.

[6] 冶金工业信息标准研究院. ISO/TC102 铁矿石国际标准汇编[G]. 北京:中国标准出版社, 2001.

[7] 应海松,等. 用 ACCESS 实现进口铁矿石质量的数据分析[J]. 金属矿山,2003,9:32~34.

[8] 飞思科技产品研发中心. MATLAB 6.5 辅助小波分析与应用[M]. 北京:电子工业出版社, 2003.

3 小波变换在铁矿石化学分析中的应用

通过对化学量测的信号进行小波变换，可以对化学信号的波谱进行处理，以提高分析化学中仪器分析的分辨率。本章主要以小波分析在铁矿石的铁含量自动电位滴定的应用和在X荧光铁价态分析的实例说明小波变换的奇异值检测和重叠谱峰分解在铁矿石仪器分析的应用。

3.1 小波分析在铁矿石的铁含量自动电位滴定中的应用

在铁矿石贸易中，铁元素是铁矿最重要的计价元素，它直接体现了贸易各方的利益，在贸易合同中对该项目的规格约定有严格的规定。铁矿中铁含量检测传统方法一般都需经过酸溶或碱熔进行试样前处理，然后采用氧化还原化学滴定法对其进行铁总量滴定。由于一般化学分析需要人工操作，用人眼判断滴定终点，因此不可避免会产生人为误差。本节以在密闭容器内用微波消解制备铁矿石样品溶液为基础，把微波溶样与自动电位滴定相结合，利用小波变换技术找出电位滴定曲线的突跃点，能精确计算滴定终点。基于小波变换技术改变了传统的电位滴定终点判断方法，如将该技术与计算机控制技术相结合可大大提高铁总量测定的精密度、工作效率和自动化程度。用小波分析变换的奇异值检测及导数技术变换氧化还原滴定曲线，可确定电位滴定测定铁矿中全铁的真实终点。以往，铁矿全铁分析一般采用ISO9507或GB6730.5，这两种标准都是经典化学分析法。目前国际上许多新版铁矿化学分析标准已用仪器分析方法替代化学分析方法，检验标准向仪器分析转换已成为趋势。因此，方法研究分为前后两部分。前部分为：铁矿石全铁自动单位滴定样品前处理微波溶样；后部分为：铁矿石全铁自动电位滴定[1]。

3.1.1 全铁分析样品前处理

3.1.1.1 *铁矿石样品溶解传统方法*

ISO/TC102/SC2于1992年出版技术报告ISO/TR 11422，对铁矿石溶解程序进行统一。主要采用酸溶或碱熔。酸溶解用盐酸处理，残渣用无水碳酸钠、无水四硼酸钠高温处理后与主液合并。碱熔融可采用碳酸盐－硼酸盐或过氧化钠高温处理。ISO9507或GB6730.5对铁矿石样品溶解采用同样的方法。

3.1.1.2 *电位滴定前铁矿石样品微波溶样方法*

微波溶样技术近些年发展迅速，技术成熟，而电位滴定技术发展已有多年，尤其是数据微处理技术的发展更使这两种技术如虎添翼，而且自动电位滴定与微波溶样商品化仪器也

---

[1] 本小节以宁波检验检疫局科技资金资助立项、国家质检总局成果登记的科研项目为基础编写，项目参与人员为应海松、王艳、廖海平。

已十分成熟。与化学分析相比，自动电位滴定与微波溶样两种技术相结合测定铁矿中的全铁能成倍缩短检测周期，并大大提高该类检测的自动化程度。

（1）方法概述。1975 年 Abu · Samra 等人首次将微波能用于样品制备，1983 年 Matthe 提出了密闭容器微波消解技术，之后该技术日益受到人们的重视，从 1987 年第一台实验室专用微波炉诞生至今，国内外已有数百种微波消解系统相继推出。微波消解与传统加热技术不同，它是一种内加热技术，利用极性分子和离子在高频交变电场（通常采用 2450 MHz）的作用下产生的交变磁场使分子极化，同时微波极性分子随高频磁场交替排列，导致分子高速振荡，这种振荡受到相邻分子间相互作用的干扰和阻碍，产生剧烈摩擦，使分子获得高能量，样品与酸混合物通过吸收微波能，产生即时深层加热，使温度快速升高。同时，这种内摩擦有利于搅动和剥离固体物料的表层，从而快速暴露出新鲜界面，使之受到酸浸分解，因而试样的分解速度较之常规溶样方法大大加快。

目前，以传统方式测定铁矿石中全铁含量时，对于易溶解的矿种，大都采用传统的电热板加热—酸分解溶样，这种溶样方法耗时较长，一般需 2 ~ 3 h 至 1 天以上。对于一些较难溶解的矿种，如磁铁矿等还需用高温灼烧残渣，再用氢氟酸和浓硫酸处理后灼烧残渣；或者用碱熔融残渣，再用盐酸溶解熔融物，步骤甚为繁琐。本课题采用微波消解技术处理铁矿样品，用化学滴定法测定全铁含量以评估溶样效果，分矿种详细探讨了溶样条件的影响，以便为自动电位滴定测定全铁含量奠定基础。

经查阅现行的 ISO、JIS、ASTM、GB、原冶金工业部和检验检疫系统行业铁矿检验标准，尚无铁矿石微波溶样的标准。澳大利亚哈默斯利公司及我国有些单位也有过铁矿石微波溶样的研究。铁矿石微波溶样设计的研究思路为：1）用无机酸在微波溶样炉内快速溶解一定量的铁矿样品，并用还原剂把三价铁离子还原成二价；2）微波溶样炉中取出样品溶液，再加入一定量的缓冲剂、掩蔽剂；3）、用弱氧化剂把多余的还原剂氧化成高价。

本方法的实验设备采用美国 CEM MDS2000 微波溶样炉，微波溶样炉功率为 800 kW。实验样品的研磨采用中国科学院长春光学精密机械研究所生产的 ZM-1 型振动磨样机。

本方法主要研究在密闭容器内微波消解制备铁矿石样品溶液的优化条件，用常规化学滴定法检测微波溶样的效果。方法对来自澳大利亚、巴西、印度、南非、智利、秘鲁、美国、加拿大、墨西哥、俄罗斯、乌克兰、委内瑞拉、瑞典、沙特、伊朗、印尼、马来西亚、莫桑比克等国的铁矿石进行测试，矿种有粉矿、球团矿、块矿、细精粉、粗精粉、球团筛下粉等。来自各国的大部分矿种都易于溶解。只有秘鲁矿等少数矿种须做残渣处理。首先选择易溶铁矿并探讨了溶样条件的选择，主要考虑样品量、消解酸用量、溶样时间、消解压力、氯化亚锡的影响。以下实验均采用样品编号为 50262 的 SAMARCO 球团矿，这批样品的全铁值国外检测结果为 67.22%，本方法实验室检测结果是 67.10%。验证方法采用 ISO 9507—1990。在保持其他条件固定、仅改变一个条件的情况下，经试验发现，消解时间太短则样品溶解不彻底，考虑到矿种的多样性，时间 Time/TAP（Time 为总时间，TAP 为压力保持时间）选为 25/10 min；对大多数样品，276 kPa 后的压力增高已作用不大，但是对智利、印度等地的铁矿，增高压力有助于样品溶解，为确保样品的彻底溶解，压力保持 690 kPa 为宜。加入适量氯化亚锡可以加快溶样速度，对于 0.2 g 铁矿样品，加入 2 mL100g/L 的氯化亚锡较为适宜。溶样后发现，秘鲁矿结果偏低，南非阿索马铁矿溶样后会出现少量棕红色残渣，沙特、美国等地铁矿溶样后会出现少量黑色残渣，但结果正常。经分析，这些棕红色、黑色残渣中不含铁，而秘鲁和莫桑比克铁矿石的残渣含有铁。对秘鲁等难溶矿,采用硫酸－磷酸混酸(2＋8,10 mL)溶样有较好的效果,但这种方法极易损毁消化罐。溶液中加入氢氟酸助溶效果不大,但加入的氢氟酸其溶后余量会对滴定电极和玻璃容器产生腐蚀,溶样结束后需驱除溶液中的氟离子。这与试验含铁残渣基本上无硅化合物有关,即使有硅化合物,在 0.147 m(100 目)以下其化合物与铁氧化物粘连程度不强,因此溶样过程不必使用氢氟酸,也无需考虑除氟程序。

最终确定溶样方法为:称取约 0.2 g 试样于消解罐中,加入浓盐酸 15 mL、氯化亚锡 2 mL,装好消解罐,消解压力为 690 kPa、溶样时间 Time/TAP 为 25/10 min 的条件下进行消解。

(2) 样品量对微波溶样的影响。分别称取约 0.05g、0.10g、0.15 g、0.20g、0.30g 样品进行实验,微波消解条件为:浓盐酸 15 mL、消解压力为 690 kPa、溶样时间 Time/TAP 为 25/10 min、氯化亚锡 2 mL。从滴定结果看,样品量偏小则结果极差与标准偏差较大,结果如表 3-1 所示。样品量为 0.05 g、0.10 g、0.15 g 左右时极差分别为 0.43%、0.30%、0.27%,均超出了 ISO 9507—1990 铁矿石—全铁含量测定—三氯化钛还原法标准中规定的实验室内允许误差(0.157%)范围,后续实验中样品量均选择为约 0.2 g。在其他易溶矿石的消解实验中发现,样品量约为 0.30 g 时个别样品未能完全消解,浓盐酸量改为 20 mL 后完全消解。

表 3-1 样品量对结果的影响

样品量/g	测定值(m/m)/%	平均值/%	极差/%	相对标准偏差/%
0.0564 0.0598 0.0601 0.0557	67.14 67.33 66.90 66.98	67.09	0.43	0.19
0.1087 0.0998 0.0956 0.1032	66.94 67.09 67.24 67.10	67.09	0.30	0.12
0.1514 0.1496 0.1533 0.1509	67.13 67.01 67.21 67.28	67.16	0.27	0.12
0.1906 0.2006 0.1899 0.1967	67.19 67.12 67.11 67.06	67.12	0.13	0.05
0.2988 0.2956 0.3002 0.2943	67.06 67.09 67.18 67.16	67.12	0.12	0.06

(3) 酸用量对微波溶样的影响。消解酸选择盐酸,对于约 0.20 g 样品,分别加入8 mL、10 mL、15 mL、20 mL、25 mL 浓盐酸进行消解,其他条件为:消解压力 690 kPa、溶样时间 Time/TAP 为 25/10 min、氯化亚锡 2 mL。结果如表 3-2 所示。当盐酸分别为 8 mL、10 mL 时,消解罐底部可见少许残渣,滴定结果也显示样品没有溶解完全。另外 3 个样品均完全溶解,所以盐酸用量以 15 mL 为宜。

表 3-2 盐酸用量对结果的影响

盐酸量/mL	8	10	15	20	25
全铁测定值/%	66.52	66.89	67.18	67.17	67.18

(4) 溶样时间对微波溶样的影响。在0.20 g样品中加入15 mL浓盐酸、2 mL氯化亚锡、消解压力690 kPa的情况下观测了消解时间对溶样效果的影响。Time/TAP分别12/3 min、15/5 min、20/10 min、25/10 min、30/15 min,结果如表3-3所示。时间太短则样品溶解不彻底,时间过长也无必要,考虑到矿种的多样性,消解时间选为25/10 min。

表 3-3 溶样时间的影响

溶样时间/min	12/3	15/5	20/10	25/10	30/15
全铁测定值/%	66.86	67.01	67.13	67.20	67.19

(5) 溶样压力对微波溶样的影响。溶样时间Time/TAP为25/10 min、浓盐酸15 mL、氯化亚锡2 mL的条件下观测了消解压力对溶样效果的影响,结果如表3-4所示。压力太低不利于样品的溶解,对于本批次样品约276 kPa后压力增高已无益于样品的溶解。但是对于部分智利、印度等地的铁矿石样品,增高消解压力有助于样品溶解。溶样压力根据仪器条件和样品特性尽量提高以确保样品彻底溶解,出于这种考虑,溶样压力约为690 kPa为宜。

表 3-4 溶样压力的影响

消解压力/kPa	137.894	275.789	413.684	551.579	689.474
全铁测定值/%	66.93	67.07	67.03	67.18	67.19

(6) 氯化亚锡的影响。溶样过程中如果不加入氯化亚锡溶液,大部分矿种都能溶解完全,但是需要很长的溶样时间,需1~2 h才能完全溶解。所以加入适量氯化亚锡可以加快溶样速度,对于0.2 g左右铁矿样品,加入2 mL100 g/L的氯化亚锡较为适宜。

(7) 不同产地矿种溶样结果。在样品量0.2 g、浓盐酸15 mL、氯化亚锡2 mL、消解压力690 kPa、溶样时间Time/TAP为25/10 min的溶样条件下对来自各国的大部分矿种进行了消解—滴定实验,结果如表3-5所示。其中大部分矿种均能溶解完全,滴定结果与用常规溶样方法得到的检测结果均在实验室内允许误差范围内,但秘鲁矿结果偏低。溶样过程中发现,南非阿索马铁矿溶样后会出现少量棕红色残渣,沙特、美国等地铁矿溶样后会出现少量黑色残渣,稍微摇晃溶液发现残渣悬浮很久后才沉淀,残渣处理后滴定发现与未处理时滴定结果一致,说明棕红色、黑色残渣中不含铁。秘鲁的细精粉、粗精粉、筛下粉、球团矿和莫桑比克细精粉在溶样过程中均会有不溶性黑色残渣,摇晃烧杯时残渣一直沉在壁底,几乎不能悬浮。如果不做残渣处理,溶样后直接滴定结果将会偏低0.2%~0.5%,说明残渣中含有铁元素。尝试了加入氢氟酸(2~8 mL)改善溶样效果,结果不理想,含铁残渣依旧存在,说明含铁残渣并非二氧化硅集合体,而可能是α-氧化铝。同时也尝试了利用振动磨样机研磨(研磨时间1~15 min,间隔时间1 min)难溶样品,分别试验不同细度研磨后各档样品的溶解效果,其溶解效果改善也不明显。

表 3-5　不同矿种溶样结果

样品编号	来源地	矿　种	常规溶样测定值	微波溶样测定值
(GBW)07218	中国内地(标样)		65.75	65.79
60083	澳大利亚/哈默斯利	块　矿	63.67	63.70
60082	澳大利亚/哈默斯利	粉　矿	63.33	63.38
60058	澳大利亚/BHP	块　矿	63.25	63.25
60094	澳大利亚/BHP	粉　矿	63.20	63.19
60085	澳大利亚/杨迪	粉　矿	58.29	58.26
60026	澳大利亚/portman	粉　矿	59.89	59.88
50264	澳大利亚/罗布河	粉　矿	60.89	60.80
50276	澳大利亚/野人河	球团矿	66.65	66.77
60089	巴西/CVRD	粉　矿	65.91	65.91
60078	巴西/CVRD	细精粉	66.12	66.11
50041	巴西/CVRD	球团矿	66.13	66.09
50281	巴西/RVM	粉　矿	63.10	63.26
50246	巴西/MBR	粉　矿	67.50	67.58
50245	巴西/MBR	粗精粉	66.42	66.46
50244	巴西/MBR	细精粉	67.72	67.68
50247	巴西/CFM	粉　矿	63.65	63.76
50339	印　度	块　矿	61.99	61.99
50342	印　度	球团矿	65.35	63.35
60063	印　度	粉　矿	64.39	64.39
60019	南　非	细精粉	66.66	66.65
50420	南非/阿索玛	粉　矿	64.62	64.62
50268	南非/阿索玛	块　矿	63.53	63.52
50073	南非/库柏	粉　矿	65.57	65.57
50224	智　利	细精粉	68.76	68.76
50223	智　利	球团矿	65.61	65.62
50350	智　利	块　矿	62.62	62.63
50327	伊　朗	粉　矿	62.02	62.01
50321	加拿大	球团矿	65.87	65.79
60065	委内瑞拉	粉　矿	65.76	65.77
50316	墨西哥	球团矿	66.46	66.46
50307	俄罗斯	球团矿	65.18	65.16
60051	乌克兰	球团矿	65.05	65.04
50312	沙　特	球团矿	67.23	67.27
40224	莫桑比克	细精粉	66.35	65.99
60053	秘　鲁	筛下粉	65.64	65.35
50006	秘　鲁	球团矿	65.62	65.32
50056	秘　鲁	细精粉	69.53	69.19
50192	秘　鲁	粉　矿	68.47	68.23
50296	秘　鲁	粗精粉	60.20	59.69

发现来自各国的大部分矿种都易于溶解。只有秘鲁矿等少数矿种须做残渣处理。因此,对秘鲁精矿等难溶矿,采用了硫酸－磷酸(2＋8,10 mL)溶样,其他条件为氯化亚锡2 mL、样品量0.2 g、消解压力69 kPa、溶样时间Time/TAP为25/10 min,溶样后未发现残渣,滴定结果也证实样品完全溶解,结果如表3－6所示。但是由于常压下硫酸的沸点(280℃)和磷酸的沸点(213℃)较接近于消化罐的材料聚四氟乙烯熔点(327℃),消解过程中很容易控制不好罐内温度而极易损毁消化罐,具有一定危险性,因此采用该条件,其微波消解炉必须有控制温度功能,以确保温度不上升到损坏消化罐的程度。

表3－6 硫磷混酸溶样后难溶矿滴定结果

样品编号	来源地	矿种	常规溶样测定值	微波消解测定值
40224	莫桑比克	细精粉	66.35	66.36
60053	秘鲁	筛下粉	65.64	65.69
50006	秘鲁	球团矿	65.62	65.70
50056	秘鲁	细精粉	69.53	69.59
50192	秘鲁	粉矿	68.47	68.53
50296	秘鲁	粗精粉	60.20	60.19

(8)溶液对自动电位滴定的影响。如果溶液中加入氢氟酸,其余量会对自动电位滴定的电极和玻璃容器产生腐蚀,溶样结束后需驱除溶液中的氟离子。第(7)项的结果表明溶样过程不必使用氢氟酸,因此也无需考虑除氟程序。但对个别难溶铁矿石需采用特殊处理方法才能溶解残渣。为了保持自动电位滴定的溶液条件的一致性,需对酸度、温度等进行调整。

3.1.2 铁矿石全自动电位滴定

3.1.2.1 传统铁矿石全铁测定的方法

铁矿石全铁测定方法有多种,我国国家标准有:"GB/T 6730.4—1986 铁矿石 氯化亚锡—氯化汞—重铬酸钾容量法测定全铁量",该标准用氯化汞氧化过剩的氯化亚锡,因此不利于环保;"GB/T 6730.5—1986 铁矿石 三氯化钛—重铬酸钾容量法测定全铁量"。国际标准有:"ISO 9507—1990 铁矿石—总铁含量的测定—三氯化钛还原法",该方法与GB/T 6730.5—1986技术一致;"ISO 9508—1990 铁矿石—铁的总含量的测定—银还原滴定法",该标准步骤繁琐、试验成本高,目前很少有人使用该标准,TC102已经取消;"ISO 2597—1—1994 铁矿石—铁的总含量的测定—氯化亚锡还原后用滴定法",该标准技术与GB/T 6730.5—1986相当,同样不利于环保,TC102建议撤销该标准。美国标准有"ASTM E 1081—1995 用银还原滴定分析法测定铁矿石及相关材料中总铁含量的试验方法"、"ASTM E 1028—2000 用重铬酸盐滴定分析法对铁矿石及相关材料中总铁含量的试验方法(三氯化钛还原法)"、"ASTM E 246—1995 用硫化氢还原作用和重铬酸盐滴定法测定铁矿石中总含铁量的测试方法"。日本标准有"JIS M 8212—1994 铁矿石中铁总含量的测定方法",该标准最新版标准是整合了ISO2597—1、ISO 9507、9508标准的技术。英国标准有"BS 7020—4.2—1990 铁矿石分析—第4部分:总铁含量的测定方法—第2节:氯化钛(Ⅲ)还原法"、"BS ISO 2597—1—1995 铁矿石—铁的总含量的测定—氯化锡还原后用滴定法"。法国标准有“NF A20—409—1990 铁矿石—铁总含量测定—银还原滴定法”、“NF A06—125—1967 铁矿的化学分析—测量铁总含量的容积量测定法”、“NF A20—410—1990 铁矿石—总铁含量的测定—氯化钛(Ⅲ)还原法”。韩国标准有“KS E3013—2001 铁矿石—全铁含量的测定方法”。前苏联标准有“ГОСТ 16589—1986 铁石英岩型铁矿石—磁铁矿的铁含量测定方法”、“ГОСТ 26482—1985 预先还原的铁矿石、精矿、烧结矿和球团矿—铁含量测定方法”、“ГОСТ 481—1977 铁矿石、精矿、烧结矿和球团矿—全铁含量的容积测定法”、“ГОСТ 23581.18—1981 铁矿石、精矿、烧结矿和球团矿—全铁含量测定方法”。目前国际上使用的比较多的方法是“三氯化钛还原重铬酸钾滴定法”。该方法试样的分解有酸分解、熔融—酸化、熔融—过滤。还原有：用稀重铬酸溶液氧化过量的三氯化钛，用靛红作为指示剂，或用高氯酸氧化过量的三氯化钛。滴定过程为：用硫磷混酸调节酸度，用二苯胺磺酸钠作指示剂，用重铬酸钾标准溶液滴定。

3.1.2.2 自动电位滴定

电位滴定技术是一种经典化学与现代电子相结合的产物，发展已有多年，其商品化仪器技术也已十分成熟，尤其是数据微处理技术引入电位滴定，更使其如虎添翼。与化学分析相比，自动电位滴定测定进口铁矿中的全铁能成倍缩短检测周期，并大大提高该类检测的自动化程度，可避免化学滴定人眼与指示剂判断滴定终点产生的误差。

目前尚无电位滴定测定铁矿中全铁的标准。澳大利亚哈默斯利公司和瑞士梅特勒公司有过电位滴定测定铁矿中铁的研究。自动电位滴定法测定铁矿中全铁量可采用两种控制方式：

（1）利用自动电位滴定仪自动控制功能，用重铬酸钾把弱氧化剂刚好消耗完，然后用重铬酸钾作为滴定剂，多次控制自动电位滴定仪滴定二价铁离子直至终点；

（2）利用滴定过程中的电位随滴定剂消耗的变化，当电位变化曲线产生突越时的点为滴定终点。

对于前者，虽然许多自动电位滴定仪有此项自动控制功能，可以控制重铬酸钾把弱氧化剂刚好消耗完，但需要电位预设，因此会带来试验误差。多数电位滴定法采用后者。

在设计自动电位滴定法实验时，考虑了几种方案。

（1）$Ce(SO_4)_2$ 自动电位滴定法。试样以盐酸溶解后用金属铜还原。滴定以 PtSCE 电极体系跟踪。用 $Ce(SO_4)_2$ 滴定试样中总铁。

原理为 Fe_2O_3 用浓盐酸溶解后，试液流经铜还原柱，试样中 Fe^{3+} 被还原：

$$Fe^{3+} + Cu + 2Cl^- = CuCl_2 + Fe^{2+}$$

生成的一价铜应与 Fe^{3+} 相当，它被 Ce^{4+} 滴定：

$$CuCl_2 + Ce^{4+} = Cu^{2+} + Ce^{3+} + 2Cl^-$$

一价铜被滴定时，出现第一个电位突跃，然后继续滴定 Fe^{2+}（其中包括试样中原含的 Fe^{2+}）：

$$Fe^{2+} + Ce^{4+} = Fe^{3+} + Ce^{3+}$$

Fe^{2+} 被滴定时出现第二个电位突跃。这个滴定过程可形成滴定曲线。

（2）配合自动电位滴定。铁矿石的主成分铁的测定，方法以铜离子选择电极作指示电极，饱和甘汞电极作参比电极，在 pH 值为 1.5 用 EDTA 电位滴定法滴定 Fe^{3+}，利用 Cu—ISE 对 Fe^{3+} 的响应，以指示 EDTA 滴定 Fe^{3+} 的终点。

(3) K_2MnO_4 自动电位滴定法。称取0.39～0.41 g试样于烧杯中,加入4 mL 10%的氯化亚锡,加盐酸25 mL,搅拌使其完全混匀,将烧杯置于120～140℃电热板上,30～40 min后搅拌使其结团部分打散,再在电热板上保持1.5 h,当试样溶液无黑色残渣、液体澄清透明,消解完成。

(4) $K_2Cr_2O_7$ 自动电位滴定法。与(1)法相同,只是把 $Ce(SO_4)_2$ 替换成 $K_2Cr_2O_7$。

虽然采用 $Ce(SO_4)_2$ 为滴定剂对环境无污染,但需要用铜柱为还原剂,反应速度慢,不利于快速分析;$K_2Cr_2O_7$ 应该是目前氧化还原滴定标准中采用比较多的滴定剂,但文献也采用铜柱为还原剂,同样存在反应速度问题;采用 $KMnO_4$ 为滴定剂虽然滴定效果不错($\varphi^{\ominus}_{Cr_2O_7^{2-},Cr^{3+}} = +1.36$ V,而 $\varphi^{\ominus}_{MnO_4^{2-},Mn^{2+}} = +1.51$ V),国内外有一定的应用,但这是一种比较传统的滴定剂,也是实验室的一种环境污染源,目前在各国标准中已被淘汰;铁—EDTA配合物自动电位滴定,指示电极可采用Pt电极、Pb-ISE、Cu-ISE和 $FeCl_4$-液膜离子选择电极,饱和甘汞电极作参比,在一定酸度下用EDTA电位滴定,配合滴定无毒无害,采用电位滴定可以避免铁-EDTA配合物本身的颜色及没有合适指示剂的影响,但溶液体系中如存在 Cu^{2+}、Ni^{2+}、Al^{3+}、Co^{2+}、Ca^{2+} 等对 Fe^{3+} 的滴定有干扰,需用掩蔽剂掩蔽或进行复合滴定加以扣除,另外高灵敏度时需要60～70℃的高温,极为不便。因此对比各种因素,选择(4)法作为本方法自动电位滴定为最佳方案。

3.1.3 应用小波变换确认电位滴定终点

小波变换用于化学量测信号的导数计算主要有两种方法:离散小波变换法和连续小波变换法。前者可利用不同滤波器得到的离散逼近信号之间的差别,后者可利用小波基函数的特殊性质。这些求导方法对分析图谱的分辨率、背景信号的扣除等有重要意义,但本项目主要介小波变换的奇异值检测,或小波的边缘检测,该技术可对信号的突变信息进行检测。

3.1.3.1 电极电位

根据能斯特方程,电极电位可表示为:$E = E^{\ominus} + \frac{RT}{ZF}\ln\frac{a_A^{V_A} \times a_B^{V_B}}{a_L^{V_L} \times a_M^{V_M}}$,式中,$a$ 为特点离子活度;F 为法拉第常数;$E^{\ominus}$($\varphi^{\ominus}$)为标准电极电位。自动电位滴定就是根据电极电位原理,采用相关电化学仪器测量其电极电位变化,该原理同样适用于氧化还原反应。可以通过计算电极对标准电极电位差来判断滴定反应的能力大小。有时标准电极电位也可近似理解为克式量电位。

3.1.3.2 锐度指数

按锐度指数的概念,锐度指数可表示为:$\eta = \frac{\partial \log[R]}{\partial \Phi}$,式中,$\eta$ 为锐度指数;R 为被测物浓度;Φ 为滴定分数,可表示为体积比:$\Phi = \frac{V}{V_{equ}}$。其实锐度指数与滴定曲线拐点时的斜率有关,此时的斜率取决于滴定反应热力学原理,很难用实验技巧和改进仪器加以改变。滴定终点的锐度指数 η_{equ} 可作为电位滴定准确度的量度。如果 $\eta_{equ} > 10^3$,容易确定终点,滴定误差不超过0.1%,可忽略不计;如果 η_{equ} 在10～10^3 之间,虽滴定仍可行,但误差有0.1%～5%;如果 $\eta_{equ} < 10$,无法确定滴定终点,误差大于5%,滴定就无实际意义。氧化还原反应的锐度指数还与氧化还原体系中的氧化还原标准电极电位差有关,标准电极电位差越大,锐度指数

就越大。

3.1.3.3 电位滴定的终点确定

电位滴定是应用电化学中电极电位原理的一种重要分析方法,电位滴定的要点在于如何确认电位滴定的终点。传统的滴定终点的确定多以几何法为基础,其中有简单图解法、科尔蜀夫法、哈恩一法、哈恩二法、福图因法、格兰法、作圆法(塔布斯法)、切线法、埃贝尔法、图解微分法。如果自动电位滴定所用的是预置终点滴定仪或二阶导数滴定仪,到终点时使会自动停止滴定,可以直接从滴定管上读出到终点时滴出滴定剂的体积。如果,采用曲线记录滴定仪,则将滴定进行到终点以后,分析人员可根据上述各种几何方法,对电位滴定曲线进行处理来确定终点,然后,确定滴定过程中消耗的滴定剂的体积,再计算自动电位滴定结果。

3.1.3.4 小波变换的应用

小波变换作为化学计量学的重要组成部分是分析领域中新兴的信号处理工具。将小波变换中边缘检取和通过奇异性分析检取信号突变点的方法引入到电位滴定分析中,用一阶或二阶导数拣取信号局部极大值来确定突跃点,以确定电位滴定的终点,能直接对测定的数据进行处理,不会引入人为的误差因素,结果处理的判断非常简便。它是与传统电位滴定终点确定完全不同的方法。将此技术应用于自动电位滴定仪测定铁矿石中的铁含量,可以准确判定滴定终点。这里可应用小波的多尺度边缘提取,该方法将边缘提取与小波变换理论结合起来,将多尺度信号平滑后的一阶或二阶导数检出突跃点。

(1) 小波变换的数学模型。设 $\theta(x)$ 是适当平滑的函数,且满足条件:$\int_{-\infty}^{+\infty}\theta(x)\mathrm{d}x = 1$, $\lim\limits_{|x|\to\infty}\theta(x) = 0$。令 $\psi_a(x) = \dfrac{\mathrm{d}\theta(x)}{\mathrm{d}x}$,$\psi_b(x) = \dfrac{\mathrm{d}^2\theta(x)}{\mathrm{d}x^2}$,由于 $\int_{-\infty}^{+\infty}\psi_a(x)\mathrm{d}x = 0$,$\int_{-\infty}^{+\infty}\psi_b(x)\mathrm{d}x = 0$,故函数 $\psi_a(x)$ 和 $\psi_b(x)$ 可以看作是基本小波或母小波。由 $\psi_a(x)$ 和 $\psi_b(x)$ 的定义可得小波变换为:$W_s^a f(x) = s\dfrac{\mathrm{d}}{\mathrm{d}x}(f\theta_s)(x)$,$W_s^b f(x) = s^2\dfrac{\mathrm{d}}{\mathrm{d}x^2}(f\theta_s)(x)$。$f\theta(x)$ 可以看成函数 $f(x)$ 用 $f(\theta)$ 按尺度 s 进行光滑的结果。$W_s^a f(x)$(一阶导数)的局部极值点对应于 $W_s^b f(x)$(二阶导数)的过零点和 $f\theta(x)$ 的拐点,当 s 很小时,用 $\theta(x)$ 对 $f(x)$ 光滑后的结果对 $f(x)$ 突变部分的位置与形态影响不大;当 s 较大时,光滑过程将 $f(x)$ 的一些细小突变消去而只剩下大尺寸的突变。因此用一阶导数,就可以很方便地通过选取局部极大值点确定突跃点。

为了取得更好的分析结果,选择对信号突变反应非常敏锐的小波基以拣取信号的突变位。选取具有紧支集的连续可导二次样条函数为小波基函数 $\psi(x)$,它是积分为 1 的三次样条函数的一阶导数。确定滴定终点,仅需要对均匀采样的离散数据 $S_1^d f$(一维信号)进行小波分解,由 $|W_{2j}^D f(x)|$ 的极大值可确定滴定终点。如果为复合滴定,可依次确认 $|W_{2j}^d f(x)|$ 的极大值所在位值,并对这些值进行运算,可以获得相关结果。

由于在信号处理中一般是均匀取样,所以在小波变换处理之前,按最小滴定体积间隔进行插值处理,对插值后的数据进行离散二进小波变换。可以从图 3-1 上看出,滴定曲线突变点与极大值点能够准确的对应,说明小波变化能够帮助准确判断电位滴定终点。采用小波变换后,可以清晰地判定出电位滴定的突变点。作为电位突跃点的定位,选取 $|W_{2j}^d f(x)|$ 的极大值作为滴定终点的判据。

(2) 小波变换滴定终点确定的 Matlab 实现。

1) 利用 M 文件编程。Matlab 可以像计算机高级语言一样可进行程序设计,用 Matlab 编程语言编写的程序叫 M 文件。可以将电位滴定曲线导出到 Excel,分别以 x 为横坐标,即滴定剂消耗的毫升数,y1 为纵坐标,即电极电位值。

首先在 MATLAB 中的读取 Excel 数据,如将导入到 Excel 的电位滴定曲线的数据格式设为:

x	y1
1.2	3.460
1.4	3.530
1.6	3.592
1.8	3.647
…	…
30.2	12.113
30.4	12.128
30.6	12.143
30.8	12.157

如共有 149 组数据,x 为 Excel 的 A 列,y1 为 Excel 的 B 列,则命令格式如下:

```
[ndata headertext] = xlsread('表名或表的具体路径加表名"sheet"数据区域')
```

其中右边括弧内第一个参数是文件名(也可以是该文件的路径),第二个参数为 Excel 中的表名(默认为 sheet1),可在 MATLAB 的命令窗键入。

然后,利用 DIFF 差分函数将 y1 列数据进行一阶导数转换,由于一阶导数转换后的数据个数会比原先的数据源少一个,因此为了使导数转换后的数据组与 x 数据组具有相同的向量长度,则需将导数转换后的数据组添加一个数字,该数字可采用导数转换后的数据组中最后一个数字相同的数据。设导数转换后的数据加一个数字为 y2。

将 y2 峰值对应的 x 值作为电位滴定终点时消耗的滴定剂毫升数,可计算电位滴定法测定铁的质量分数。

为了直观显示一阶导数转换后的电位滴定曲线,可以采用 PLOT 函数进行二维绘图。

例:如果滴定曲线的 Excel 文件名为 titration. xls,

```
>>x = xlsread('titration. xls"sheet1"A1:A149');
>>y1 =  xlsread('titration. xls"sheet1"B1:B149');
>>y = diff(y1)
```

按回车后,得到 y1 的差分数 y,继续在 y 数组添加一个最后位的重复数,生成 y2。

```
>>y2 = [y;0.0142]
>>plot(x,y1,x,y2)
```

MATLAB 会自动形成如图 3-1 所示的曲线。如果想得到二阶导数值或图,可以利用函数 diff(滴定曲线数组,n)进行转换,函数中 n 为导数的阶数,n = 2 时为二阶导数,n = 1 或默认时为一阶导数。但是,二级导数转换后,数组会少两个数字,因此需要添补数字,否则,与 x 的向量长度会有所不同,具体方法为在二级导数转换后的数组分别复制首末两个数字并分别添加数组的首末。

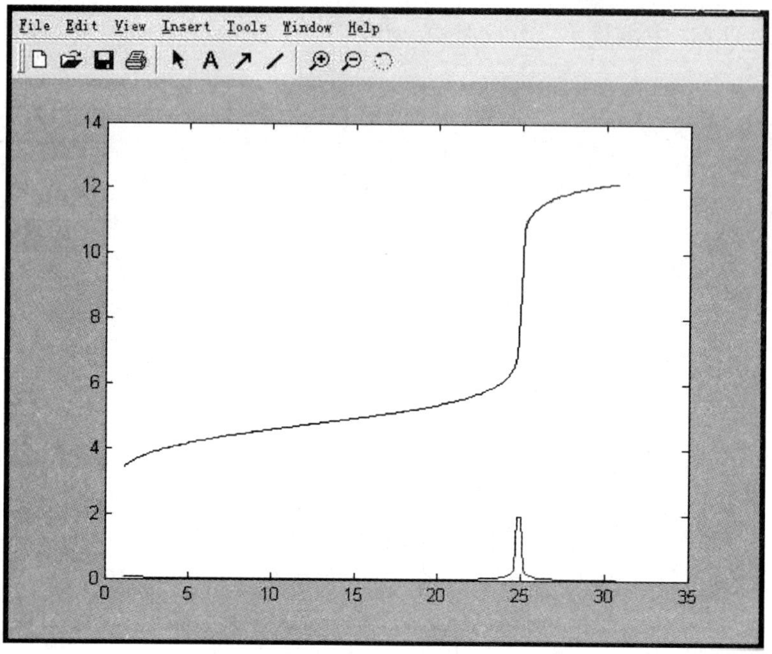

图 3-1 电位滴定曲线及其一阶导数转换

也可以直接进行函数编程达到上述目的,如:

```
s1 = (diff(y1(1:end-1)) + diff(y1(2:end)))/2;        % 中心差分法
s1 = [diff(y1(1:2));s1;diff(y1(end-1:end))];         % 少的两个点用前向和后向差分法补齐
s1 = s1/dt;                                          % 近似为导数
```

如果从 MATLAB 生成的数据向 Excel 写入,则可利用以下命令:

```
xlswrite('表名或表的具体路径加表名''表头和数据''表内 sheet 名''起始位置')。
```

例:欲把 x 与 y1、y2 数组写入 D 盘中文件名为 book1 的 Excel 中表 sheet1 的 A1 起始位,则先定义写入的数组:

```
>>m = {x;y1;y2}
```

然后写入命令:

```
>> xlswrite('D:book1.xls''m'sheet1''A1')
```

数据就写入 Excel 表中,可以通过查询一阶或二阶导数的突变点对应的 x 值作为电位滴定的终点。

如果不直接引用 diff 函数,也可以利用编程达到同样目的。设上述包含 x、y1 数组的 Excel 文件为 a.xls,通过以下例程画出原数据曲线、一阶导数曲线、二阶导数曲线,然后将一阶导数写入文件名为 bb 的 TXT 文件,通过比较纵坐标极大值对应横坐标值,可计算电位滴定终点。

例程:

```
A = xlsread('a.xls');
[x,y] = size(A);
A = A';
hold on;
subplot(3,1,1);
plot(A(1,:),A(2,:));% 原数据曲线
xlabel('原数据曲线');
grid on;
A1 = 0;
for i = 1:1:x - 1
  A1 = [A1,(A(2,i+1) - A(2,i))/(A(1,i+1) - A(1,i))];
end % 计算采样数据各处导数
A2 = 0;
for i = 2:1:x - 1
  A2 = [A2,(A1(i+1) - A1(i))/(A(1,i+1) - A(1,i))];
end % 计算采样数据各处二阶导数
A2 = [A2,0];
subplot(3,1,2);
plot(A(1,:),A1,'-');% 一阶导数曲线
xlabel('一阶导数曲线');
grid on;
subplot(3,1,3);
plot(A(1,:),A2);% 二阶导数曲线
xlabel('二阶导数曲线');
%grid on;
hold off;
t1 = A(1,i);
t2 = t1;
temp1 = A2(2);
temp2 = temp1;
for i = 3:1:x - 1% 本循环定位拐点横坐标
  if A2(i) > temp1
     t1 = A(1,i);
     temp1 = A2(i);
  elseif A2(i) < temp2
     t2 = A(1,i);
     temp2 = A2(i);
  end
end
```

```
fp = fopen('bb','w');
fprintf(fp,'%6.2f',A1);% 输出一阶导数到文件 bb 中,该文件可用记事本打开
% 或可采用 xlswrite()函数直接输出为 EXCEL 格式
fclose(fp);
```

在 Matlab 调用该 M 文件,然后运行,可如图 3-2 所示曲线。

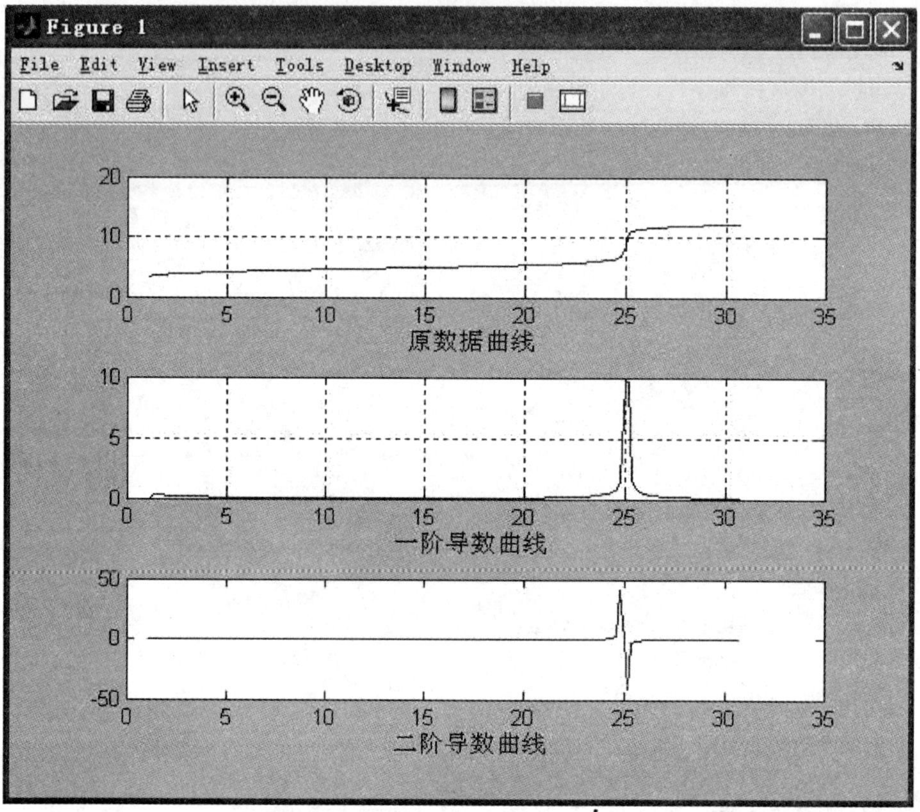

图 3-2　电位滴定曲线及其一阶、二阶导数转换

2）利用图形用户界面(GUI)。小波的 GUI,即 Matlab 小波工具箱的图形用户界面,可以直观地了解小波分析功能。通过在 Matlab 命令框键入 wavemenu,或选择 Matlab 的"START→Toolboxes→Wavelet→Wavelet Toolbox Main Menu",都可打开小波工具箱的图形用户界面。

首先将纵坐标电极电位值 Y1 单独以 Excel 文件保存,在 Matlab 命令框读取 Y1 数组,然后保存为 mat 文件并储存在 Matlab 下的 Work 文件夹中,如 Y1. mat。

打开小波工具箱的图形用户界面的一维离散小波变换(Wavelet 1-D),通过选择"File→Load→Signal",打开文件 Y1. mat,得到如图 3-3 所示的曲线。

图中 X 轴为横坐标,即滴定剂消耗的毫升数,数值一个单位等于 0. 2mL,最终的第 t = 149 数值应为 30. 8mL。利用小波工具对曲线进行分解,分解过程采用 db1 小波的 7 层分解,得到图 3-4 所示界面。也可以选中图 3-4 的"De-noise"按钮,将图转换成图 3-5 的界面。

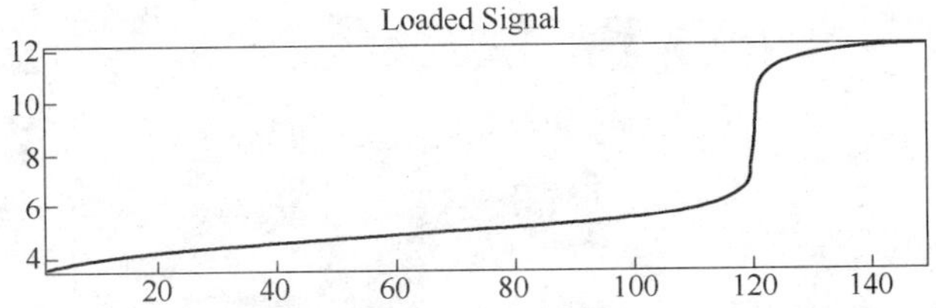

图 3-3 电位滴定曲线导入

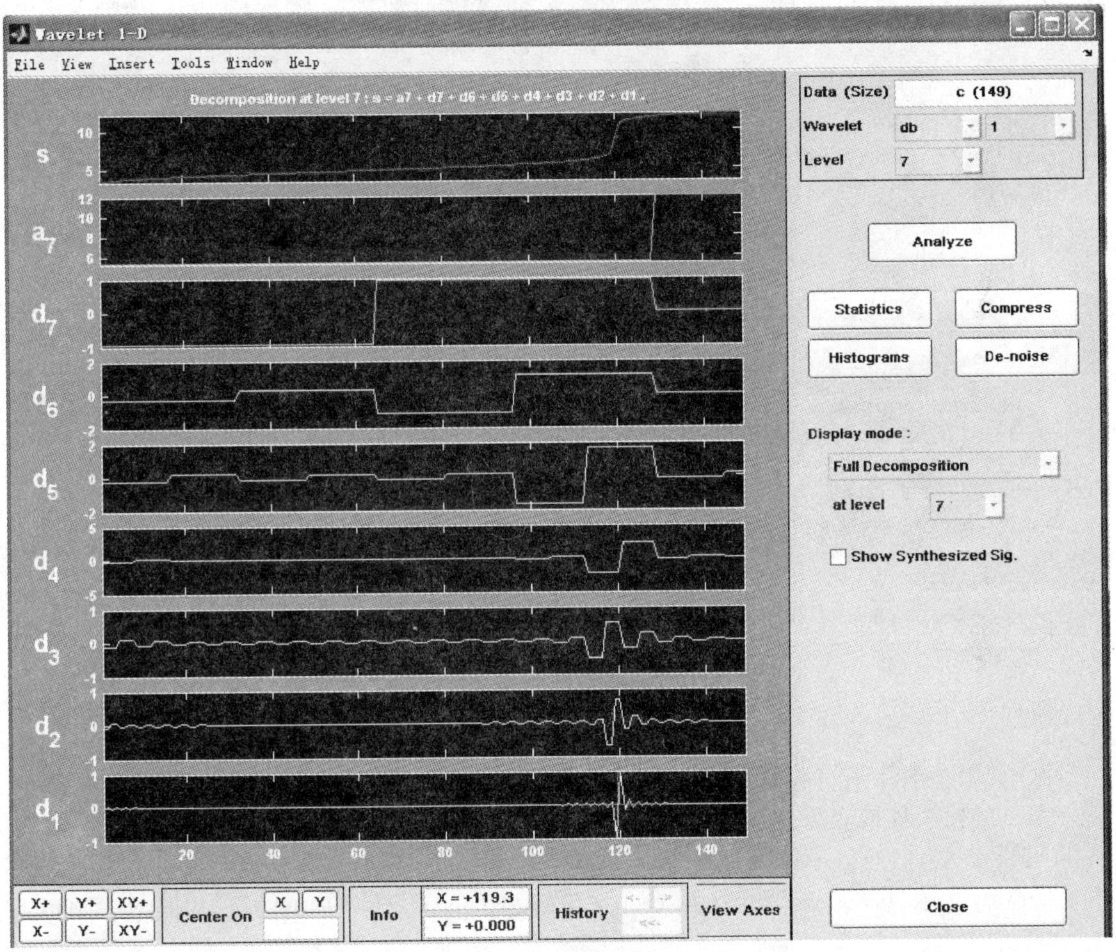

图 3-4 db1 小波 7 层分解图

无论是图 3-4 界面还是图 3-5 界面，都可以在 d1 的分解图中利用鼠标右键激活 X-Y 坐标，分别将图 3-4 的 d1 正负最高峰连线与 X 轴的交叉或图 3-5 的 d1 负最高峰予以定位，都可通过图下方的图形处理通用工具条得出对应 X 的坐标，如果图太小，可以采用"View Axes"功能将所选图单独放大到整个窗口，此时坐标定位就更加清晰了。

图 3-4 坐标定位后得到的 X 值为 t = 119.3，折算为 24.66 mL，由此可计算滴定终点。

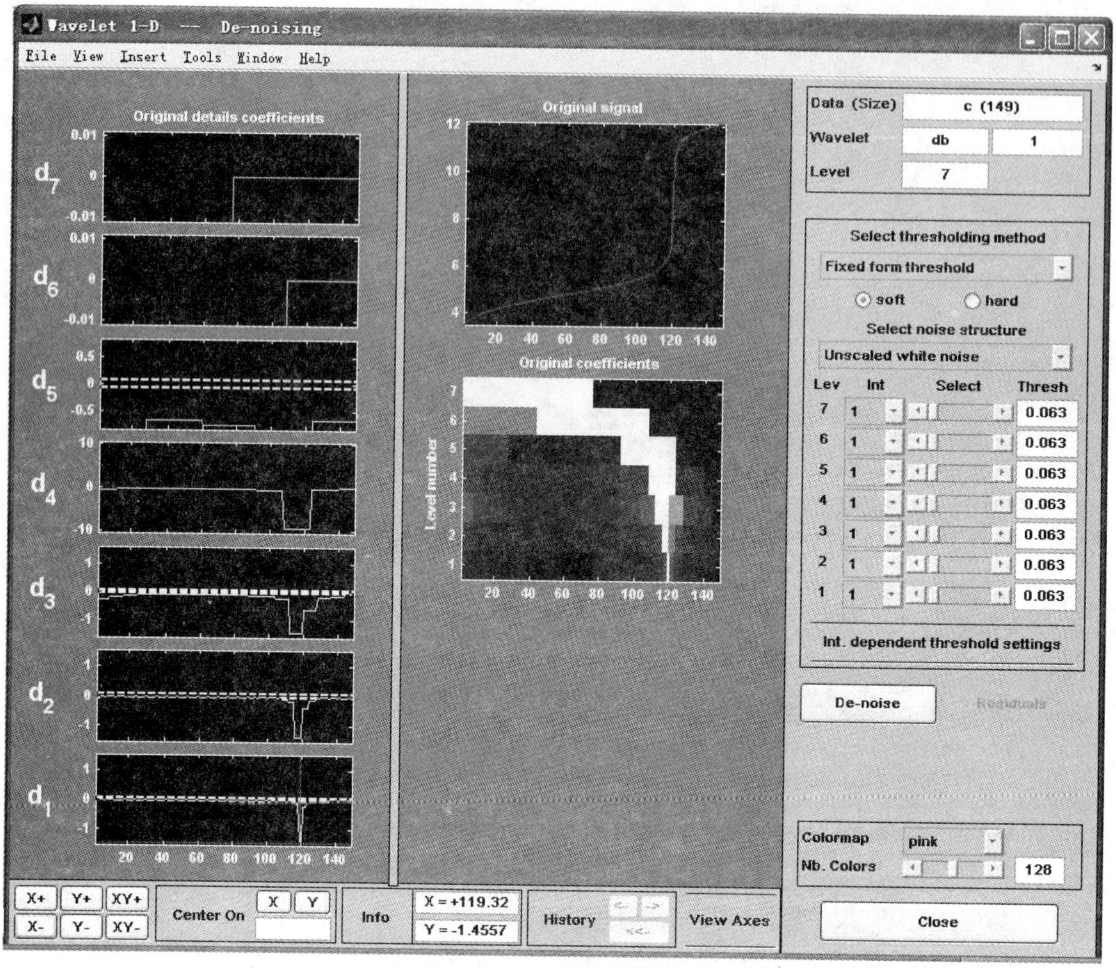

图 3-5　去噪后的界面

3）利用 Simulink 的系统仿真。Simulink 即系统仿真，是在 Matlab 环境下利用数学模型将一系列的模块连接起来，组成复杂的系统模型，利用 Matlab/Simulink 也可以解决上述同样的问题。

首先将上述包含 X、Y1 数组的 Excel 文件转换为 mat 文件，即 aa. mat，并保存于 Matlab 的 work 文件夹中。

从 MATLAB 的“File→New→Model”打开一个空白 Simulink 模型窗口，然后打开“Simulink Library Broswer”，分别从 Source、Sinks、Discrete、Commonly Used Bloks 模块组选择 From file、Scope、Difference、Mux 模块于空白 Simulink 模型窗口中，并建立模块的连接和处理，见图 3-6。该窗口建立模块的原理为：读取 aa. mat 文件数据，将读取的数据分别导入原始数据曲线显示示波器、混合器、差分转换器，然后将差分转换器转换后的数据分别导入一阶导数转换后曲线显示示波器、混合器、写入文件 bb. mat，将混合器混合的曲线在另一示波器显示。

分别点击三个示波器，会生成如图 3-7 ~ 图 3-9 的曲线，滴定曲线差分转换数据可从 bb. mat 文件获得。

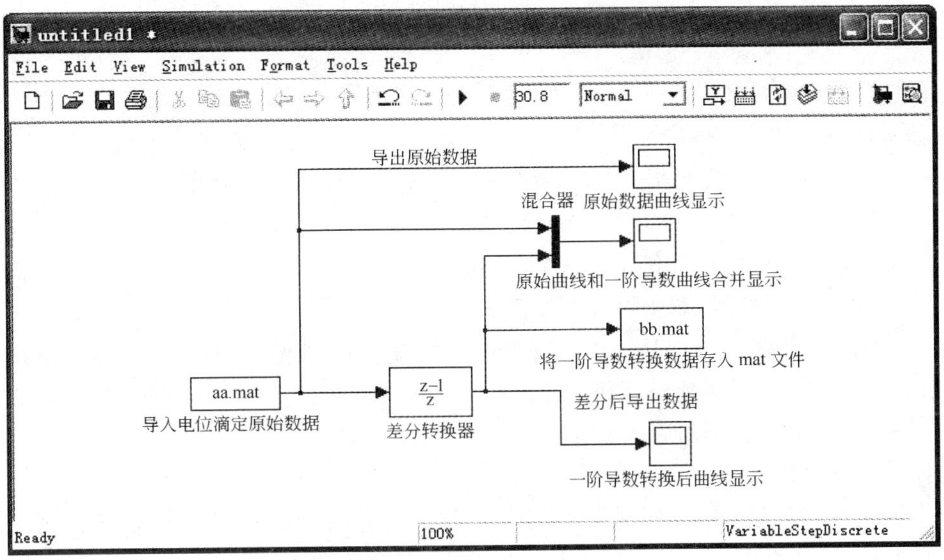

图 3-6 差分转换 Simulink 模块

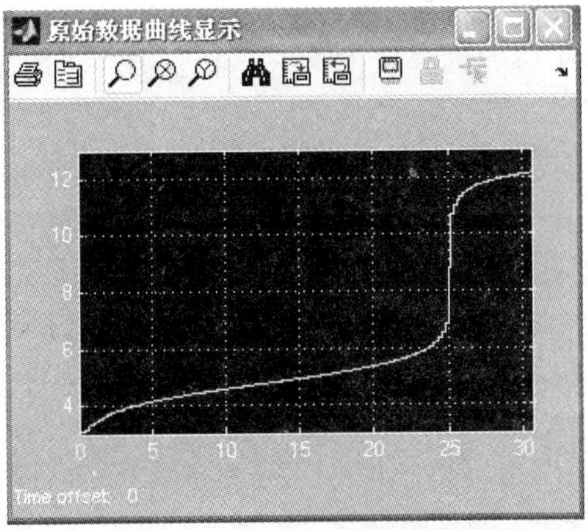

图 3-7 原始曲线

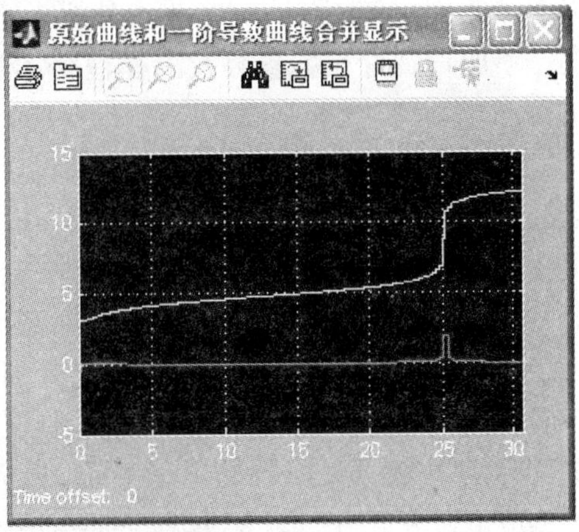

图 3-8 混合曲线

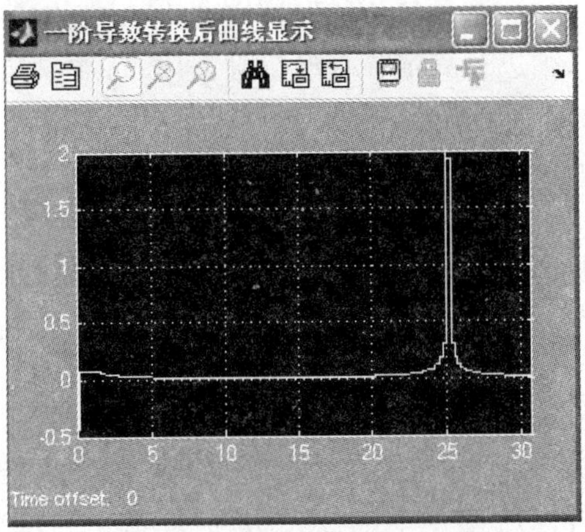

图 3-9 一阶导数转换曲线

3.1.4　应用小波变换电位滴定测定铁矿石全铁实例

3.1.4.1　仪器试剂

仪器及试剂如下：

（1）自动电位滴定仪：瑞士万通 809 型，配两个 10 mL 滴定单元，自动滴定单元为 50 mL；

（2）电极：瑞士万通 10750731 型铂复合电极；

（3）自动样品转换器：瑞士万通 730 型；

（4）试剂：浓盐酸（$\rho=1.16\sim1.19$ g/mL）、氯化亚锡溶液（100 g/L）、硫磷混酸（2+8（份），2+3+5（水））、三氯化钛溶液（15 g/L）、重铬酸钾标准滴定溶液（0.01667 mol/L）、铁矿石国家一级标样、铁矿石样品、光谱纯铁丝。

3.1.4.2　试样制备

按照铁矿取制样国际标准 ISO 3082 制备测试样，并按 ISO 7764 对试样进行预干燥。

3.1.4.3　实验步骤

称取约 0.2 g（精确到 0.0001）试样于 PFA 或 PTFE 消解罐中，加入浓盐酸 15 mL、氯化亚锡溶液 2 mL，安装好消解罐并将其放入罐架，连接压力传感器及相关泄压管，按微波溶样炉操作手册设置好相关参数及溶样程序，溶样完毕后需等其温度自然降到室温或采用流水强制冷却。

将消化后的溶液转移到自动电位滴定仪专用烧杯并将其放置在自动样品转换器的确定位置，同时在自动样品转换器的特定位置放置盛有电极浸泡清洗液和放置喷淋清洗废液的专用烧杯。滴定仪需设定试验开始条件，选择加液单元，滴定单元，电极及温度等相关参数，在滴定架上安装 Pt 复合电极及搅拌器、清洗喷头、滴定头、加液头，设置一个 50 mL 滴定管为滴定单元、设置两个 10 mL 的滴定管分别作为添加 5 mL 三氯化钛溶液和 10 mL 硫磷混酸的加液单元，按自动电位滴定仪操作手册设置好相关参数及加液、滴定程序，设定试验停止条件，选择 EP 数，EP 出现的斜率要求，最大停止体积等相关参数。开始自动滴定，计算机自动感应电位变化并自动记录滴定曲线并计算结果。编写结果计算公式并设定结果报告形式，自动打印结果报告（见图 3-10）。

滴定完毕后，将电极浸泡在饱和氯化钾保护溶液中，如滴定管无自动死体积校正功能，在标准溶液充盈滴定管时，须进行滴定管气泡驱赶程序，每次滴定完成后，电极须进行自动清洗，加液完毕后，滴定须在 30 min 内完成。

3.1.4.4　结果讨论

A　电位滴定

考虑到试样的用量和实验使用的烧杯的容量，以尽量避免滴定单元中的滴定管充盈二次及烧杯液体溢出，采用 $K_2Cr_2O_7$ 为滴定剂，经计算和试验，$K_2Cr_2O_7$ 浓度以 0.01667 mol/L 为宜。

B　滴定终点的探讨

实验设计了几种滴定方案：（1）如果在滴定前先人工调节好相关条件，并采用重铬酸钾为滴定标准液，虽滴定过程只产生一个电位突跃，但降低了自动化水平，其实际意义不大（见图 3-11）；（2）如果仅加入过量的氯化亚锡，使溶液中的 Fe^{3+} 全部转化为 Fe^{2+}，则滴定过

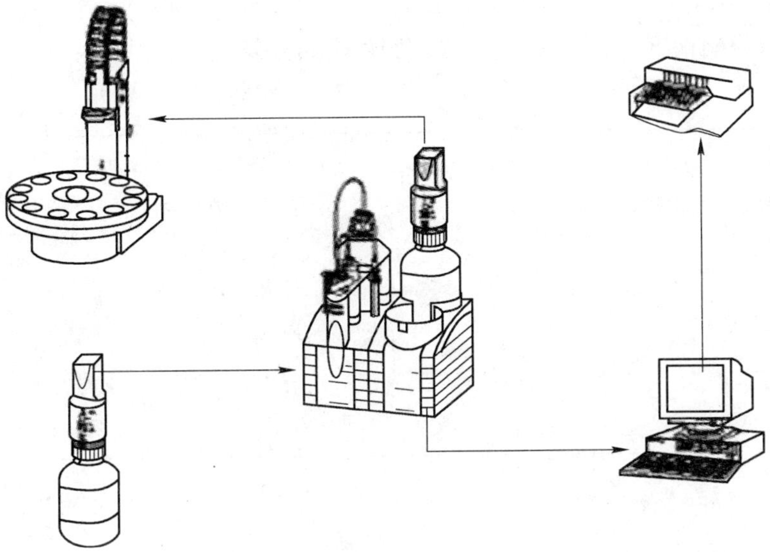

图 3-10 瑞士万通 809 型自动电位滴定仪示意图

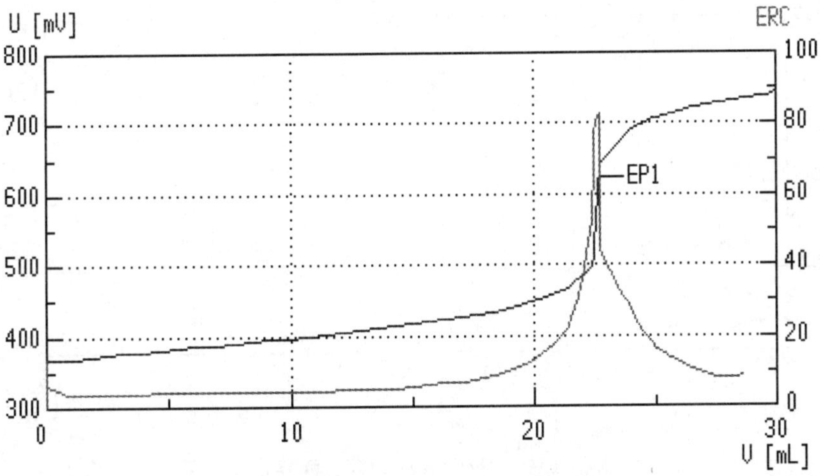

图 3-11 第(1)种方案滴定曲线与一阶导数变换

程会产生两个电位突跃,可避免人工加液,但 $Sn^{2+} \rightarrow Sn^{4+}$ 的突跃($\varphi^{\ominus}_{Sn^{2+},Sn^{4+}}=0.15$ V)与 $Fe^{2+} \rightarrow Fe^{3+}$ 的突跃($\varphi^{\ominus}_{Fe^{2+},Fe^{3+}}=0.771$ V)比较接近,且滴定终点的锐度指数低,两者互为干扰,影响终点的判断(见图 3-12);(3)也不能全部用三氯化钛替代氯化亚锡,因为三氯化钛引入过多会水解产生大量沉淀,既会影响观察样品的溶解过程,也会干扰终点判断;(4)如果在溶样时先加氯化亚锡助溶,把溶液中的铁全部转化成 Fe^{2+},利用溶样过程的化学反应把余下 Sn^{2+} 全部转化成 Sn^{4+},随即部分 Fe^{2+} 又自然氧化成 Fe^{3+}(溶液呈淡黄色),此时加适当过量的三氯化钛再一次把 Fe^{3+} 还原成 Fe^{2+},而溶液中的 Fe^{2+} 和过量的 Ti^{3+}($Ti^{3+} \rightarrow Ti^{4+}$,$\varphi^{\ominus}_{Ti^{3+},Ti^{4+}}=-0.1$ V)分别被重铬酸钾氧化成 Fe^{3+} 和 Ti^{4+} 产生两个电位突跃,此时的两个电位突跃互为错开(与(2)方案相比,电位差增加了 0.25 V),终点锐度指数更大(氧化还原反应的电位差与其电位滴定终点的锐度指数成正比),其滴定条件大大优越于其他几种方案

（见图 3-13、图 3-14）。但三氯化钛量不宜太少，因为太少会影响第一个电位突越的形状及锐度指数，导致影响精度，经试验 5 mL 三氯化钛溶液比较合适。

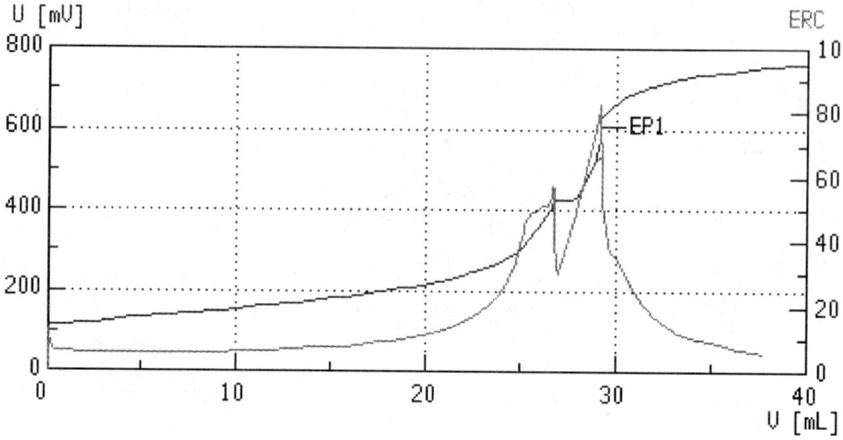

图 3-12　二价锡和二价铁的复合滴定曲线

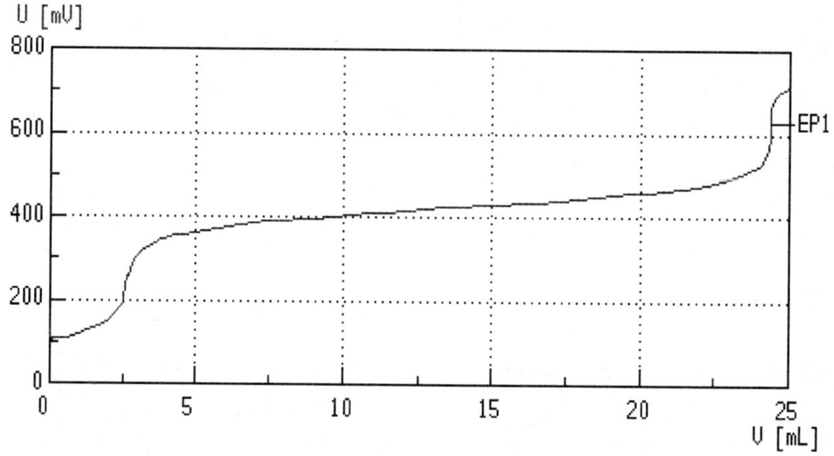

图 3-13　三价钛和铁的复合滴定曲线

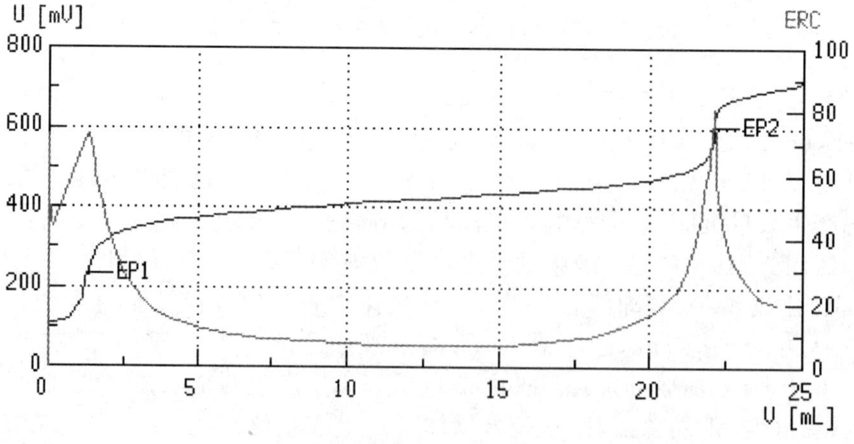

图 3-14　三价钛和铁的复合滴定曲线与一阶导数变换

自动电位滴定仪测定步骤试验了两种方式：

(1) 铁矿样品经微波溶样前处理后，其他操作步骤参照 ISO 9507:1990 铁矿石 - 全铁含量测定 - 三氯化钛还原法，然后使用自动电位滴定仪，并选用贵金属铂电极，加液单元加液及利用电极电位的突跃点替代指示剂变色确定滴定终点。

(2) 铁矿样品经微波溶样前处理后，其他操作步骤与 ISO 9507:1990 基本一致，待样品取下稍冷后加入蒸馏水至 150 mL，直接加入三氯化钛 1 mL，选用贵金属铂电极为测定电极，用自动电位滴定仪加液及滴定。

按照 ISO 9507 在试样溶解时加入氯化亚锡溶液，使三价铁还原至二价铁，但试验发现溶液中过量的二价锡离子的电位突跃与二价铁离子的突跃部分重合而相互干扰，很难区分滴定终点。试验也发现，待溶液变黄，也就是溶液中的二价锡离子全部被氧化成四价锡离子，同时也会有少量二价铁氧化成三价铁，加入三氯化钛，使三价铁还原至二价铁，过量的三价钛离子的电位突跃点与二价铁离子的突跃部分不重合，可以错开区分。

$$Fe^{3+} + Sn^{2+} \longrightarrow Fe^{2+} + Sn^{4+}$$

$$Fe^{3+} + Ti^{3+} \longrightarrow Fe^{2+} + Ti^{4+}$$

$$6Fe^{2+} + Cr_2O_7^{2-} + 14H^+ \longrightarrow 6Fe^{3+} + 2Cr^{3+} + 7H_2O$$

在(1)方法中，由于样品前处理方法与化学方法一致，样品溶液中仅含有二价铁离子，所以滴定过程只有一个电位突跃产生。但溶液需要人工调节滴定条件，包括人工滴定过量的三氯化钛，操作步骤繁琐。

在(2)方法中，由于加入了过量的还原剂三氯化钛，样品溶液中有三价钛离子与二价铁离子，均会和重铬酸钾溶液发生氧化还原反应，滴定曲线上出现两个电位突变点。利用三氯化钛，错开了剩余还原剂与二价铁的电极电位。

因此采用(2)方法不需要人工调节滴定条件，最多采用三个滴定单元，即两个加液(三氯化钛和硫磷混酸)，一个滴定，有利于方法的方便实现。通过滴定终点及自动电位滴定仪的程序设定计算方法，能方便快捷且直接准确地得到样品的含量。处理过程完全数字化，电脑控制整个过程，自动滴定，在滴定突跃点附近优化自动控制过程，使滴定液液滴最优体积可达 0.01 mL，更精确地得到突跃点的体积；绘制滴定曲线，采用小波变换进一步确定电位突跃点，从而得到精确的滴定体积，进而通过自动运算得到结果。为了验证小波变换在电位滴定法滴定终点的准确性与经典方法的差异，采用铁矿石国家一级标准物质做对比测试。结果与经典方法吻合度好，方法可靠。

C 反应机理

在 B 中(4)滴定方案，试样先以盐酸溶解后用 $SnCl_2$ 还原，然后用 $TiCl_3$ 再次还原，用 $K_2Cr_2O_7$ 作为滴定剂自动电位滴定，以 Pt 复合电极跟踪电极电位变化。

其过程反应原理为：

铁氧化物用浓盐酸溶解后，试样中 Fe^{3+} 全被过量的 $SnCl_2$ 还原：

$$2Fe^{3+} + Sn^{2+} = Sn^{4+} + 2Fe^{2+}$$

过量的 $SnCl_2$ 与空气中氧气反应：

$$2Sn^{2+} + O_2 + 4H^+ = 2Sn^{4+} + 2H_2O$$

多余 Sn^{2+} 反应完后，Fe^{2+} 与空气中氧气反应：

$$4Fe^{2+} + O_2 + 4H^+ = 4Fe^{3+} + 2H_2O$$

用 $TiCl_3$ 还原 Fe^{3+} 并略过量：

$$Ti^{3+} + Fe^{3+} + H_2O = TiO^{2+} + Fe^{2+} + 2H^+$$

此时，溶液体系中存在过量的 Ti^{3+} 和完全转化为二价的 Fe^{2+}，开始进行电位滴定。

因为体系中各电对的标准电极电位 $\varphi^{\ominus}_{Ti^{3+},Ti^{4+}}$ 比 $\varphi^{\ominus}_{Fe^{2+},Fe^{3+}}$ 低，因此 Ti^{3+} 先被滴定，出现第一个电位突跃，然后继续滴定溶液中的 Fe^{2+}，Fe^{2+} 滴定终点时出现第二个电位突跃。

$$6Ti^{3+} + Cr_2O_7^{2-} + 2H^+ = 6TiO^{2+} + 2Cr^{3+} + H_2O$$

$$6Fe^{2+} + Cr_2O_7^{2-} + 14H^+ = 6Fe^{3+} + 2Cr^{3+} + 7H_2O$$

整个滴定过程可形成一条有两个拐点连续的滴定曲线，该滴定曲线可采用一阶或二阶导数微分法检出突跃点(小波变换)。从理论上讲，氧化还原电位滴定曲线的拐点与真正的滴定终点不一定对应，即终点一般要低于拐点，但其差异可以忽略不计。一般自动电位滴定可以预设终点电位作为滴定仪滴定终点的自动控制条件，但应尽量避免采用，因为如不使滴定曲线完成整个拐点过程，会使电位滴定产生误差。

D　滴定温度的影响

采用同一个铁矿样品，从室温开始以 1 min 加热时间为递增间隔，分别加热冷却到室温的试液，滴定前分别测定试液温度，观察在 25℃、35℃、45℃、55℃、65℃时电位突跃及滴定结果情况。虽然室温下电位平衡慢，温度升至 60 ~ 70℃，反应速度加快，但总体上差别不大，突跃的形状差别也不大。为了降低试验的难度，在不影响精度的前提下，温度选择室温。

E　酸度的影响

溶液中酸量会影响体系中各电对的式量电位及各个滴定突跃的形状和高度，滴定突跃的高度会影响分析结果。因此，采用同一个铁矿样品，以 1 mL 间隔递增，分别在试液中加入硫磷混酸(2∶3∶5)或盐酸，并在滴定前分别测定试液酸度，其他条件不变，观察电位突跃及滴定结果情况。pH 值在 0.14 ~ 0.2 之间，电位突跃变化不大。但试验发现加硫磷混酸(2∶3∶5)可以缓冲稳定溶液体系在滴定过程中的酸度。为降低试验难度，在滴定前除加硫磷混酸外不加入其他任何酸性物质，以消解后原始溶液用硫磷混酸缓冲为实验酸度。

F　被测物浓度的影响

对被测物浓度影响的实验可以选同一个铁矿样品，从试样量为 0.05g 开始，以 0.05g 为递增间隔增加试样量，其他条件不变，分别滴定其全铁含量，可以观察到不同浓度被测物的电位突跃及滴定结果情况，考虑到试样量为 0.3 g 后实验烧杯所盛液体的总量会满溢，因此试样量以 0.3 g 为实验上限。实验发现自 0.1 g 后全铁结果趋于平稳，滴定的电位突跃明显而形状一致(见图 3-15)，测定结果上下差均在容差范围内。而低于 0.1 g，滴定曲线不平滑且斜率低，电位突跃不明显(见图 3-16)，导致计算机自动判断突跃点(EP)失误，滴定终点偏移，其原因为电极电位与被测物浓度有关，电位滴定的准确度与滴定终点处的锐度指数成正比，而锐度指数又与被测物浓度成正比，因此试样量小的其滴定终点准确率就低。

G　共存离子的影响

a　不同矿种的试验

选择几种典型的进口铁矿石，其矿物种类有赤铁矿(澳洲 BHP 粉、印度粉)、针铁矿(澳

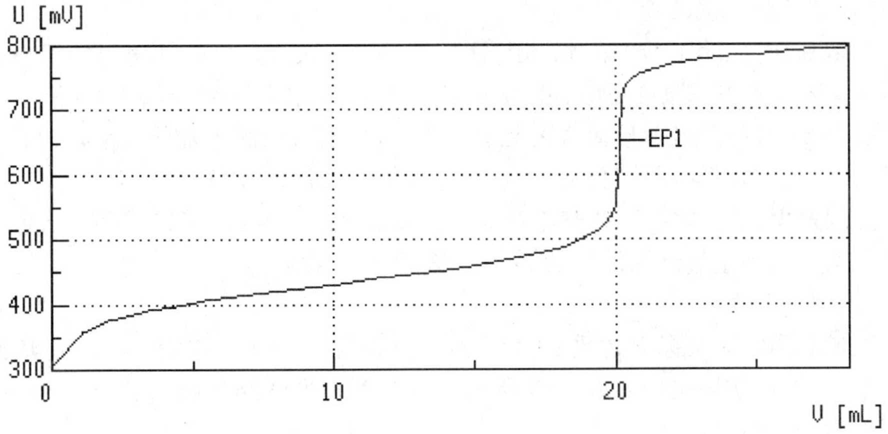

图 3-15 大于 0.1 g(即 0.2 g)试样量全铁滴定曲线

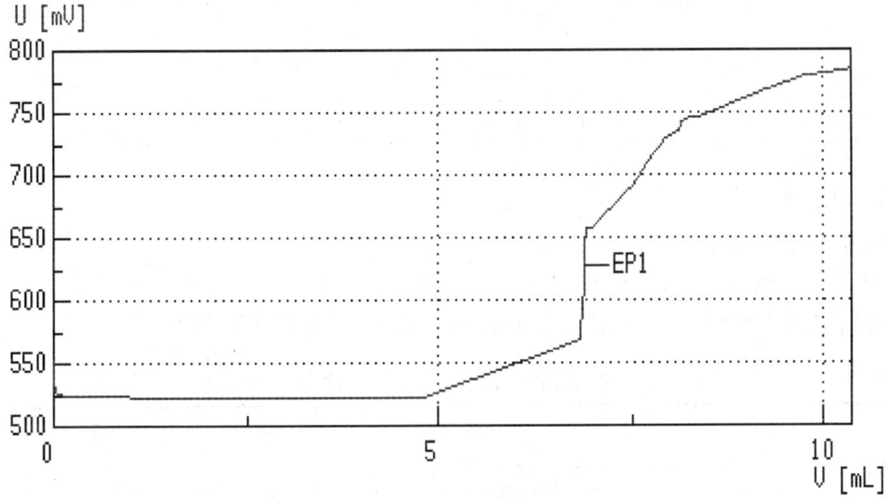

图 3-16 低于 0.1 g(即 0.05 g)试样量全铁滴定曲线

洲杨迪)、磁铁矿(秘鲁粉)、菱铁矿(委内瑞拉粉)以及烧结球团矿(乌克兰球团),分别采用自动电位滴定法(1 法)及经典测定方法 ISO 9507(2 法)平行测定,测定结果在 ISO9507 规定的室内容差范围之内,见表 3-7。虽然结果在容差范围内,但偏差都为正偏差,其原因为实验对不同矿种所存在的微量共存干扰离子未进行屏蔽。用 X 荧光光谱法半定量软件测定这些矿种的其他杂质元素,发现铁矿石含有铜、镍、钴、钒、钼、锰等元素一种或几种,这些元素的含量都在 0.1% 以下。

表 3-7 典型产地自动电位滴定法及经典测定方法 ISO9507 测定结果对比(m/m,%)

产　地	澳洲 BHP 粉	印度粉	澳洲杨迪矿	秘鲁粉	委内瑞拉粉	乌克兰球团
经典法	62.59	62.72	57.95	69.12	64.99	64.23
电位法	62.61	62.72	58.10	69.33	65.10	64.35
偏　差	0.03	0	0.15	0.11	0.11	0.12

b　共存离子的干扰试验

分别移取 0.01% 的铜、镍、钴、钒、钼、锰标准溶液 2 mL 于 150 mL 水中（相当于在铁矿石中含量 0.1%），先用还原剂还原，pH 值调整到 0.2，采用重铬酸钾滴定，观测其滴定曲线的变化，发现由于这些元素含量太低而无法产生电位突跃，因此干扰无法采用复合滴定予以消除。相关文献显示，一些非变价元素对滴定不会产生影响，而 0.1% 以下的 Cu、V、Mn 对 Fe^{3+} 的干扰因量少，其影响可以忽略不计。如需要扣除实验空白，可以采用加入能使滴定曲线产生明显突跃的一定量已知体积的 Fe^{2+} 溶液，然后予以扣除。

H　与经典方法的比较

采用铁矿石国家一级标准物质 GBW07218，分别采用自动电位滴定法及经典测定方法 ISO 9507 平行测定，结果比较如表 3-8 所示。说明两种方法结果吻合很好（ISO 9507 规定的室内容差为：0.156%）。

表 3-8　自动电位滴定法（1 法）与标准值及经典法 ISO 9507（2 法）测定结果比较（m/m，%）

样品号	标准值	2 法平均结果	1 法平均结果	1 法结果误差	1 法结果相对误差
GBW07218	65.76	65.76	65.87	0.113	0.17
秘鲁粉未知样（1 法）	—	70.35	70.42	0.07	0.10
澳洲杨迪矿未知样（2 法）	—	58.67	58.81	0.14	0.24

I　精密度、线性、回收率

a　精密度与准确度

选择 4 个不同浓度段铁矿标样对该方法进行验证，对 4 个标样各检测 12 次计算其精密度，把检测结果的平均值与其标准值对照计算准确度。结果见表 3-9。

表 3-9　本课题方法的精密度与准确度（m/m，%）

标样号	标准值	平均值	标准差	相对标准差	误差	相对误差
GBW07222a	43.66	43.75	0.050	0.11	0.09	0.21
GBW07219b	52.20	52.35	0.093	0.18	0.15	0.29
GBW07223a	61.73	61.84	0.066	0.11	0.11	0.18
GBW07213	67.01	67.13	0.065	0.10	0.12	0.18

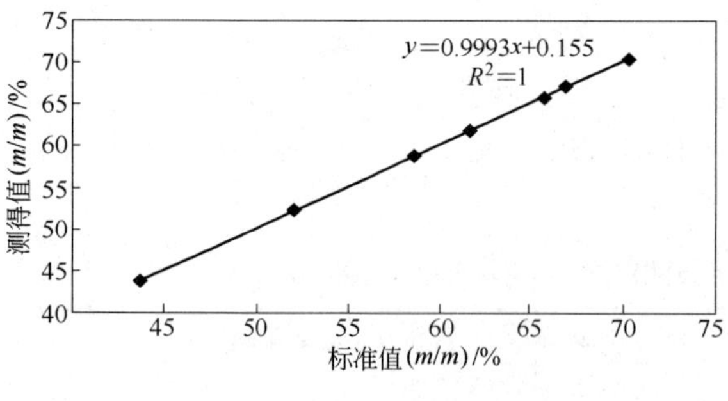

图 3-17　线性回归曲线

b　线性与检出下限

选择国家一级铁矿石标样 5 个，以标准值为横坐标，以本法测得值为纵坐标，同时增加 2 个铁矿石样品，以经典法测得值为横坐标，以本法测得值为纵坐标，发现本课题方法在全铁含量在 43.66% ~ 70.40% 范围内线性非常好（见图 3 - 17）。由于本课题没有比 43.66% 更低或比 70.40% 更高的标准样品或样品，因此对此范围之外的线性未进行试验,检出下限暂定为43.66%。

c 加标回收

以铁矿石标样GBW07222a(标准值43.66%)为基础,分别加入不同质量的光谱纯铁(进口光谱纯细铁丝),检测结果并计算不同浓度范围内的回收率,回收率计算公式:

$$回收率=[回收值/(加入量+原含量)]\times 100\%$$

结果见表3-10。

表3-10 不同浓度范围的加标回收率

序 号	试样量/g	标样铁含量/g	纯铁丝加入量/g	测得值/%	回收值/g	回收率/g
1	0.1998	0.0872	0.0086	47.99	0.0959	+100.1
2	0.2003	0.0874	0.0225	54.96	0.1101	+100.2
3	0.2001	0.0874	0.0423	64.93	0.1299	+100.2
4	0.1987	0.0878	0.0617	75.37	0.1498	+100.2

J 结论

对于大多数易溶铁矿,消解条件为样品量0.2 g、浓盐酸15 mL、氯化亚锡2 mL、消解压力690 kPa、溶样时间Time/TAP为25/10 min。

对于难溶铁矿,虽然消解条件可选为样品量0.2 g、硫酸-磷酸(2+8)15 mL、氯化亚锡2 mL、消解压力69 kPa、溶样时间Time/TAP为25/10 min。使用硫酸消解样品具有一定危险性,微波消解炉必须配备温度控制装置,以确保温度不上升到损坏消化罐的程度。

与常规溶样方法相比,微波消解法提高了效率,减少了试剂用量,检测结果具有一致性。

小波变换法直接对测量数据进行处理,避免了用多项式拟合法等可能引起的人为因素而影响终点的正确判断,采用离散小波变换,对滴定体积判断可精确到实验中所能达到的最小体积间隔。

由于处理过程完全数字化,采用电脑控制整个过程,应用特定程序编写整个滴定过程与结果计算,控制加液单元自动完成加液;自动滴定,在滴定突跃点附近优化自动控制过程,使滴定液液滴最优体积可达0.01 mL,更精确地得到突跃点的体积;绘制滴定曲线,采用小波变换进一步确定电位突跃点,从而得到精确的滴定体积,进而通过自动运算得到结果。整个过程自动化程度大大提高,节约了人力财力,缩短了检测时间,实现了全过程自动控制。

微波溶样-自动电位滴定法测定铁矿石中的全铁含量可以实现铁矿石中全铁测定自动化,它不仅使整个分析时间从2个工作日缩短到2 h,而且大大提高了分析精度,把操作人员从繁重的手工劳动中解放出来,如把该方法转化为相关标准则更有其实际意义。

3.2 小波分析在X荧光铁价态方面的研究

用小波分析方法分析铁矿中铁的X荧光谱线,通过计算分离2价与3价铁,为铁矿中2价铁的检测提供理论依据❶。

---

❶ 本项目参与人员为应海松、张建波、王谦、任春生、廖海平。

3.2.1 以往铁价态分析采用的技术

3.2.1.1 化学分析方法

利用化学分析对铁矿石的铁进行价态分析比较烦琐，一般的方法是首先测定铁矿石中的二价铁，及酸溶性铁（Ⅱ），然后再测定金属铁及全铁，通过全铁含量减去铁（Ⅱ）和金属铁，计算出三价铁。

（1）铁矿石金属铁的检测方法。对于低含量金属铁的检测可采用磺基水杨酸光度法、三氯化铁－乙酸钠分解滴定法。对于高含量金属铁的检测方法可采用溴－甲醇点滴法或三氯化铁分解滴定法。这些方法都有相应的标准，如我国标准有："GB/T 6730.6—1986 铁矿石－三氯化铁－乙酸钠容量法测定金属铁量"、"GB/T 6730.7—1986 铁矿石－磺基水杨酸光度法测定金属铁量"；国际标准有："ISO 5416—1997 直接还原铁－金属铁含量的测定－溴甲醇滴定法"

（2）铁矿石亚铁含量的检测。亚铁含量的检测大都采用酸溶、重铬酸钾容量滴定法，影响亚铁含量测定的因素很多。当铁矿石中含 SiO_2 较高时，可用 HCl 加固体 NaF（或 KF、NH_4F），这样分解矿样完全。测定亚铁须在隔绝空气的情况下进行，空气隔绝不好会使亚铁氧化呈三价铁。当有金属铁存在时，一定要分离掉，分离金属铁除了可采用上述化学法外，也可采用物理法：如果当矿石中不含有磁铁矿、磁赤铁矿、磁黄铁矿、假象赤铁矿和镜铁矿、含水针铁矿、水赤铁矿等在磁场中能被磁化的矿石时，金属铁可用磁铁选出。亚铁含量的检测标准有"GB/T 6730.8—1986 铁矿石－重铬酸钾容量法测定亚铁量"、"ISO 9035—1989 铁矿石－酸溶铁含量的测定－滴定分析法"。

（3）铁矿石全铁含量的检测。目前采用较多的铁矿石全铁测定方法是三氯化钛还原重铬酸钾滴定法。如 ISO9507 三氯化钛还原重铬酸钾滴定法。该方法可选择采用酸分解、熔融—酸化、熔融—过滤三种试样的分解。可选择采用重铬酸溶液氧化过量的三氯化钛和用高氯酸氧化过量的三氯化钛。

3.2.1.2 光度法

利用光度法进行铁的价态分析的文献比较多，而且各种方法各具特点。

（1）邻菲啰啉法。邻菲啰啉是常用的 Fe（Ⅱ）显色剂，同时由于 Fe（Ⅲ）也会显色，因此共存的 Fe（Ⅲ）对测定有影响，但可以在高酸度下（$pH \leqslant 3.0$）用 F^- 掩蔽 Fe（Ⅲ），然后将 Fe（Ⅱ）显色，在 512 nm 处测其吸光度。Fe（Ⅲ）可以通过全铁进行差减计算。该方法也可以在 HAc-NaAc 介质中，Fe（Ⅲ）和 Fe（Ⅱ）与邻菲啰啉、F^- 形成三元配合物，分别在 375 nm 和 518 nm 测定 Fe（Ⅲ）和 Fe（Ⅱ）。

（2）2,4,6-三（2′-吡啶基）-1,3,5-三嗪法。即用 2,4,6-三（2′-吡啶基）-1,3,5-三嗪（TPTZ）替代邻菲啰啉，方法与邻菲啰啉法类似，但比邻菲啰啉法更稳定。

（3）流动注射法。将 Fe（Ⅱ）用邻菲啰啉分光光度法测定，将 Fe（Ⅲ）用 DCS-偶氮胂显色，通过流动注射分析装置，分别将试样溶液与两种试剂合并并反应，通过分光光度计测其吸光度。也可以采用反相流动注射法，用邻菲啰啉显色 Fe（Ⅱ），用盐酸羟胺作为测定 Fe（Ⅲ）的还原剂。也有报道显示利用 H_2O_2-变色酸体系采用协同催化系数补偿－催化动力学测定铁的价态，该方法同样通过流动注射分光光度手段，可进一步提高测定的准确度。利用反应动力学法，还可采用在 pH = 5.6 的 HAc-NaAc 缓冲介质下，钛铁试剂（tiron）与Fe（Ⅱ）显色而不与Fe（Ⅲ）反应，但钛铁试剂的存在能加速Fe（Ⅱ）的氧化进而生成有色配合物，利用不同价态的铁与钛铁试剂反应的速度差异，实现Fe（Ⅱ）和Fe（Ⅲ）的同时测定。

（4）5-磺基水杨酸法。利用5-磺基水杨酸可增敏鲁米诺—溶解氧-Fe（Ⅱ）-铜锌还原柱体系化学发光分析法同时测定Fe（Ⅱ）和Fe（Ⅲ），可使测定灵敏度增加10倍。

3.2.1.3 X射线法

具体如下。

（1）X射线衍射法。X射线衍射法分析铁的不同价态含量可采用定量相分析方法。方法基于测量出与不同价铁各有关物相的衍射强度，扣除杂峰干扰，通过回归计算出不同价态铁的含量。由于铁矿石中的铁并非仅形成Fe_3O_4及Fe_2O_3两个物相，还有一部分铁是以铁的其他化合物形式存在，因此需采用复相法测试不同价态铁含量。

（2）X射线荧光光谱法。因为价态不同会引起X射线特征谱的精细结构发生变化，同样对铁元素的价态不同也会引起X射线谱的变化，因此用普通X射线荧光光谱仪，结合peakfit谱处理软件，可以从收集和计算的大量谱峰数据中，找出可用于铁元素化学价态定量分析的依据，并用于铁矿石价态铁的分析。

（3）电子探针法。电子探针法也是对元素的X射线进行分析，也是利用FeO和Fe_2O_3的矿物特征不同，以铁的L系谱线L_α/L_β强度比近似于Fe（Ⅱ）/Fe（Ⅲ）比值的正相关原理。

3.2.1.4 穆斯堡尔谱法

穆斯堡尔谱作为一种共振吸收谱，利用多普勒效应来调制放射源的γ射线能量，这样来实现能量的扫描，γ射线的不连续能量被吸收体的核共振吸收，透过吸收体的γ光子数是能量的函数，在共振发生时，可以观测到一个吸收峰或几个吸收峰。穆斯堡尔谱就是透过吸收体的γ射线光子数对多普勒速度的函数。因此穆斯堡尔谱又叫速度谱。在自然界，具有穆斯堡尔效应的有40多种元素，70多种同位素，90多个穆斯堡尔跃迁。^{57}Fe穆斯堡尔谱是一种广泛应用元素。使用Fe穆斯堡尔谱测定矿物中Fe的氧化状态、电子组态时，不但快速准确，而且样品用量少，不需要单晶体。

3.2.2 二价铁在铁矿石中的作用

对烧结矿和球团矿而言，铁矿石中二价铁的多少对高炉操作有很大影响，如两价铁含量低则机械强度低，进入高炉后易粉化，堵塞风路，影响冶炼，降低高炉利用系数。因此在铁矿石原料准备的烧结时要严格控制两价铁的含量。所以，冶炼工艺、选矿、铁矿石冶金性能测定、某些铁矿石的进出口贸易等都需测定二价铁。根据铁矿石的用途不同，有些铁矿石在进出口贸易合同中会约定亚铁含量的条款，有的须低于规定值，有的须高于规定值，有的须在一定范围之间。因此，为了了解矿石中的氧化状况，确定铁矿石的特性，在分析上不仅要测定全铁的数据，而且要有铁的高、低价数据。一般铁矿石，如天然块铁矿、粗精矿、细精矿、球团矿等都不需要检测金属铁，但直接还原铁，如热压块、还原铁筛下粉则需要检测金属铁，因为直接还原铁矿是炼铁和炼钢的重要原料，测定金属铁含量是重要的工艺指标。

3.2.3 X荧光基本原理及扫描波谱形成

3.2.3.1 X荧光基本原理

X射线光谱分析(XRF)可以分为波长色散和能量色散两大类。这里主要介绍波长色散X射线光谱技术。

(1) X射线的产生与X射线光谱。在具有高度真空的X射线管内,由阴极发射的热电子在高压电场的作用下,以高速撞击金属靶(阳极),此时电子的一部分动能转变为X光辐射能,并以X射线形式辐射出来。通常由X射线管所产生的X射线称为初级X射线,它是由本质上不同的两类X射线所组成,即连续X射线谱与特征X射线谱。连续X射线谱是由某一最短波长(短波限)开始的包括各种X射线波长所组成的光谱。特征X射线是由原子内层电子被激发而产生的。

(2) X射线的性质。

1) X射线的散射。X射线射入物质后,会发生一系列复杂现象。入射X射线的一部分能量透射过物质并产生热能,其余的能量分为两部分:一部分用来产生散射和X荧光(次级X射线),另一部分则转移给物质中的电子。X射线的散射可分为相干散射(瑞利散射)及非相干散射(康普顿散射)。

2) X射线的衍射。X射线的衍射起因于相干散射线的干涉作用。当X射线投射到晶体上时,各原子对入射X射线发生相干散射,这些很大数目的原子所产生的相干散射会发生干涉现象,干涉的结果可以使散射的X射线的强度增强或减弱。根据光的干涉原理,只有当光程差为波长的整数倍时,光波的振幅才能互相叠加使光的强度增强,这种现象即为X射线的衍射。发生相长干涉产生的X射线称为X衍射线。发生相长干涉,产生X射线衍射线的条件是:$n\lambda = 2d\sin\theta$,式中,n为衍射级次;d为两个相邻平行晶面的间距,称为晶面间距;θ为掠射角,即入射或衍射X射线与晶面间的夹角,这就是布喇格公式。根据布喇格公式,用已知波长的X射线来测量θ角,从而计算出晶面间距,这就是X射线结构分析;若用已知d的晶体来测量θ角,从而计算出特征辐射的波长(λ),并从波长进一步查出样品中所含的元素,这就是X射线光谱分析。

3) X射线的吸收。物质对X射线的吸收可以有两种情况。一种是散射吸收,它主要是由非相干散射引起;另一种是真吸收,是由入射X射线引起物质原子内层电子的激发而产生的吸收。大多数元素的吸收都是以真吸收为主,散射吸收较少可以忽略。

4) 俄歇效应和荧光产额。以初级X射线作为激发源,来照射样品物质,使原子内层电子激发所产生的次级X射线叫X射线荧光,或称荧光X射线。某元素所产生的荧光X射线光子可向原子外辐射,同时也可能在它的行程中继而击出该样品原子的较外层电子,这种电子叫俄歇电子,称此现象为俄歇效应。由于俄歇效应的存在,使X射线荧光的强度减小,从而影响测定的灵敏度。所谓荧光产额,是指原子中某内层电子因受X射线照射所产生的空位被较外层电子填充,并辐射出X射线荧光的分数几率。由荧光产额可大体了解各元素的测定灵敏度。

(3) X射线光谱定量分析。铁矿石中多元素X射线光谱定量分析一般是均匀样品的分析,X射线光谱定量分析方法有多种,一般可以归结为两种方式:1)数学校正法,这类方法基本上是用来计算共存元素影响的;2)实验校正法,采用这种方法,共存元素影响得到了补偿。由于计算机技术的发展,对数学校正法起到了促进作用。

1）数学校正法。数学校正法是用数学方法处理测量数据并校正元素间的基体效应。基体效应是指样品的化学组成和物理－化学状态的变化对待分析元素的特征X射线强度所造成的影响，大致分为元素间吸收增强效应和物理－化学效应两类。数学校正法可分为经验系数法和基本参数法及理论影响系数法。

2）实验校正法。实验校正法是最早用于X射线荧光光谱分析的。实验校正法包括校正曲线法、内标法和比例常数法，现在仍然广泛应用于常规分析。

（4）X射线荧光光谱仪结构。自1948年，Fridman和Birks应用盖格计数器首先研制出波长色散X射线荧光光谱仪以来，至今，世界各主要仪器制造商相继推出了由计算机控制的高智能化、自动化、专业化和小型化的波长色散X射线荧光光谱仪，这些产品已发展到第四、五代，但无论怎样发展，其光谱仪本身的基本结构并没有根本变化，依然是由光源X射线管、滤光片、原级（入射）准直器、分光晶体、二级（出射）准直器、探测器和测角仪等主要部件组成，见图3–18。

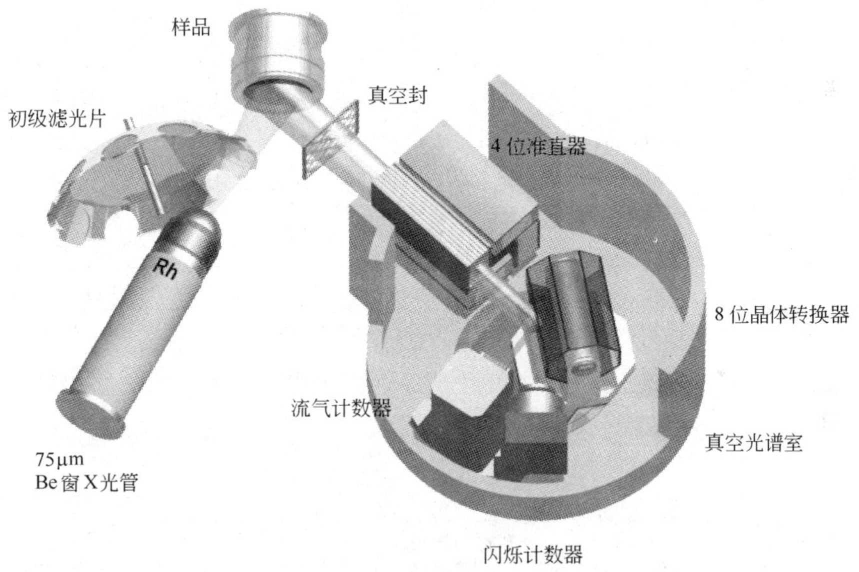

图3–18 顺序式波长色散X射线荧光光谱结构图

波长色散X射线荧光光谱仪分为扫描型（单道）、多元素同时分析（多道）型谱仪和扫描型与固定元素通道组合在一起的组合型三大类。

1）X射线管。从机械结构上，X射线管分为侧窗靶、端窗靶和透射靶。目前在波长色散谱仪中，高功率X射线管一般用端窗靶，功率为3～4 kW。X射线管本质上是一个在高电压下工作的二极管，包括一个发射电子的阴极和一个收集电子的阳极（即靶材），并密封在高真空的玻璃或陶瓷外壳内。发射电子的阴极可以是热发射或场致电子发射，热阴极X射线管是根据热电子发射的原理制成的。发射电子的阴极一般材料是钨丝，钨丝在一稳定的灯丝电流加热下发射电子，在灯丝周围形成一定密度的电子云，电子在阳极高压作用下，被加速飞向阳极，与阳极材料中原子相互作用，发射原级X射线，它由特征X射线和连续谱组成。改变灯丝电流的大小可以改变灯丝的温度和电子的发射量，从而改变管电流及X射线照射量率的大小。端窗靶在电子束轰击下所产生的X射线由靶材表面射出，通过铍窗射向试样。

2）高压发生器。X 射线管高压发生器的稳定性是谱仪性能的主要指标之一。商用 X 射线荧光光谱仪的高压发生器基本上有以下三大类型。第一类，即早期采用高压放大器稳压—自耦变压器调压—高压变压器变压—高压整流电路。第二类高压发生器，采用双向可控硅、脉冲触发电路—高压变压器升压—高压整流电路。自 20 世纪 80 年代中期推出的谐波调制电路，它的高压控制采用 300 Hz 以上的谐波控制调波信号，以触发可控硅使之形成方波交流电源，经变压器件变压，再整流为高压直流电源供 X 光管使用。

3）初级滤光片。使用滤光片的目的是消除或降低来自 X 射线管发射的原级 X 射线谱，尤其是靶材的特征 X 射线谱对待测元素的干扰，可改善峰背比，提高分析的灵敏度。大多数仪器中，滤光片可装 4 ~ 10 块。

4）通道面罩和准直器。在准直器（又称索拉狭缝）和试样之间装有可供选择的通道面罩，通道面罩的作用相当于光阑，其目的是消除样杯面罩上发射的 X 射线荧光的干扰。每种谱仪配备的通道面罩有所不同，通常选择 3 ~ 4 块。

5）分光晶体。在波长色散谱仪中，晶体是获得待测元素特征 X 射线谱的核心部件，顺序式 X 射线荧光光谱仪配备晶体最多可达 8 ~ 10 块，以满足从 Be 到 U 的诸元素测定，在测定超轻元素如 B 或 Be 时均选择专用晶体。在选用晶体时应依据上述原则结合实际情况予以综合考虑。常用晶体的 2d 值和应用范围列于表 3-11。

表 3-11 常用晶体的 2*d* 值和应用范围

晶 体	材料/应用元素	2d 值/nm
LiF(200)	氟化锂/K 系线 Te-Ni，L 系线 U-Hf	0.1801
LiF(220)	氟化锂/K 系线 Te-V，L 系线 U-La	0.2848
LiF(420)	氟化锂/K 系线 Te-K，L 系线 U-In	0.4028
Ge	锗/Cl-P	0.653
InSb	锑化铟/ Si	0.7481
PET	Pentaerythrit/Cl-Al	0.874
AdP	磷酸二氢铵/ Mg	1.0648
TlAP	Thalliumhydrogenphtalate/Mg-O	2.5760
OVO-55	人工复合(W/Si)/Mg，Na 和 F	5.5
OVO-160	人工复合(Ni/C)/B，C，N	16
OVO-N	人工复合(Ni/BN)/N	11
OVO-C	人工复合(V/C)/C	12
OVO-B	人工复合(Mo/B4C)/B (Be)	20

6）探测器。波长色散谱仪常用计数器为正比计数器（流气式或封闭式）、闪烁计数器，这些探测器的作用，是将 X 射线荧光光量子转变为一定形状和数量的电脉冲，表征 X 射线荧光的能量和强度。它实质上是一个能量 - 电量的传感器，也就是说无论何种探测器都是将 X 射线的能量转变为电讯号，通常用电脉冲的数目表征入射 X 射线光子的数目，幅度表征入射光量子的能量。不同的探测器具有不同的特性，因此在使用探测器时要考虑其特性

与X射线的特征,做出最佳的选择。

7) 测角仪。测角仪是顺序式X射线光谱仪的核心部件,直到20世纪末,大多数仪器采用的测角仪,以步进马达–机械齿轮分步传动,控制 θ-2θ 轴。采用机械齿轮传动的测角仪体积大,扫描速度较慢,定位精度一般只能达到 ±0.001°。目前,测角仪已经采用多种新技术。

8) 脉冲高度分析器。由正比计数管或闪烁计数管记录每个入射的光子所引起的离子对数的值,即 $N \approx \frac{\text{X射线光子能量}}{\text{电离电位}}$,由正比计数管或闪烁计数管将光信号转换为电脉冲信号,输送到前置放大器。经前置放大器预放大后再送至主放大器。主放大器输出的脉冲信号包括待测元素脉冲信号、噪声及高次线脉冲信号。每一个电脉冲的幅度正比于X射线光子能量。实际上,由每个入射光子所引起的离子对数目并不是一个定值,而是在平均值上下波动。离子对数分布的标准偏差以 $\sigma = \sqrt{N}$ 表示。因而电脉冲的幅度分布也随之而变。脉冲高度分析器(pulse height analysis,PHA)的作用是,通过选择脉冲幅度的最小和最大阈值,将分析线脉冲信号从某些干扰线(如某一谱线的高次衍射线、晶体荧光或待测元素特征谱和高次线的逃逸峰)和散射线中分辨出来。在某种程度上,可用来消除干扰和降低背景,以改善分析灵敏度和准确度。

3.2.3.2 X荧光扫描波谱形成

A 谱图的产生

X光管产生的原级X射线照射样品产生荧光X射线,也就是说当一束X射线光子与样品的原子相互作用时,在其能量大于原子某一轨道电子的结合能时,就可从中逐出一个轨道电子而出现一个空穴,这时处于较高能级的电子将依据一定的规则跃迁而填补该空穴,这种跃迁将导致如下几种情况产生:(1)以特征X射线的形式发射出原子,即产生X射线荧光,为辐射跃迁;(2)产生俄歇电子及俄歇效应,它是无辐射跃迁;(3)比 K 层高的壳层随角动量量子数的不同而分为不同的亚层。因此还可能存在同壳层(主量子数相同)中另一亚层(角动量量子数不同)电子的跃迁,这就是所谓Coster-Kroning跃迁。由于能级间隔小,这种跃迁非常快,它也属于无辐射跃迁。X射线与物质相互作用非常复杂,除产生上述情况外,主要还有吸收和散射,吸收和散射会导致X射线强度的衰减,而散射中的康普顿散射和瑞利散射对最终谱图的形成也有一定的影响。从X光管发射出的原级X射线激发样品产生特征X射线荧光,经准直器变成一束平行光后射向分光晶体,按布喇格公式将平行光色散,测角仪带动探测器(闪烁计数器和正比流气计数器)和分光晶体按一定的顺序扫描,在4°~148°间通过探测器探测到不同角度的荧光强度,经过计算机处理,形成包含不同角度特征波长荧光强度的谱图。

B 定性扫描基础

a 莫斯莱定律

特征X射线波长倒数的平方根与元素的原子序数呈线性关系,即莫斯莱定律,具体关系式为:$\sqrt{\frac{1}{\lambda}} = K(Z-S)$ 或 $\lambda = k(Z-S)^{-2}$,式中,K 为特征X射线或荧光X射线的波长;Z 为元素的原子序数;K、Z、S 为常数,与谱线的线系有关。因此只要测出X射线的波长,就可计算出原子序数。根据布喇格定律,$n\lambda = 2d\sin\theta$,将X射线的波长 λ 与谱峰的 2θ 角联系起来，也就是说，当晶体 $2d$ 值确定后，λ 便与 2θ 角对应起来。

b　定性分析方法

X 射线光谱定性分析包括试样的 X 射线光谱的记录和峰的识别。光谱的记录为将试样放入 X 射线光谱仪的样品室，受原级 X 射线照射，发出次级(荧光)X 射线，其中包含试样各组成元素的特征线。次级线束经准直后，进行 2θ 扫描，最后记录的是强度随 2θ 角的变化曲线，这就是 X 射线光谱。先从 X 射线光谱图上找出各衍射峰的峰位 2θ 角，然后按所使用的分析晶体查找谱线-2θ 表，通过查表便可查得未知的分析元素。谱线-2θ 表有两种类型、谱线-2θ 表和 2θ-谱线表。谱线-2θ 表的特点是元素特征谱线按原子序数增加的顺序排列，然后列出与元素相应的 K 系和 L 系特征线的 2θ 值。有的谱线-2θ 表按不同分析晶体制成专用表格，还有的表将各种分析晶体均列在同一表格内。2θ-谱线表 的特点是按波长($n\lambda$)和 2θ 增加的顺序排列，便于根据实测的 2θ 值鉴定未知元素。

C　扫描图谱的分析

与外层电子跃迁的原子发射光谱的谱线数目相比，X 射线荧光的特征谱线要少得多，但是谱线的重叠现象依然存在。例如相邻元素的 K_α 与 K_β 谱线之间的重叠，以及高原子序数元素的 L 或 M 系谱线之间以及它们与低原子序数元素 K 系谱线的重叠等。如果要鉴定样品中是否存在某个指定元素，只需选择合适的测量条件，并对该元素的主要谱线进行定性扫描，从所得的扫描谱图就可对该元素存在进行分析确认。如果对未知试样中所有元素进行定性分析，则需根据包括 X 光管电压、过滤片、准直器、晶体和探测器等不同的测量条件和包括扫描的 2θ 角度范围、速度和步长等扫描条件编制若干个扫描程序段，对元素周期表中从 ^{9}F 到 ^{92}U 的所有元素进行全程扫描。然后，根据 X 射线特征谱线波长及其对应的 2θ 角，对扫描谱图中的谱峰逐一进行判别。在确定扫描条件时，要考虑在不同 2θ 角度范围内，各元素主要谱线出现的疏密程度的不同。如使用 LiF200 晶体时不同 2θ 角度范围内 K_α 和 L_α 谱线出现的频率，10°～30°2θ 角度范围内含 24 个元素的 K_α 谱线，在 90°～110°和 110°～130°2θ 角度范围内仅各含 1 个元素的 K_α 谱线。对于较为复杂的样品，扫描图谱峰林立。就主、次量元素而言，还可能出现二级、三级甚至四级衍射谱线，在发生谱线重叠时需要对同一个峰位给出一条以上谱线的匹配，这时需要分析者根据 XRF 定性分析的专业知识予以判断和确定。另外，复杂谱峰还包括背景和逃逸峰。当从晶体衍射出来的 X 射线荧光能量大于 Ar 气的 K 层电子激发电位时，可使 Ar 气产生 ArK_α 线，Ar 气对 ArK_α 吸收的可能性很小，也就是说 ArK_α 线能量会从探测器逸出而损失，会在待测元素峰位边出现一个能量更低峰，即逃逸峰。在 X 射线荧光中，由于产生的相干散射、非相干散射、康普顿散射等，使得特征 X 射线的全能谱峰叠加在一定的本底，即背景。

D　价态分析谱图理论基础

俄歇效应所产生的双电离效应，是产生伴线的重要来源，所谓伴线是相对于主要的特征谱线而言的，它伴随着特征线出现。伴线可以分为两类：其波长比母线短的，称为短波伴线；反之，称为长波伴线。在 K 系的伴线中，最重要的是 $K_{\alpha3}$ 和 $K_{\alpha4}$，它们的母线分别为 $K_{\alpha1}$ 和 $K_{\alpha2}$，这些伴线的产生，基本上也是由原子的双电离随即引起 LL-KL 双跃迁的结果。伴线对元素在物质中所处环境很敏感，即使它的强度弱，如 3p 电子跃迁到 1 s 电子层，它可用于价态分析。有时，铁化合物因相邻元素的不同也会引起化学位移，K_α 线其向高能区位移，K_β 线向低能区位移，这种变化与相邻元素的电负性有关。

3.2.4 小波波谱解析原理

3.2.4.1 理论基础及方法介绍

小波分析在波谱解析应用广泛，这里主要介绍小波分析在波谱重叠峰分离的应用，以便能利用小波技术解决铁矿石价态分析的问题。如图3-19所示，峰1和峰2发生重叠，两峰几乎成为一个峰，使得原来的信号无法辨认。利用小波方法分辨重叠峰使基于重叠峰的频率要比单个峰频率低的原理，在峰顶位置的频率要高于峰谷位置（重叠部分）的频率。小波技术分离重叠信号分析可采用多种方法，如提取离散小波变换法、条样小波滤波器加工方法、基于连续小波变换技术的重叠峰定位方法、分数导数与傅里叶相关的小波解析重叠信号、运用小波变换的奇异值检测功能、小波变换分解原始信号不同频段的向量、高频段投影系数法、小波重构法等。

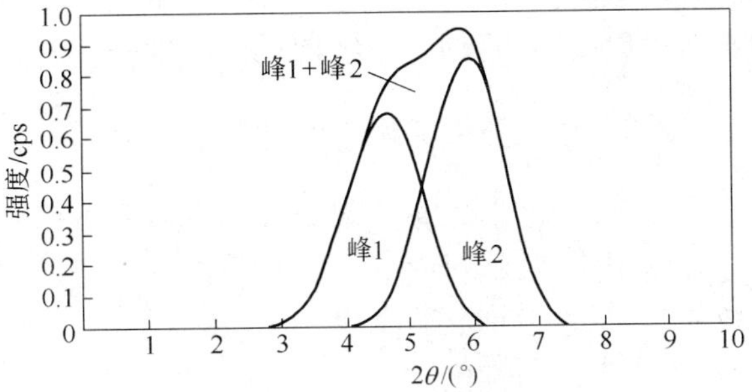

图3-19 重叠峰构成

3.2.4.2 基于连续小波变换技术的重叠峰定位方法

这里以基于连续小波变换技术的重叠峰定位方法为主介绍重叠峰分离辨析，基于连续小波变换技术的重叠峰定位方法是通过检测信号的连续小波变换（CWT）的模在各尺度上的最大值，获得模最大值谱（MMS），模最大值谱中峰位值对应于原信号各单峰的峰位值。然后借助于MMS确定的重叠峰峰位，利用曲线拟合方法恢复信号各组分的信号。

A 原理

方法通过过程为：

（1）获取单峰峰值。对应信号$f(t)$，其CWT定义为：

$$Wf(a,b) = \frac{1}{\sqrt{a}}\int_{-\infty}^{+\infty} f(t)\psi_{a,b}(t)\,\mathrm{d}t \tag{3-1}$$

检测并记录每个时刻信号CWT的最大值可得MMS谱，MMS谱中各峰的峰位值对应原信号$f(t)$中各单峰峰位。

（2）拟合函数的选择及拟合方法。高斯函数是常用的方法，它有三个参数：峰面积、峰位置、半峰宽度。此处主要使用高斯函数作为拟合函数。拟合函数的个数依赖于待处理信号的峰的个数，对于一个含n个峰信号（n值由MMS谱获得），总拟合函数为：

$$f_{fit}(t) = \sum_{i=1}^{n} f_{gi}(t) \tag{3-2}$$

式中，$f_{gi}(t)$为下列函数之一：

$$f_g(t) = \frac{A}{W\sqrt{2\pi}}\mathrm{e}^{-\frac{(t-t_0)^2}{2W^2}} \tag{3-3}$$

$$f_l(t) = \frac{2A}{\pi} \times \frac{W}{4(t-t_0)^2 + W^2} \tag{3-4}$$

$$f_{gl}(t) = f_g(t)R + f_l(t)(1-R) \tag{3-5}$$

B 小波函数选择

用$f(x)=\frac{1}{\sqrt{2\pi}}e^{-\left(\frac{x-5}{2\times0.2}\right)^2}+\frac{1}{\sqrt{\pi}}e^{-\left(\frac{x-4.6}{2\times0.2}\right)^2}$模拟一重叠信号用于选择小波函数，经观察发现haar 函数适合作为分析的小波。

MMS 提取重叠峰峰位的技术准确、简单，能从比较严重重叠的信号及含噪声重叠信号中有效提取峰位值，结合曲线拟合可以完全恢复重叠峰数据各个单峰的信息。

3.2.5 小波分析分辨铁价态的定量分析

3.2.5.1 普通波长 X 射线荧光在价态分析的应用

在常规定量或定性分析时，是假定 X 射线荧光光谱不受化学态的影响，但在放射性俄歇效应存在时，发射特征 X 射线如 K_α 线，一个 2p 电子会激发到一个空的不连续或连续的能级，会产生放射性俄歇伴线，这就是价态分析的基础。利用普通波长 X 射线荧光进行价态分析，主要利用 X 射线谱的峰位化学位移、谱非对称因子和它的低能拖尾线形的精细结构，也可以通过测定 K_α 线和 K_β 线的强度比获得化学态信息。

3.2.5.2 文献记载铁矿石中氧化亚铁测定

龚武利用普通 X 射线荧光光谱仪，结合 PEAKFIT 谱处理软件，对收集的谱峰数据中，找出用于铁元素价态定量分析的依据。

(1) 矿石试样制备。按不同比例将 FeO 和 Fe_2O_3 的标准样品配制成总量为 4 g 的一系列混合标样，混以 0.5 g 的微晶纤维素，在振荡床中充分混合后于玛瑙研钵中混匀磨细至粒度达 0.074 mm(200 目)，在油压机中压制成直径 35 mm，厚约 3 mm 的圆片作为试样。试验试剂采用 Fe_2O_3、Fe_3O_4 分析纯，FeO 可用化学纯 $FeC_2O_4\cdot2H_2O$ 通过真空热分解而成，纯度可达 99.98%。

(2) 谱处理方法。数据可用 PEAKFIT 谱处理软件处理。首先把步进扫描所得的谱强度数据输入计算机，建立顺序数据文件，然后经插值、平滑、扣本底和归一化处理，获取谱峰的初始参数，拟合分解重叠的 $FeK_{\beta1,3}$ 和 FeK_β 两峰，$FeK_{\beta5}$ 受 $FeK_{\beta1,3}$ 峰尾的重叠影响，扣去 $FeK_{\beta1,3}$ 峰尾的重叠获得 $FeK_{\beta5}$ 谱带的真实形貌，经过这样一系列拟合，分峰以后，便可获得各子峰真实的谱峰参数（峰位、峰高、半峰宽、不对称因子、子峰积分面积等）。许多单一价态铁的标准样品的 K_β 谱形以及谱峰参数与铁的价态变化存在一定的规律性，这不仅为单一价态物质的定性分析提供了依据，而且为多形态组分样品的测定，提供了标准谱图和谱峰参数。对于实际样品如铁矿石，因铁元素以不同价态存在，它的谱形和谱参数均不同于单一价态的标准样品，其谱结构的这种变化随它所含的三价铁的比例不同而不同。考虑了铁矿石大都以高价铁(Fe_2O_3)和亚铁(FeO)状态存在，因此用分析纯的 Fe_2O_3 和 FeO 配制一系列的混合样品，用下面两种方法处理所收集的谱强度数据获取谱峰参数，并找出了它们与混合样品各价态所占百分比之间的关系，从而确定了定量分析的依据。

1) 混合样品的谱参数法。混合样品的 FeK_β 发射谱带由图表线 $FeK_{\beta1,3}$、$FeK_{\beta5}$ 及非图表线 FeK_β 组成，通过对按不同比例配制的混合样品的这三种谱带的谱峰参数进行分析，可看出随着二价铁相对含量的增加，FeK_β 谱带结构呈规律性变化，具体情况如下：$FeK_{\beta5}$ 峰的强度 $IK_{\beta5}$ 及 $IK_{\beta5}$ 与主峰强度比 $IK_{\beta5}/IK_{\beta1,3}$ 与 Fe^{2+} 的相对质量分数有较好的线性关系，而 $FeK_{\beta1,3}$ 的化学位移 $\Delta EK_{\beta1,3}$ 与 Fe^{2+} 的含量为二次曲线关系。

2）谱峰分解及子峰面积与总面积比值法

混合价态物质的发射谱带是由各单一价态的谱线重叠而成，可借谱峰分解技术将重叠谱线分成各单一价态的谱线。根据各成分谱线的谱参数以及子峰面积所占比例，即可确定各价态成分的存在比，这是一种可靠的定量分析方法。对于由 FeO 和 Fe_2O_3 混合而成的样品，用谱处理软件可将各成分谱线分开，得到纯净的 FeO 子峰和 Fe_2O_3 子峰的 $K_{\beta1,3}$、$K_{\beta5}$ 的谱线，并可计算谱参数和子峰面积与总面积比值。各成分峰（FeO 子峰和 Fe_2O_3 子峰）的谱峰参数与混合样品中各成分的含量具有较好的规律性：FeO 的 $FeK_{\beta5}$ 子峰面积与总面积比值和 Fe^{2+} 的含量成二次曲线关系，FeO 子峰的 $IK_{\beta5}$ 与 Fe^{2+} 的含量之间呈直线关系，与 Fe_2O_3 的含量成正比，而 Fe_2O_3 子峰的 $K_{\beta1,3}$ 的位移 ΔE 与 Fe^{3+} 的含量成直线关系。

3.2.5.3 小波分析方法实例

A 实验方法的设计

分别制备总量为 0.5 g 的 FeO 和 Fe_2O_3 混合物系列混合标样，其中 FeO 分别为 0、24.85%、51.68%、74.85%、100%，需将 FeO 和 Fe_2O_3 混合后在振动研磨机中研磨进一步充分混匀，以 15 g 的硼砂作为衬底，在油压机中压制成直径 38 mm，厚约 10 mm 的圆片作为试样。试验试剂 FeO、Fe_2O_3 均采用高纯。

仪器为德国布鲁克 AXS-S8，管电压 30 kV，管电流 116 mA，端窗铑靶，分光晶体 LiF200 和 XS-55，准直器为 0.17°，探测器 FC，扫描步长 0.018°，计数时间为 2.5 ~4.5s。

B 谱处理

将扫描产生的数据以 TXT 文件导出，将 TXT 文件中的数据整理后转换成 Excel 文件，删除 2θ 数据后（仅保留计数率），再次转换成 mat 文件存于 Matlab 的 Work 文件夹。如对铁的 K_β、K_β2 次衍射线和 L_α 进行扫描，将产生数据按上述方法分别导入 Matlab 小波工具箱的一维连续变换小波工具箱，分别可得如图 3-20a、b、c 所示曲线。扫描范围 2θ 角分别为 74.4° ~77.892°、119.3° ~ 123.998° 和 33.4° ~ 39.898°，PHA 分别为 60 ~ 140、157 ~ 257、50 ~ 150，图中 1 个时间（t）单位即为一个步长（$2\theta = 0.018°$）。拟分解的子峰为 K_β 线、K_β2 次衍射线、L_α 线和 L_β 线。谱峰的能量计算方法为：

$$E = \frac{1.23984n}{2d\sin\theta} \tag{3-6}$$

式中 d——晶距，nm；

E——谱峰的能量，keV；

n——衍射级数。

图 3-20a 所示为 K_β 一次衍射线，在 LiF200 晶体分光作用下，2θ 角理论值为 51.72°，该谱线强度大，但不同化学态的特征谱线及其伴线的峰位位移不明显，但 K_β 一次线左侧的 $K_{\beta5}$ 线为 FeO 的特征线；b 图为二次衍射线，在同样条件下，其 2θ 角理论值可经计算得 121.46°，而此时谱线强度要弱于一次衍射线，但其不同化学态的特征谱线及其伴线的峰位位移已开始明显；c 图为 $L_{\alpha1}$ 一次线，分光晶体采用 XS-55，从谱形上看，有较好的区分度。

采用一维连续变换小波工具对图 3-20c 有良好的解谱效果，具体方法为将图 3-20c 选择 haar 小波对其进行分析，然后将解谱变换后的波谱放大，如图 3-21 所示，用坐标定位工具分别对 36.24°（$L_{\beta1}$）和 37.22°（$L_{\alpha1}$）左右的峰定位并读取峰高值。

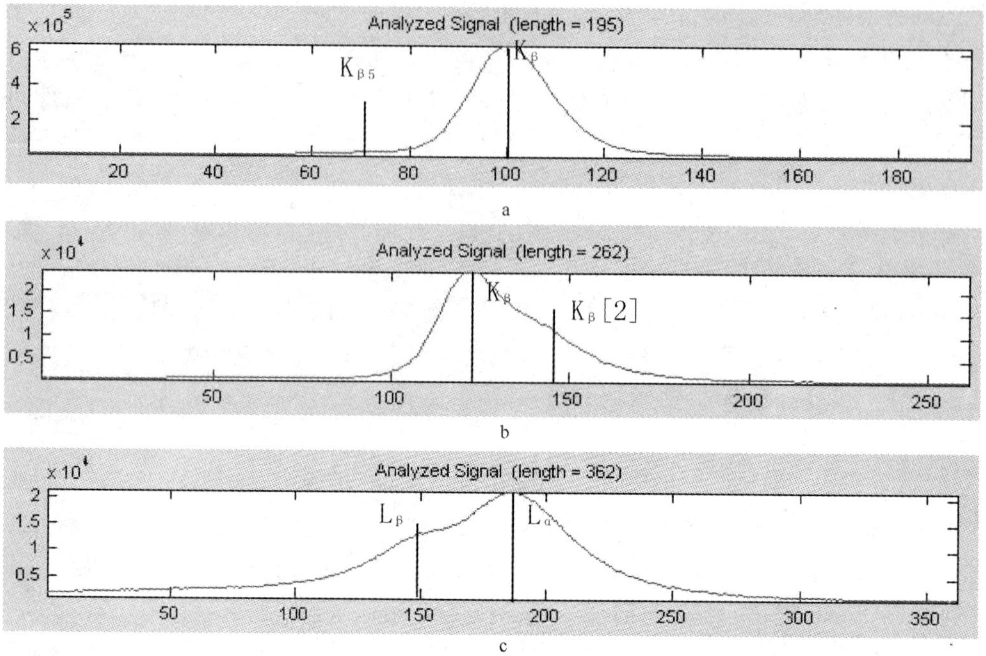

图 3-20　Matlab 显示的铁 K_{β}(a)、K_{β}[2](b)和 L_{α}(c)扫描谱图

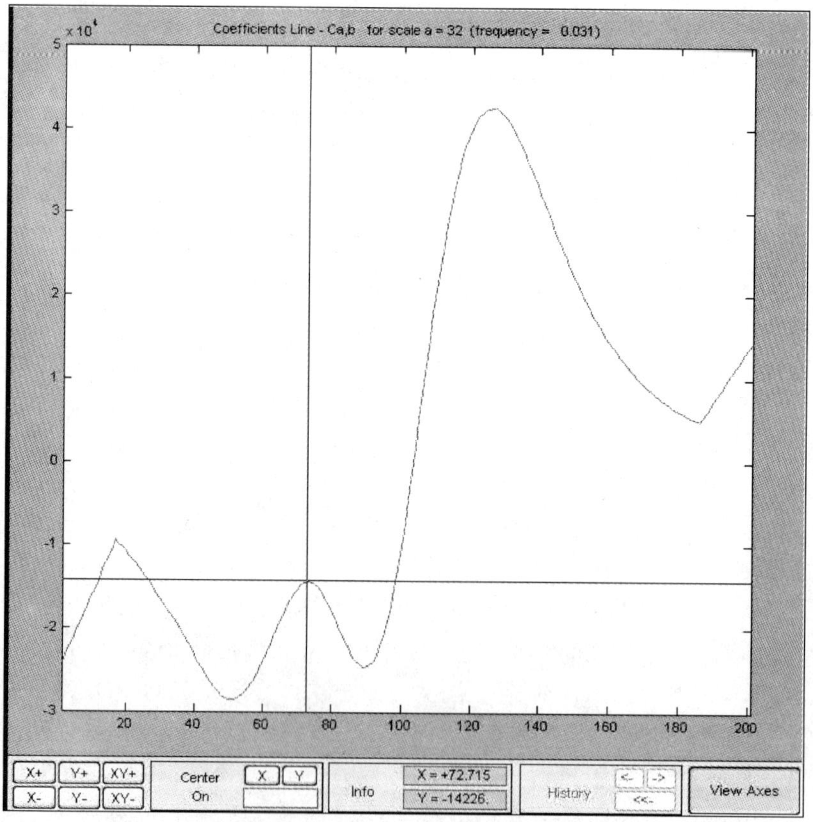

图 3-21　haar 小波变换后的谱图峰位定位

C FeO 定量分析

对 FeO 分别为 0、24.85%、51.68%、74.85%、100% 的 FeO 和 Fe_2O_3 混合物分别进行扫描，将扫描所得的谱图导入 Matlab，按上述方法分别对其进行 Haar 解析，所得 $L_{\beta1}$ 线和 $L_{\alpha1}$ 的峰高值（X 荧光强度值），可分别得到 w（FeO）与 $L_{\beta1}$ 线和 $L_{\alpha1}$ 的峰高值的关系是呈二次线性，且随 w（FeO）升高 $L_{\beta1}$ 线峰高值也升高（图 3－22），而 $L_{\alpha1}$ 的峰高值下降（图 3-23），因此可得 $L_{\beta1}$ 线与 FeO 含量有关，$L_{\alpha1}$ 线与 Fe_2O_3 含量有关，因为随着 FeO 的含量从 0～100% 的变化，全铁含量也从 69.81%～77.62% 升高，按理说全铁含量越高，X 射线荧光强度也越高，但谱线分离后的结果是强度反而下降。

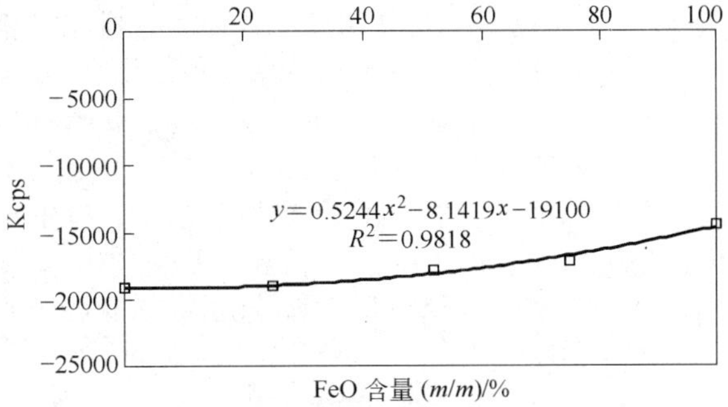

图 3-22 FeO 含量与 $L_{\alpha1}$ 线峰高值的关系

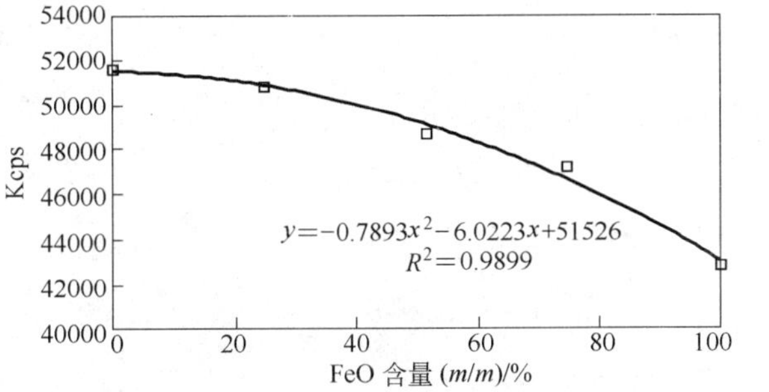

图 3-23 FeO 含量与 $L_{\beta1}$ 线峰高值的关系

利用小波分析对 X 荧光的谱图的重叠峰进行分离解析，效果非常好，本方法虽然采用的是 Haar 小波，但读者也可以试试其他小波。利用小波分析进行重叠峰进行分离还有一个好处是，它无需如其他谱处理软件那样需要预先对初始谱图进行插值、平滑、扣本底和归一化处理。当然，有些 X 荧光仪最终谱图的形成已经由仪器软件进行了预处理，数据导入 Matlab 则效果更好。

参考文献

[1] 秦泉，等．铁的自动电位滴定[J]．广西大学学报：自然科学版，1995，20（4）：397～402.

[2] 吴南，等．铁的自动电位滴定法测定[J]．湖南教育学院学报，2000，16（5）：158～162.

[3] 张云．铁（Ⅲ）的滴定计算分析法测定[J]．理化检验：化学分册，2004，40（3）：164～166.

[4] 李习纯．矿石中铁的络合电位滴定[J]．湖南冶金，1993，3（4）：45～47.

[5] 李淑文．自动电位滴定法测定硫酸亚铁[J]．四川化工，1995，4：38～39.

[6] 斯维拉 G. 自动电位滴定[M]．高立译．北京：原子能出版社，1985：49～52，148～150.

[7] 皮以凡．氧化还原滴定法及电位分析法[M]．北京：高等教育出版社，1987：121.

[8] ISO 9507：1990，铁矿石－全铁含量测定－三氯化钛还原法[S].

[9] 倪永年．化学计量学在分析化学中的应用[M]．北京：科学出版社，2004.

[10] Abu-Samra A, et al. Wet Ashing of Some Biological Sample in Microwave Oven[J]. Anal. Chem., 1975, 47(8):1475.
[11] 李报厚. 微波溶样的机理设备和应用[J]. 光谱学和光谱分析, 1992, 12(8):103.
[12] 阎军. 微波溶样技术的进展[J]. 现代仪器, 2001, 2:4.
[13] 姚群峰, 等. 邻菲啰啉分光光度法测定铁的价态[J]. 中国卫生检验杂志, 2000, 2(1):3 ~ 5.
[14] 董春洲, 等. 2,4,6-三(2′-吡啶基)-1,3,5-三嗪分光光度法测定 Fe(Ⅱ)和 Fe(Ⅲ)的研究[J]. 分析试验室, 2004, 1:76 ~ 78.
[15] 李和平, 等. 水体中铁的价态的反相流动注射分析[J]. 重庆建筑工程学院学报, 1991, 3:89 ~ 95.
[16] 陈丹华, 等. 流动注射分析法测定铁的价态[J]. 分析化学, 1992, 20(1):88 ~ 90.
[17] 何荣恒, 等. 协同催化系数补偿——催化动力学法测定铁的价态[J]. 铀矿冶, 1995, 11(4):252 ~ 257.
[18] 汤桂娜, 等. 用流动注射停流技术——动力学法同时光度测定铁(Ⅱ)和铁(Ⅲ)[J]. 分析化学, 1995, 23(9):1017 ~ 1021.
[19] 吉昂, 等. X 射线荧光光谱分析[M]. 北京:科学出版社, 2003.
[20] 卢小泉, 等. 分析化学中的小波分析技术[M]. 北京:化学工业出版社, 2006.
[21] 龚武. 用普通 X 射线荧光光谱仪进行铁价态的定量分析[J]. 光谱学与光谱分析, 1999, (6):734 ~ 738.

4 小波分析在铁矿石物理检验中的应用

当球团矿还原反应受到某几种因素干扰而产生未知原因噪声时，用小波分析手段分离噪声并校正因噪声产生的偏差，可以大大节约实验成本和时间。用小波分析方法比较装卸两港粒度检测结果，找出测定结果偏析的原因，可以提出解决问题的办法。小波分析方法还可以分析球团矿抗压检测时的压溃曲线，分离噪声影响，积累测试数据，为ISO标准的修订提供依据❶。

4.1 小波分析球团矿还原分离噪声校正偏差

4.1.1 小波分离噪声原理

仪器信号噪声是分析测试仪器的一种常见现象，其产生原因有多种，如外界环境、制造工艺等。信号噪声的存在，多多少少会影响信号的检出，使试验精度受到限制。利用小波变换，可以方便地消除原始信号中噪声，使各种交织在一起的不同频率组成的混合信号分解成不同频率的信号。

4.1.1.1 基本原理

小波变换对噪声的消除有两种方式：一为将所有高频部分排除，即平滑；二为设置一个阈值排除高频部分的较小者，即去噪。小波变换可将原始信号分解为一系列基元信号，这些信号具有良好的时频域局部化性质。

举例说明，对于某一连续信号$f(t)$，它的小波变换式为：

$$wf(a,b) = \int_{-\infty}^{+\infty} f(t) \frac{1}{\sqrt{a}} \cdot \psi^{*}\left(\frac{t-b}{a}\right) \mathrm{d}t \tag{4-1}$$

式中 $\psi(\tau)$——母小波；

a——伸缩因子；

b——平移因子。

如果母小波为haar小波（不同小波对去噪的效果各不相同，需根据具体情况选择合适的小波函数），则：

$$h(x)=\begin{cases} 1 & 0 \leqslant x \leqslant 1/2 \\ -1 & 1/2 \leqslant x \leqslant 1 \\ 0 & \text{其他} \end{cases} \tag{4-2}$$

在实际应用中，常常将小波及变换离散化，即：

$$\psi_{m,n}(t) = a_0^{-m/2} \psi(a_0^{-m} t - nb_0) \tag{4-3}$$

离散小波变换为：

---

❶ 本项目主要承担者为应海松、任春生、廖海平、郭亮、张志钢、贺存君。

$$T_{m,n}(f) = a_0^{m/2}\int_{-\infty}^{+\infty} f(t)\psi^*(a_0^{-m}t - nb_0)\,dt \tag{4-4}$$

小波变换对不同的频率成分（相应于 a_0^{-m}）在时域上的取样步长（即 $a_0^{-m}b$）是可调节的，高频者（m 值较小）小，低频者（m 值较大）大。它将信号分解成多种尺度成分，并且对于大小不同的尺度成分采用相应粗细的时域或频域取样步长，从而能聚焦信号的每一微小细节。在应用小波变换方法对信号进行分解和重构时，一般采用 Mallat 塔式算法。将仪器记录下来的信号离散化为（$S_2^0f(n)$），同时用离散滤波器 $\boldsymbol{H}$ 和 $\boldsymbol{G}$ 来表示 $\psi_{m,n}(\tau)$。

$$\boldsymbol{H} = \{h_p\} \qquad \boldsymbol{G} = \{g_q\} \qquad p,q \in z \tag{4-5}$$

于是信号可作下列分解：

$$S_{2^j}f = \boldsymbol{H}\cdot S_{2^{j-1}}f \tag{4-6}$$

$$W_{2^j}f = \boldsymbol{G}\cdot S_{2^{j-1}}f \tag{4-7}$$

$S_{2^j}f$ 和 $W_{2^j}f$ 分别称作信号 $f(t)$ 在 2^j 分辨率下的离散逼近和离散细节。$S_{2^j}f$ 代表低频部分，即频率不超过 2^j 的部分。$W_{2^j}f$ 代表高频部分，即频率介于 2^{-j} 和 2^{-j+1} 之间的部分，这样，Mallat 算法将信号 f 分解成了不同频率通道成分。

对于有限离散二进小波变换，重构数字信号的计算方法为：

$$S_{2^{j-1}}f = \boldsymbol{H}^*\cdot S_{2^j}f + \boldsymbol{G}^*\cdot W_{2^j}f \tag{4-8}$$

式中，H^* 和 G^* 分别是 H 和 G 的共轭转置矩阵。对于所观察的分析信号而言，噪声具有较高的频率。因此，对原始测量数据进行若干次分解后，就可将噪声从测量信号中去除而得到净或比较净的分析信号。

4.1.1.2　主要去噪小波函数

主要去噪小波函数如下：

（1）wnoisest 函数。该函数非常适合于一维零均值高斯白噪声降噪的信号模型。

（2）ddencmp 函数。获取降噪或压缩的默认值。

（3）threhold 函数。进行软阈值或硬阈值处理，硬阈值处理比软阈值处理结果更加粗糙。

（4）thselect 函数。选择降噪的阈值，实际上，不能直接得到信号的基本模型，必须考虑模型的偏差。

（5）wdcbm 函数。使用 Birge-Massart 策略的一维小波阈值。

（6）wbmpen 函数。一维或二维小波降噪的阈值。

（7）wdcbm2 函数。使用 Birge-Massart 策略的二维小波阈值。

（8）wthcoef 函数。一维小波系数阈值处理，是一维小波降噪或压缩的导向函数。

（9）wthcoef2 函数。二维小波系数阈值处理，是二维小波降噪或压缩的导向函数。

（10）wden 函数。使用小波进行一维自动降噪。

（11）wdencmph 函数。使用小波降噪和压缩，该函数是一维、二维小波降噪或压缩的导向函数。

（12）wthrmngr 函数。阈值设置管理，该函数使用“选项”返回一个全局阈值或各层不同的阈值。

4.1.1.3　信号的小波降噪

小波分析降噪的原理为，设一个含噪声的一维信号模型表示为：

$$S(k) = f(k) + \varepsilon\cdot e(k),\ k = 0,1,2,\cdots,n-1$$

式中，$S(k)$为含噪信号；$f(k)$为有用信号；$e(k)$为噪声信号。$e(k)$可以认为是一个一级高斯白噪声，通常为高频信号，而$f(k)$通常为低频信号，或者是一个比较平稳的信号。

球团矿还原曲线的去噪为一维信号降噪，其原理为：

（1）将信号的小波分解。先选择一个小波并确定其分解的层次，然后进行分解计算。

（2）将分解的高频系数阈值量化。对各个分解尺度下的高频系数选择一个阈值进行软阈值量化处理。

（3）进行一维小波重构。根据小波分解的底层低频系数和各高层高频系数进行一维小波重构。最终达到消除信号中无用部分，恢复信号中有用部分，这里阈值的选择十分重要，它关系到降噪的质量。

4.1.2 小波分析球团矿还原分离噪声校正偏差

4.1.2.1 噪声描述

在球团矿还原试验过程中，一般还原曲线是平滑曲线，但也可能会出现因还原管使用时间过长或在高温中，还原管的入气管、出气管及热电偶管变形，使得管体与炉体隔热炉衬接触摩擦（见图4-1），导致还原曲线呈锯齿状，此时相对还原率偏差有时可达3%～5%。为了节约试验总体成本，可利用小波分析技术实现还原曲线的噪声和信号分离，使原有的锯齿状还原信号曲线尽可能变成一条平滑曲线，从而对还原试验结束时的最终还原率进行校正，可以得到与没有锯齿状曲线一样的还原率结果。

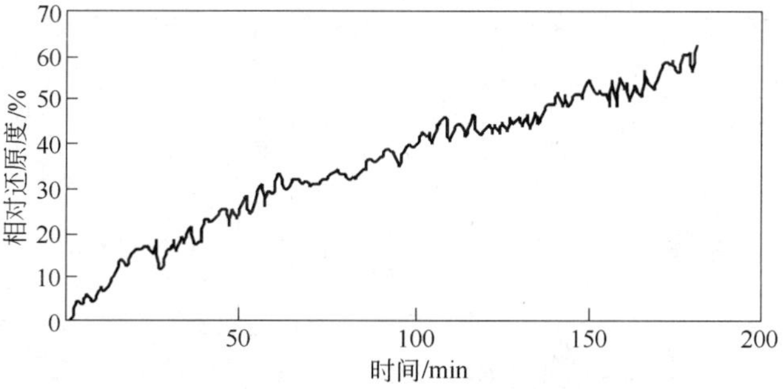

图4-1 管体与炉体隔热炉衬接触摩擦的还原曲线

4.1.2.2 小波分离噪声及结果校正

A 小波分离噪声

选择Daubechies（db$N$）小波，利用一维离散小波变换，Daubechies小波在时阈上是有限支撑，即小波$\psi(t)$长度有限，db$N$中N越大，$\psi(t)$长度就越大，N为小波的阶数。在Matlab的小波工具箱选择一维离散小波变换，导入数据，选择db10，进行4层分解，得如图4-2所示分解结果。可见，与原始曲线（s）相比此时还原曲线（a_4）比较平滑。

B 还原结果校正

在上述db小波分解基础上，进行去噪（De-noise），得图4-3结果。在d_1～d_4设定阈值，然后进行去噪，此时原始含噪声曲线合并了一条去噪后的平滑曲线。通过“View Axes”放大合并曲线，同时利用坐标定位器将去噪后的还原终点进行定位，可得图4-4结果。即原先含噪还原曲线的还原终点为62.6%，校正后的结果为59.3%。如果为定位更加精确，还可以利用“Zoom”功能选择感兴趣的部分将图形放大。

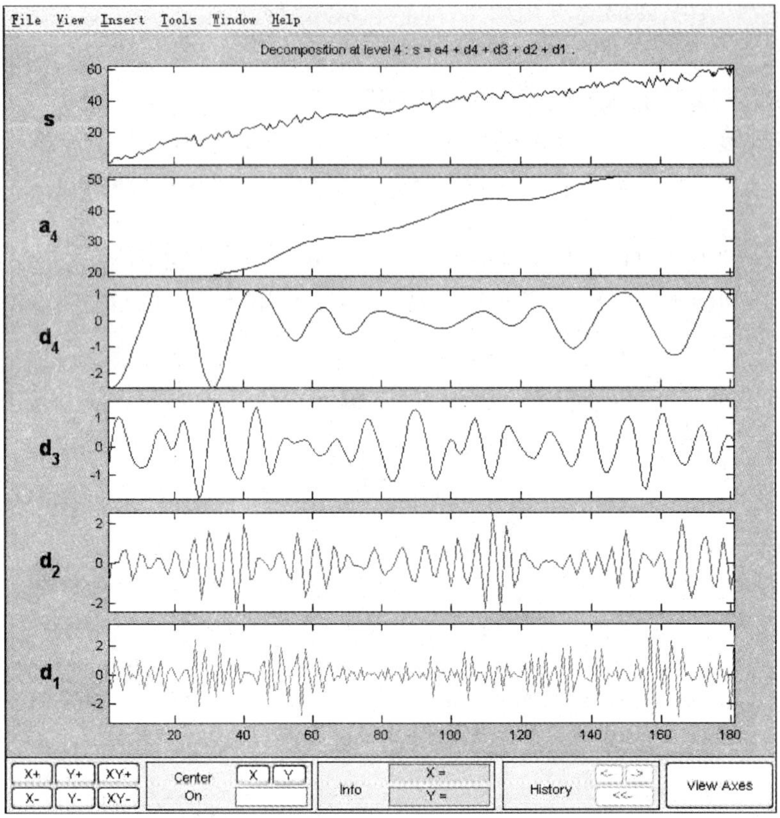

图 4-2 含噪声还原曲线的噪声分离

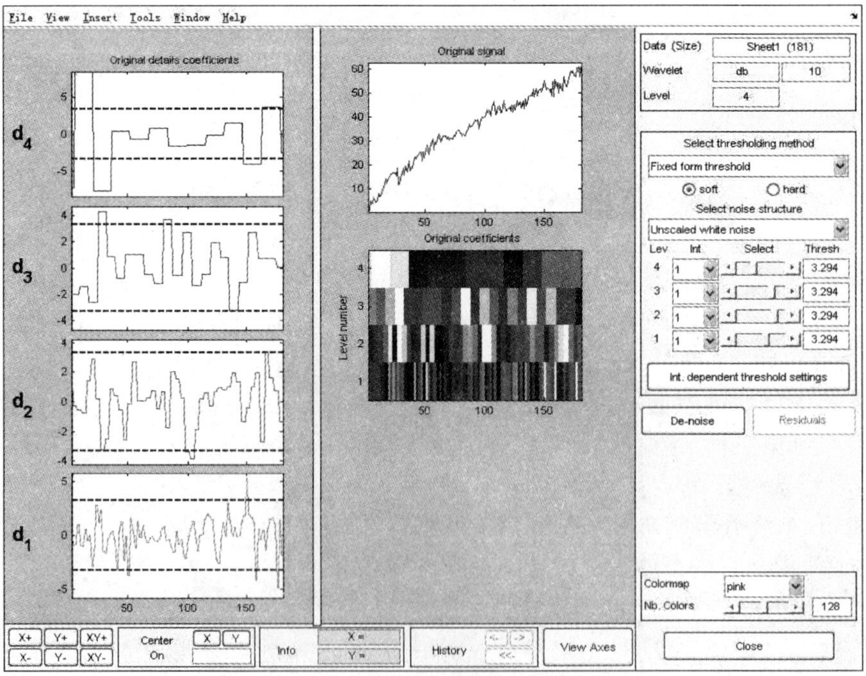

图 4-3 去噪选项

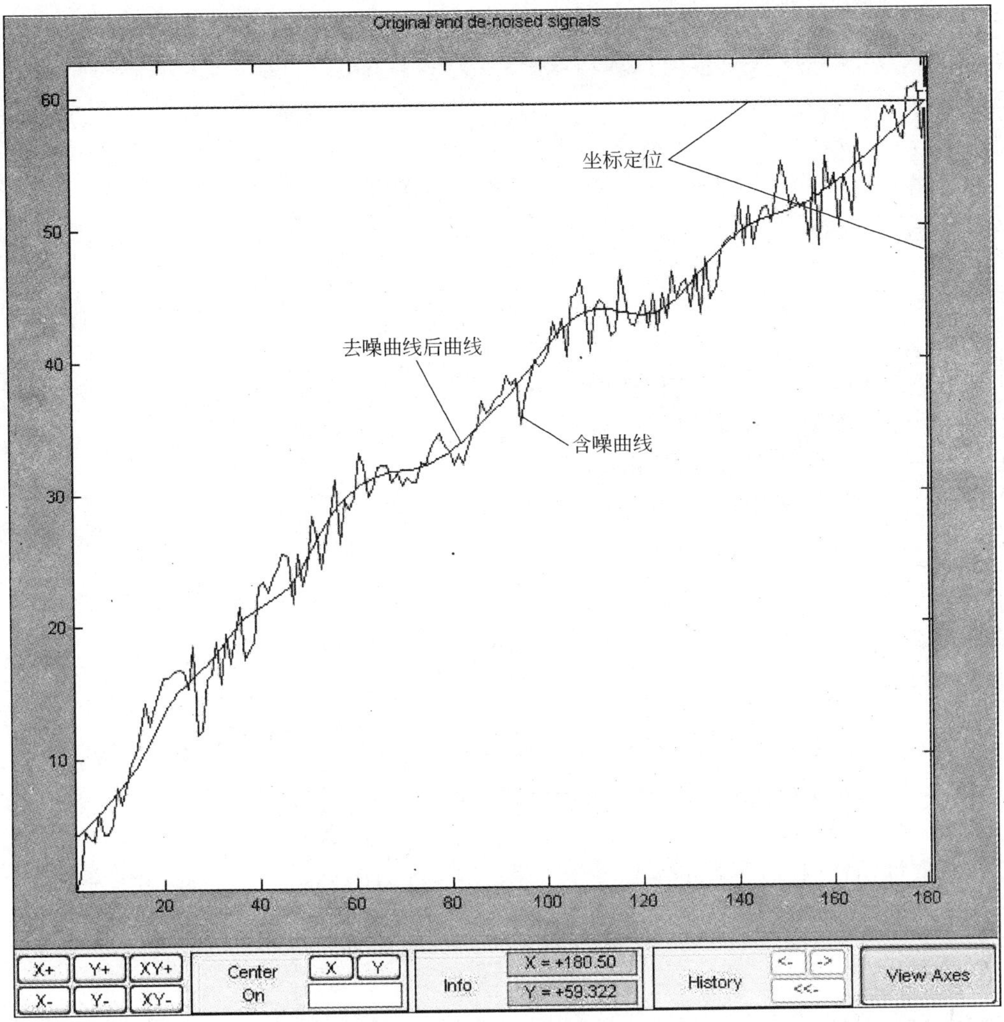

图 4-4 原始曲线与去噪后曲线

4.2 小波分析在交货批粒度及自动取样测定结果偏析的研究

4.2.1 粒度机械取样及筛分原理

4.2.1.1 粒度机械取样

在粒度机械取样中,必须遵循的原则有:(1)偏差最小化,即必须防止粉尘损失和颗粒破损;(2)颗粒破损最小,防止颗粒破损必须保持自由落差最小;(3)必须使所有矿石都有同等的机会。因此,取样系统的设计必须满足:(1)从移动矿石流取样时,应采取矿石流的全截面。(2)切割式取样机的开口度,至少应是矿石最大粒度的3倍,对一次取样来说,不小于30 mm。一次取样阶段以后的取样,应不小于10 mm。两者均应选其大的开口度。(3)取样机的速度不应大于0.6 m/s,除非截取口开度相应增大。(4)取样机应匀速通过矿石流,截取机的前后两槽缘应完全通过矿石流的横截面。(5)取样机的截取口边缘对直道式取样机应平行,对旋转式取样机应呈辐射状,且保持截取口不损坏。(6)矿石的自由落差应保持最小，以减少矿石粒度破坏，使粒度分布的偏差最小。(7)一次取样机应安装在尽可能靠近装载或卸载点，使粒度破坏的影响减到最小。(8)设计的取样系统应能适应矿石最大的公称粒度和流量的需要。

4.2.1.2 份样质量

在下落矿石流中用截取型一次取样机从带式输送机卸料端的矿石流中取样，其份样质量 m_1(kg)，用下式计算：

$$m_1 = \frac{ql_1}{3.6v_c} \tag{4-9}$$

式中 q—— 带式输送机上矿石的流量，t/h；

l_1—— 一次取样机截取口开度，m；

v_c—— 一次取样机截取速度，m/s。

取块矿的截取口开度必须超过矿石最大粒度的 3 倍。

4.2.1.3 份样的个数

计算取样精密度为 β_s 的一次份样的个数(σ_w 值已知)n_1，如式 4-10 所示：

$$n_1 = \left(\frac{2\sigma_w}{\beta_s}\right)^2 \tag{4-10}$$

如果 σ_w 值根据本丛书之一《铁矿石取制样及物理检验》一书中的表 3-1 品质波动分为大、中、小时，则可用该书表 3-2 中规定的取样精密度的要求所需要的最小一次份样个数。

4.2.1.4 取样间隔

定量取样份样间的质量间隔 $\Delta m(t)$，应用式 4-11 计算：

$$\Delta m \leqslant \frac{m_L}{n_1} \tag{4-11}$$

式中 m_L——交货批的质量，t；

n_1——一次份样的个数。

选取的质量间隔应小于上面计算的值，以保证最小的一次份样个数大于《铁矿石取制样及物理检验》一书中的表 3-2 或式 4-10 确定的个数。

定时取样份样间的时间间隔 Δt(min)，应按下式计算：

$$\Delta m \leqslant \frac{60m_L}{q_{max}n_1} \tag{4-12}$$

式中 m_L——交货批的质量，t；

q_{max}——带式输送机上矿石的最大流量，t/h；

n_1——一次份样的个数。

选取的质量间隔应小于上面计算的值，以保证最小的一次份样个数大于《铁矿石取制样及物理检验》一书中的表 3-2 或式 4-10 确定的个数。如果计算的样品质量小于粒度测定所需的质量时，应缩短取样间隔。

4.2.1.5 粒度测定样品的制备

为粒度测定取的各个份样、各个副样或大样，或者缩分未经破碎的样品都可用，粒度测定应按相关粒度测定标准中规定的方法进行。为避免水分含量高的矿石在制样过程中的团聚,可以在系统粒度测试前采用水分预烘干装置,以减小粒度测定结果的偏差。

4.2.1.6 粒度样品机械缩分法

可用非截取型机械缩分机,例如机械装料二分器,粒度样品应按《铁矿石取制样及物理检验》一书中的表3-3进行缩分,如果粒级百分数与该书表3-3的规定不同时,对表中规定的最小质量应按式4-13修正。大样缩分时,缩分大样的质量不应低于该书表3-3中规定的最小值(粒度样品缩分时,容易引入偏差,因此,缩分粒度样品时要特别小心。当小于200 mm的矿石缩分时,不应使用手工份样缩分法,因为会产生偏析)。如果粒级的实际百分数比该书表3-3中规定的高得多时,则该书表3-3中规定的最小质量 m_3 应根据二项式规则用下列公式修正:

$$m_4 = m_3 \times \frac{p(100-p)}{p_0(100-p_0)} \tag{4-13}$$

式中 m_4——修正的缩分后大样最小质量;

m_3——《铁矿石取制样及物理检验》一书中的表3-3中规定的缩分后大样的最小质量;

p——粒级的实际百分数;

p_0——《铁矿石取制样及物理检验》一书中的表3-3中规定的粒级百分数。

如果铁矿石类型和规格粒级与《铁矿石取制样及物理检验》一书中的表3-3中规定不同时,则采用如下方法确定最小样品质量。

当缩分粒度测定用大样时,缩分后的最小质量 m_3(kg)可用式4-14确定:

$$m_3 = \frac{k\rho}{5\beta_{PM}^2} \tag{4-14}$$

式中 β_{PM}——《铁矿石取制样及物理检验》一书中的表3-3所示的制样和测定精密度,以百分数表示;

ρ——矿样颗粒的表观密度,以 t/m^3 表示,包括颗粒内的闭气孔;

k——常数,它是铁矿石类型、规格粒级和粒级百分数的特征值,可由式4-15确定:

$$k = 2.5 \times 10^{-5} p(100-p) d^3 \sqrt{\frac{l_2}{d}} \tag{4-15}$$

p——粒级百分数;

d——被缩分大样的公称最大粒度,mm;

l_2——规格筛分的尺寸。

当份样或副样缩分时,缩分应保证缩分份样或副样合并组成该交货批的大样的质量不小于《铁矿石取制样及物理检验》一书中的表3-3中规定的最小值。如果铁矿石类型和规格粒级与该书表3-3中规定不同时,则采用如下方法确定最小样品质量 m_5(kg)。

$$m_5 = \frac{m_3}{n_1} \tag{4-16}$$

式中 m_3——由式4-14得出的缩分后大样的最小质量;

n_1——被缩分的一次份样或副样的个数。

4.2.1.7 铁矿石粒度测定的影响

A 水分的影响

铁矿石矿物特性及含水情况对粒度筛分的结果偏差有影响。可采用湿/干两种筛分方法避免铁矿石之间的粘连,但铁矿石采用湿或干筛分产生的结果可能会不同。对一些有易吸潮矿物特性的铁矿石,干燥后的冷却须在干燥器中,在检测、称量时应尽量减少与大气接触的时间,尤其对孔隙率、表面积大的铁矿石。如果在筛分时有相当一部分的细颗粒黏附到较大的块矿上,或者该矿石在干燥时有结饼的倾向,或铁矿石的细颗粒在筛分操作时出现带静电并牢固黏滞在筛子上,此时应采用湿筛,湿筛时不能让水漫过筛具筛框。也可根据具体情况,对一批铁矿石粒度不同粒级可分别进行干、湿、自然筛分组合,但不同粒级采用何种筛分方式应在原始记录中有所记录。

B 脆性铁矿石

对粒度筛分时易碎的铁矿石,必须按照相关标准中给出的程序进行机械和手工放置、筛分的偏差校核。

C 磁性矿石

对断定具有磁性的铁矿石,需要对粒度样品进行退磁。

4.2.1.8 铁矿石粒度试验过程

A 筛上物的最大粒度

为避免损坏筛子,任何装料中的最大粒度均不能超过:

$$10 \times W^{0.7} \tag{4-17}$$

式中 W——筛孔尺寸,mm。

见本丛书《铁矿石取制样及物理测试》一书中的表6-1。

B 筛子的规定最大质量

无论是单个筛还是套筛或连续式机械筛,筛分完成后筛上最大滞留质量不应超过本丛书《铁矿石取制样及物理测试》一书中的表6-2规定的值。那么,筛分前最大质量为筛分完成后筛上最大滞留质量的2倍。

C 最小质量

对一个在特定精密度下要求的缩分和测量,其最小质量与通过缩分粒度样品或缩分份样或副样,以及这些缩分份样或副样组合所获得的筛分用试样质量相等。《铁矿石取制样及物理测试》一书中的表6-2为达到良好的筛分效率间隙筛分完成时在一个筛子残留的铁矿石的最大质量。

筛分所用的最小质量取决于缩分和测量所需精密度β_{PM},当要求对粒度样品(或作为其组成部分的份样或副样)进行缩分时,供筛分的铁矿石的最小质量可应用式4-18中的公式计算。所用精密度β_{PM}的水平应这样确定,使相关标准中所规定的总精密度得到满足。

$$m = \frac{k}{\beta_{PM}^2} \times \frac{\rho}{5000} \tag{4-18}$$

式中 m——待筛分的质量,kg;

β_{PM}——样品缩分要求的精密度,%;

ρ——铁矿石颗粒平均密度,kg/m^3;

k——特定种类矿石,规定粒度和该规定粒度百分数的特征常数,可以用式4-19求出:

$$k = 2.5 \times 10^{-5} p(100 - p) d^3 (l/d)^{0.5} \tag{4-19}$$

p——规定粒度百分数；

d——粒度样品中的最大粒度，mm；

l——规定筛尺寸，mm。

当该规定粒度是一项表示“小于”或“大于”的累计百分数时，这个数值就作为公式 4-19 中的 l 值应用。

D 筛分时间

实际筛分时间主要受矿石的特性、初始装料体积、筛分强度、筛子的筛孔公称尺寸、准确性的可接受程度等因素的影响。

E 结果评估

每次操作部分质量的总和与进料质量相比，对干筛相差不应大于 1%，对湿筛相差不应大于 3%。

4.2.2 装卸二港粒度检测情况

以巴西某一铁矿石输出港口和我国华东一大型铁矿石中转码头为例，介绍铁矿石输出、输入国的取样设施及粒度测定情况。

4.2.2.1 巴西某港口铁矿石粒度检测情况

位于巴西维多利亚某港口的铁矿石球团厂自备装货码头，由于其装货铁矿石品种比较单一，因此取样设施比较简单。其采用到粒度测定流程图见图 4-5。其取样间隔方案见表 4-1。粒度筛分采用离线叠筛，见图 4-6。

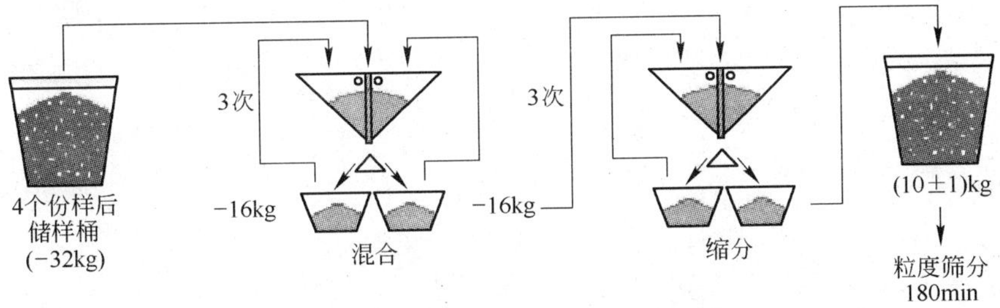

图 4-5 巴西维多利亚某港口的铁矿石球团粒度测定流程

表 4-1 巴西维多利亚某港口的铁矿石球团粒度测定的取样间隔

船舶承载能力/kt 从	船舶承载能力/kt 到	份样采取数量间隔/t		总份样数/个 从	总份样数/个 到	按 ISO 3082 的平均份样数/个	份样时间间隔 5000 t/h	份样时间间隔 6000 t/h	按 ISO 4701 执行的粒度筛分/t
2	4	125	125	16	32	50	1 min 30 s	1 min 15 s	500
5	9	250		20	36		3 min 00 s	2 min 30 s	1000
10	14	250		40	56				
15	19	250	250	60	76	60			
20	24	250		80	96				
25	29	250		100	116				

续表 4-1

<table>
<tr><th colspan="2">船舶承载能力
/kt</th><th colspan="2" rowspan="2">份样采取数量
间隔/t</th><th colspan="2">总份样数
/个</th><th rowspan="2">按 ISO 3082
的平均份样
数/个</th><th colspan="2">份样时间间隔</th><th rowspan="2">按 ISO 4701
执行的粒度筛分
/t</th></tr>
<tr><th>从</th><th>到</th><th>从</th><th>到</th><th>5000 t/h</th><th>6000 t/h</th></tr>
<tr><td>30</td><td>34</td><td>500</td><td rowspan="3">500</td><td>60</td><td>68</td><td rowspan="3">70</td><td rowspan="3">6 min 00 s</td><td rowspan="3">5 min 00 s</td><td rowspan="3">2000</td></tr>
<tr><td>35</td><td>39</td><td>500</td><td>70</td><td>78</td></tr>
<tr><td>40</td><td>44</td><td>500</td><td>80</td><td>88</td></tr>
<tr><td>45</td><td>49</td><td>750</td><td rowspan="11">750</td><td>60</td><td>65</td><td rowspan="5">80</td><td rowspan="11">9 min 00 s</td><td rowspan="11">7 min 30 s</td><td rowspan="11">3000</td></tr>
<tr><td>50</td><td>54</td><td>750</td><td>66</td><td>72</td></tr>
<tr><td>55</td><td>59</td><td>750</td><td>73</td><td>78</td></tr>
<tr><td>60</td><td>64</td><td>750</td><td>80</td><td>85</td></tr>
<tr><td>65</td><td>69</td><td>750</td><td>86</td><td>92</td></tr>
<tr><td>70</td><td>74</td><td>750</td><td>93</td><td>98</td><td rowspan="6">90</td></tr>
<tr><td>75</td><td>79</td><td>750</td><td>100</td><td>105</td></tr>
<tr><td>80</td><td>84</td><td>750</td><td>106</td><td>112</td></tr>
<tr><td>85</td><td>89</td><td>750</td><td>113</td><td>118</td></tr>
<tr><td>90</td><td>94</td><td>750</td><td>120</td><td>125</td></tr>
<tr><td>95</td><td>99</td><td>750</td><td>126</td><td>132</td></tr>
<tr><td>100</td><td>104</td><td>1000</td><td rowspan="14">1000</td><td>100</td><td>104</td><td rowspan="10">100</td><td rowspan="14">12 min 00 s</td><td rowspan="14">10 min 00 s</td><td rowspan="14">4000</td></tr>
<tr><td>105</td><td>109</td><td>1000</td><td>105</td><td>109</td></tr>
<tr><td>110</td><td>114</td><td>1000</td><td>110</td><td>114</td></tr>
<tr><td>115</td><td>119</td><td>1000</td><td>115</td><td>119</td></tr>
<tr><td>120</td><td>124</td><td>1000</td><td>120</td><td>124</td></tr>
<tr><td>125</td><td>129</td><td>1000</td><td>125</td><td>129</td></tr>
<tr><td>130</td><td>134</td><td>1000</td><td>130</td><td>134</td></tr>
<tr><td>135</td><td>139</td><td>1000</td><td>135</td><td>139</td></tr>
<tr><td>140</td><td>144</td><td>1000</td><td>140</td><td>144</td></tr>
<tr><td>145</td><td>149</td><td>1000</td><td>145</td><td>149</td></tr>
<tr><td>150</td><td>154</td><td>1000</td><td>150</td><td>154</td><td rowspan="4">110</td></tr>
<tr><td>155</td><td>159</td><td>1000</td><td>155</td><td>159</td></tr>
<tr><td>160</td><td>164</td><td>1000</td><td>160</td><td>164</td></tr>
<tr><td>165</td><td>170</td><td>1000</td><td>165</td><td>170</td></tr>
</table>

4.2.2.2 我国华东某铁矿石中转码头粒度检测情况

我国华东某铁矿石中转码头的粒度检测，其直接取样机为移动式皮带取样机，位置处在港务皮带头部落料口处，以港务卸货设备上的铁矿石流量信号为重量等间隔进行取样或以等时间间隔进行取样，直接取样机采取港务皮带全流幅样矿，移送至引入皮带上，舍弃皮带前后段变形试样，然后一次取样机采取 No. 1（制样用）和 No. 2（粒度测定用）两个试样。No. 2 试样通过振动筛筛分，由计量皮带累积计量，测定粒度。粒度筛分采用在线自动筛分。

粒度测定部分设备包括：二方向转换式1号转换挡板；单层干式平面编织一次、二次、三次振动筛，筛网面积1800 mm ×800 mm，孔径大小按实际测定粒度指标要求调换；双开门式a、b、c料斗；杠杆及压力传感器并用方式计量皮带秤。

图4-6 巴西维多利亚某港口的铁矿石球团粒度测定离线叠筛

粒度测定部分，根据矿种的选择切换No.1切换挡板。筛选"块矿"或者"整粒矿"时，一次、二次、三次筛起动，选择"粉矿"时，二次筛起动。根据不同的粒度，采用各个筛子，A、B、C料斗及计量皮带，分别筛分No.2试样。当试样排完，停止一定时间后，筛子工作停止。筛子停止一定时间后，将计量皮带上的计量值(1)输入程序器，打开C料斗阀。之后，将试样排往计量皮带，阀关闭一定时间后，将计量皮带上的计量值(2)输入程序器。当选择"块矿"或者"整粒矿"时，打开B料斗阀，将试样排往计量皮带，阀关闭一定时间后，将计量皮带上的计量值(3)输入程序器。当选择"块矿"或者"整粒矿"时，打开A料斗阀，将试样排往计量皮带，阀关闭一定时间后，将计量皮带上的计量值(4)输入程序器。计量皮带根据不同的粒度，将所有的试样积累计量完成。计量皮带完成所有试样称量后，开始正转排出试样。当计量皮带检出"计量零"，试样排完之后就停止正转。排完试样后，粒度测定完毕。

4.2.3 利用小波信号发展趋势分析粒度测定结果的偏析

铁矿石交货批粒度结果为多个份样或副样缩分后的多个试验样检测结果的平均值。然而，在粒度的测定符合ISO标准的基础上，装卸二港的结果却时有不同。也就是说，两处检验结果，至少有一处存在结果偏析现象。或者，铁矿石进口后，临时堆存在码头堆场，由于堆存的方式与国外装货码头堆场堆存方式有所不同，也有可能造成出入堆场时的粒度结果偏析。为了分析偏析产生的原因，可以把每个份样的粒度检测结果值按装或卸货时的时间顺序进行排列，可以形成一条检测结果随时间顺序的波动曲线，通过利用小波分析技术分析这条波动曲线，能作为结果偏析产生原因分析的重要依据。

4.2.3.1 利用小波信号发展趋势分析方法

通常情况下，一些含噪信号的发展趋势很难分辨，因此可以采用小波分解滤掉噪声信号，最终显现有用信息。如巴西某铁矿石公司的技术人员发现，送往某国的球团矿，其粒度检测结果装港与卸港差别不大，但进入堆场前后粒度结果有差异，导致最终收货厂家对该批球团矿的品质不满意。

以一批42200 t的球团矿为例说明该问题，该交货批取样间隔为800 t，机械取制样系统在线粒度测定选择，一次筛为9 mm，二次筛为5 mm，三次筛为16 mm。最终结果表示为-5 mm、5~9 mm、9~16 mm、+16 mm四档数据，把每一个份样的四档数据对应取样时间，可形成一个从卸载开始到卸载结束的时间-粒度曲线，即形成如图4-7所示的过程曲线。

从表面上看,该图形成的4条曲线毫无规律,但如果把这4条曲线分别用小波分析方法进行信号处理,就能将杂乱信息转换成有规律的信息。

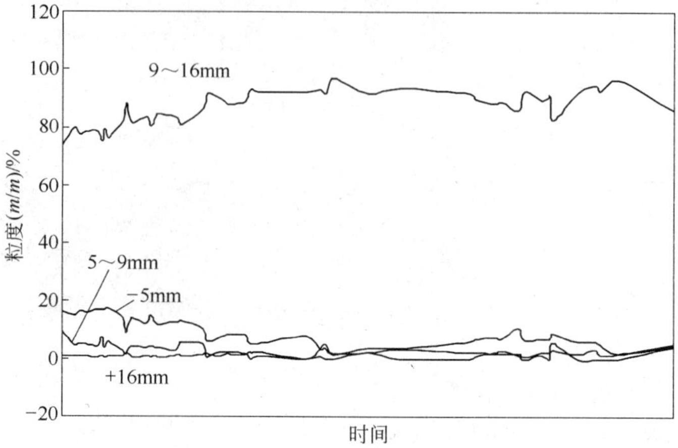

图4-7　某一球团矿的时间－粒度变化曲线

采用Matlab小波工具,选择一维离散小波分析,导入数据,如9～16 mm的结果。选择db5小波对其进行4层分解,得如图4-8所示结果。

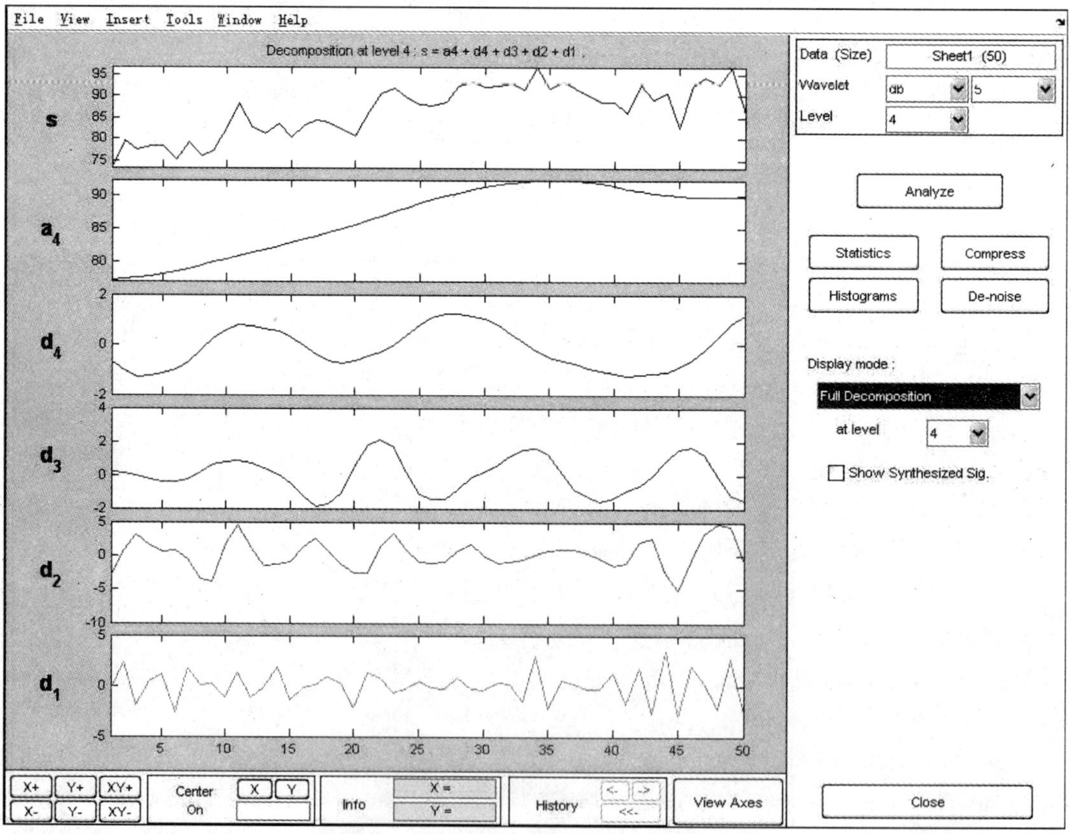

图4-8　粒度9～16 mm的结果小波分解

在本例中，当小波 db5 分解到第四层时，原信号（s）中的高频部分（d_1-d_4）被分离，此时低频部分（a_4）已经显现出该粒度段按时间顺序变化的发展趋势。如将图 4-8 显示模式选择“Separate Mode”，则该图变成如图 4-9 所示的高频和低频部分。可见随着分解层次的加深，分解系数的近似部分越来越清楚显示出原始信号的发展趋势。

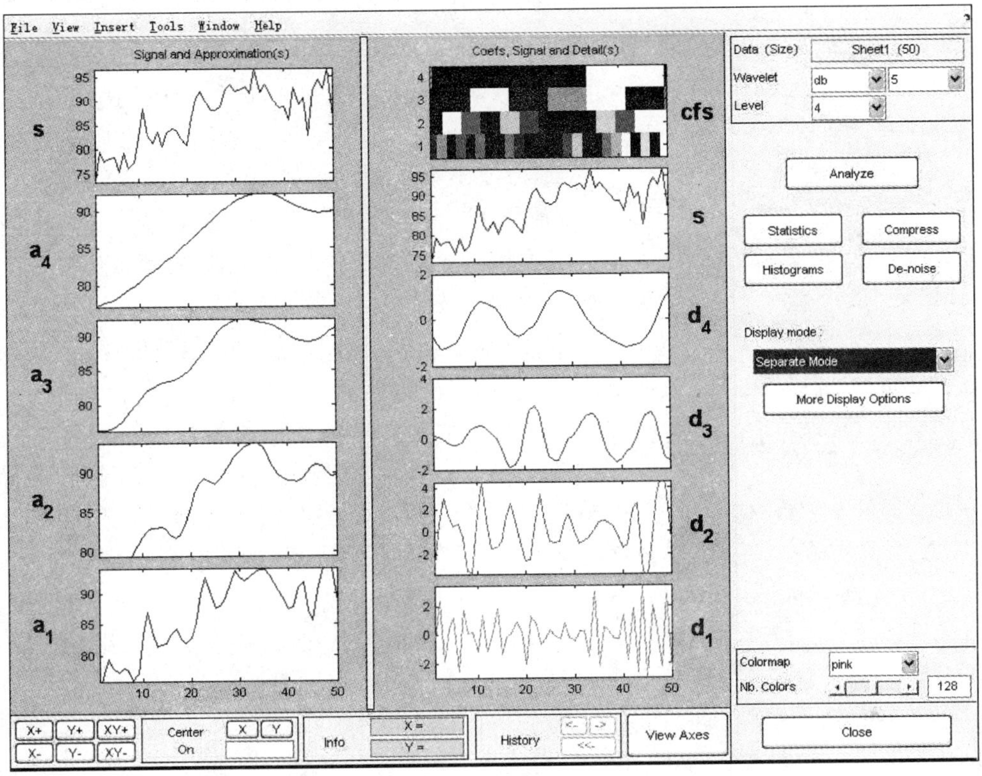

图 4-9 对粒度为 9～16 mm 的结果进行小波分解的分开模式

4.2.3.2 小波分解粒度信息的应用

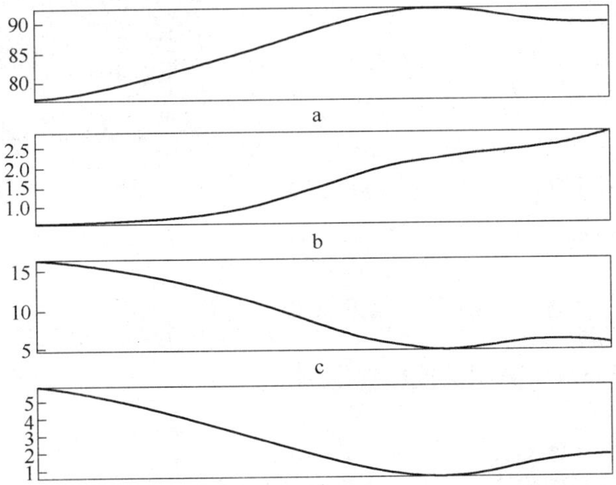

图 4-10 四种粒度范围结果按时间顺序变化的发展趋势（a～d）

通过这种方式，巴西公司的技术人员通过了解球团矿进入堆场前后粒度检测结果按时间顺序变化的趋势，并对照趋势变化的不同，结合分析球团矿装卸的工艺流程，找到了粒度结果偏析的原因是因为工艺流程中的某一堆存方式不当，最终通过改进装卸的堆存工艺流程避免了检测结果的偏析，见图 4-10。

从四种粒度范围结果按时间顺序变化的发展趋势可知，

高粒度段，即图 4-10a、b 的变化是随时间的变化从低到高，而低粒度段，即图 4-10c、d 的变化是随时间的变化从高到低。

4.2.4　防止粒度结果偏析的措施

4.2.4.1　原因分析

在铁矿石入堆场到出堆场的过程中，铁矿石堆存会因粒度大小而产生分离、剥蚀和污染，首先因铁矿石堆垛多通过皮带输送机输送而形成，当铁矿石经皮带输送机运送时，传送带在两个辊轮之间产生下垂，使铁矿石在经过辊轮时产生一个小的跳跃，使得小颗粒铁矿石沉于横切面的底部，而大颗粒则在上部，同时大颗粒形成的桥接效应使其继续浮于上部。当铁矿石到达皮带输送机头部滑落时，皮带头部的圆周曲线运动，使得已经上下分离的大小颗粒做不同速度的移动，即大颗粒速度快，小颗粒速度慢，因此铁矿石下落时大颗粒动能大于小颗粒，引起大颗粒滚的距离比小颗粒远，使得铁矿石堆垛下部周围粒度大而中间上部粒度小，见图 4-11。另外铁矿石颗粒的形状差异也会产生粒度分离，如平滑表面的矿石比四四方方或粗糙表面的矿石滚动得快。有时风力对小颗粒铁矿石影响较大，而对大颗粒矿石影响较小。

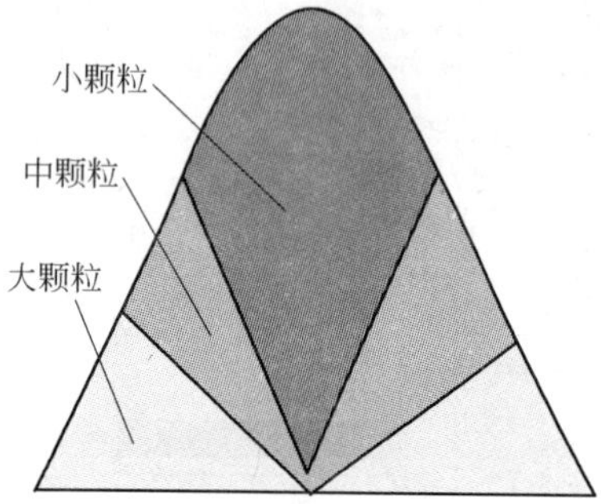

图 4-11　铁矿石堆垛的粒度分离

4.2.4.2　改进措施

铁矿石码头常见堆存方式为山形方式、排放方式和圆锥方式，基本上是从纵向方向在每一铁矿石堆顶部堆放多层物料。山形堆放很容易导致小颗粒铁矿石集中于堆中间部，而大颗粒则集中在底部及表面。排放方式可防止粒度分离，以确保大小颗粒均匀分配于料堆中。纵向排列的圆锥物料堆同样可使粒度均一化。比较好的堆存方式为，按堆场长度，利用可变高度堆放机械制造数个小型物料堆，完成一个料堆后则机械向后移动，然后将物料堆的空隙填满，可以减少粒度分离效应，见图 4-12。

图 4-12　可尽可能防止粒度分离的堆存方式

4.3　小波球团矿抗压分离噪声分析偏析

4.3.1　球团矿抗压强度测定原理

4.3.1.1　基本原理

球团矿抗压强度测定原理为取规定直径(一般为 12.5 mm)的球团矿在压力试验机上测定每个球在破裂前的最大抗压强度，用平均值“N/个球”表示。测试设备的压板以一个规定的速度把压力负荷施加到单个球团上，直到球团破裂为止。对试样的所有球团重复这个过程。对设备要求为：(1)负荷及负荷传感器的能力应大于 10 kN。压板必须是平且相互平行，与试样接触的板面部分钢必须经表面硬化处理。整个试验期间，压板装置的行进速度为 10～20 mm/min，需要等速加压；(2)压力负荷指示信号，可以是负荷传感器输出电子信号，也可以是杠杆输出轨迹。指示器可用电指示器或机械指示器。用于负荷传感器的电指示器，可以用记录式仪表、指针式仪表或其他合适仪表；对杠杆形的机械指示器可以用指针式量具或其他合适的仪表。当用负荷传感器时，记录仪表笔尖的满刻度全程偏转时间在 1.0 s 以内。最小刻度是满刻度的 1/100，计量仪器必须经常校正；(3)试样粒度范围为 10～12.5 mm（也可合同约定或有关各方商定）。取大约 1 kg 物理试验用的试样，在烘箱(105±5)℃中干燥，并在试验前冷却至室温。在这 1 kg 试样中随机采取 60 个或更多的试样(也可由有关各方商定)用于一次试验。

为得到一定精确度的试样结果，也可用式 4-20 确定精确的试样数：

$$n = \left(\frac{2\sigma}{\beta}\right)^2 \tag{4-20}$$

式中 n——试样数目；

σ——从若干次试验中得到的标准差，N；

β——要求的精确度，N，置信度为 95%。

4.3.1.2 检测过程

把一个试样(单个球)放在下压板硬面部分的中心处，整个试验期间以固定速度(10～20 mm/min 之间的某一速度)施加负荷。试验结束，当负荷降至 50% 数值或小于记录的最大负荷(见图 4-13)或压板间隙降至最初平均值试样直径 50%(见图 4-14)，抗压强度是试验中所获得的最大负荷。

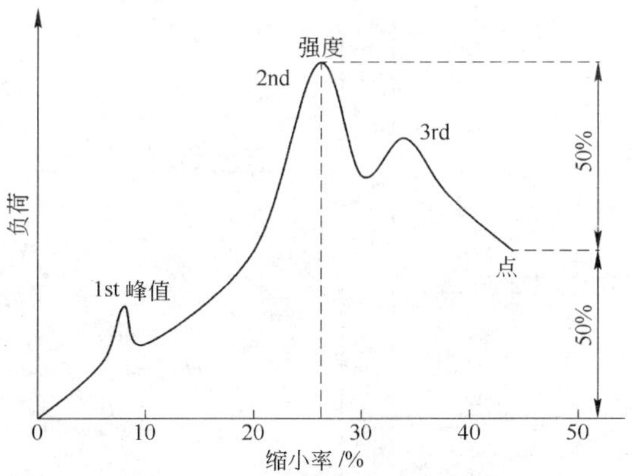

图 4-13 负荷降至 50% 数值或小于记录的最大负荷

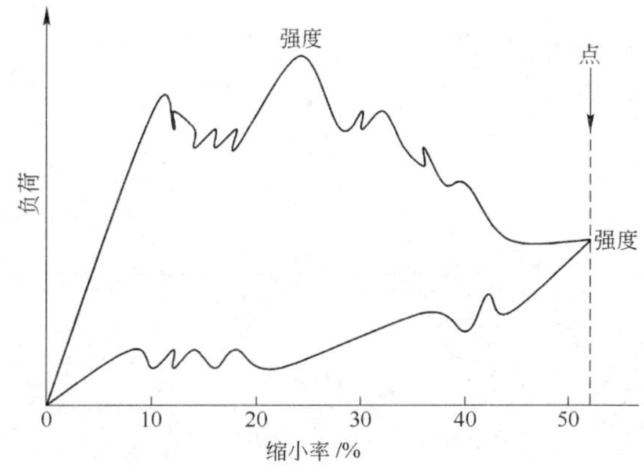

图 4-14 压板间隙降至最初平均值试样直径 50%

如果要进行还原后的抗压强度检测，则试样可以从还原性测定后的验毕样中拣取，但还原性测定后的验毕样必须在惰性气体保护下冷却，以免试样在中止还原气供应后在高温下被氧化，冷却后的还原性验毕样须小心拣取，不能使用破损球团颗粒。

4.3.2 球团矿抗压强度测定方法的缺陷

ISO 4700 规定球团矿抗压强度试验终点为，当负荷降至 50% 数值或小于记录的最大负荷或压板间隙降至最初平均值试样直径50%，抗压强度是试验中所获得的最大负荷。但实际检测发现，对一些特殊的球团矿，这几种试验终点的确认都会造成总体检测结果的偏析。ISO/TC102/SC3针对各国提出的球团矿抗压强度检测存在的问题，成立研究组研究新的终点确认方法。2005年佩斯会议项目召集人的报告提到，搜集更多的数据以确定强度的下限值，当低于此值时压溃强度的测量将无效。SC3同意ISO 4700在下一个修订版加上“对于自动仪器，单个球团低于10dyn（1dyn = 10^{-5}N）强度值应从结果计算中剔除”。

4.3.3 小波分析确定最佳压力测定点

4.3.3.1 原理

可以利用小波分析信号奇异性检测中的第一种情况，如信号在某一时刻，其起幅值发生突变，引起信号的不连续性，信号的突变处就是一种间断点。通过把一粒球团矿的抗压检测整个过程记录下来，可以发现，随时间进程，整个抗压检测过程会形成一个含无数个抗压峰值的曲线图。一个曲线中的峰值除其中一个峰为真实抗压强度记录点外，其余均为干扰信号，这些干扰信号有些是已压碎球团矿碎片的抗压峰值，有些是球团矿在受压蠕变过程中的应力突然释放信号。

通过分解抗压峰值的曲线图，可以得到多层曲线分解图（见图4-15），此时可以将信号

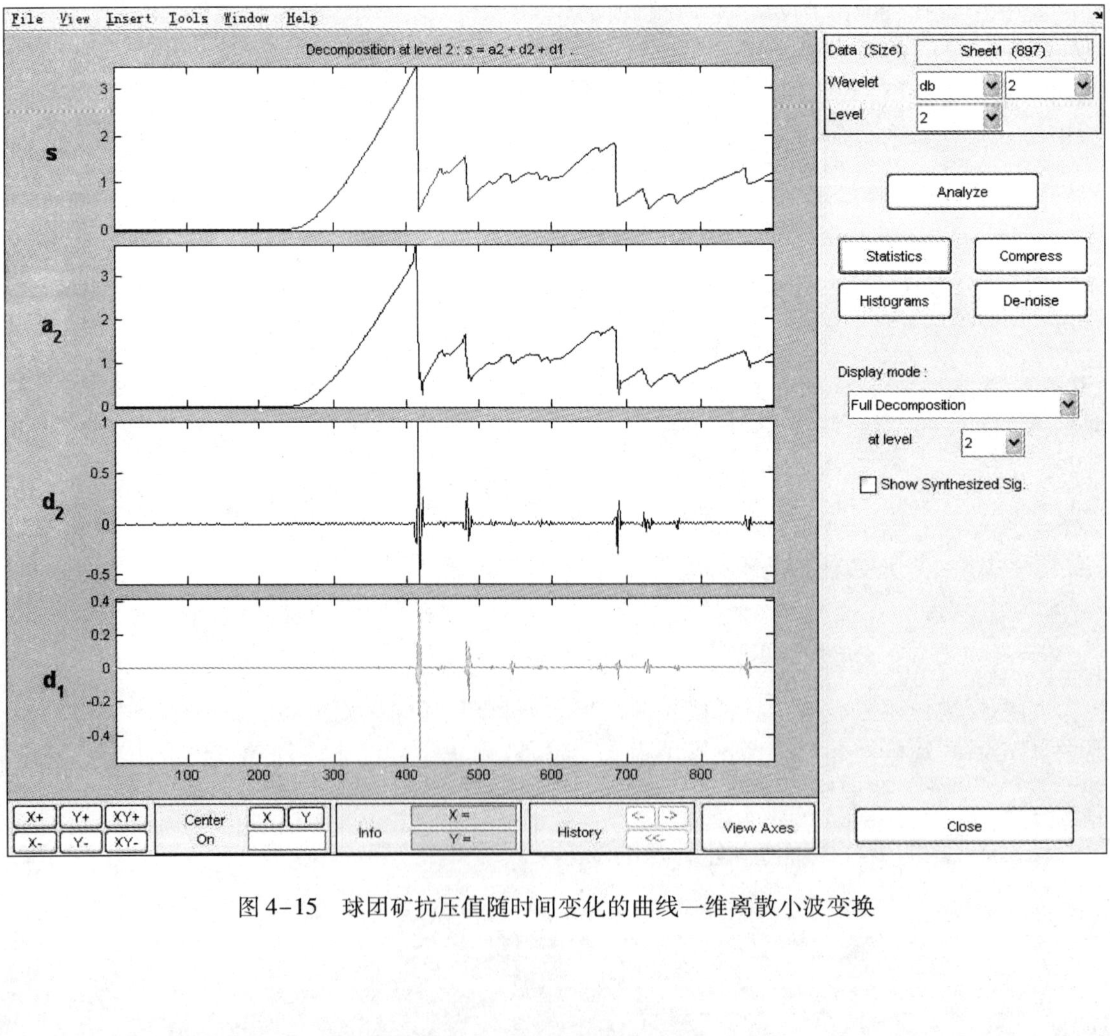

图4-15 球团矿抗压值随时间变化的曲线一维离散小波变换

分解的细节部分清晰地显示出来，同时可分析间断点的准确位置，从而确认哪一个峰为真实抗压强度记录点。这种技术也可以应用于自动化抗压强度检测。

4.3.3.2 一维离散小波的应用

将球团矿抗压强度随时间－强度变化曲线导入 Matlab 的小波工具箱中一维离散小波分析，采样时间为 0.02 s，选择 db2 小波进行 2 层分解，得如图 4-16 所示的分解结果，小波曲线的时间序列 1 个单位为 1 次采样。根据图中 d1 高频部分的振幅最大处的时间 15.7 s，可得抗压值为 3.052 kN。本项目选择各种球团矿的抗压曲线 12 例，具体分析不同球团矿的最佳压力点。

图 4-16 是最典型的抗压曲线，该球团抗压大、刚性也大，球团质量好，压碎时可听到清脆“嘣”的响声，产生一个峰。图 4-17 的球团在施压的过程中，出现了几个小峰才达到最高峰，这说明球团较脆，施压过程中产生几次小的压溃，但在到达最高峰前未能全溃。图 4-18 的球团在产生第一个高峰后，继续对已碎的碎片施压，在不断的压溃过程中再次到达最高峰。图 4-19 的球团产生两次高峰，说明一次压溃后的碎片被再次压碎，其抗压比上一次还高一点。图 4-20 的球团在施压过程中，从小波变换的高频部分可见也产生几次细小的压溃动作。图 4-21 的球团比较疏松，第一次压溃产生的峰并非最高峰，之后产生的是杂峰，虽然峰比第一次高，但压溃动作不明显。图 4-22 的球团质量也较好，一次压溃后产生碎片较小，之后几个小峰是小碎片产生的，抗压强度已经很小了。图 4-23 的球团与图 4-22 的球团类似，只不过压碎的碎片比图 4-22 的球团的大一些。图 4-24 的球团在一次压碎后产生的碎片既有小的，又有较大的。图 4-25 的球团也比较疏松。图 4-26 的球团与图 4-17 的类似，只是过程产生小压溃相比图 4-25 多而大。图 4-27 的球团与图 4-23 的类似。

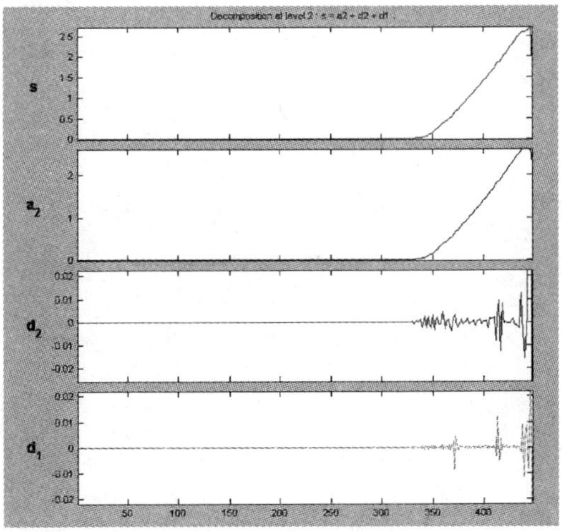

图 4-16 曲线小波分解一

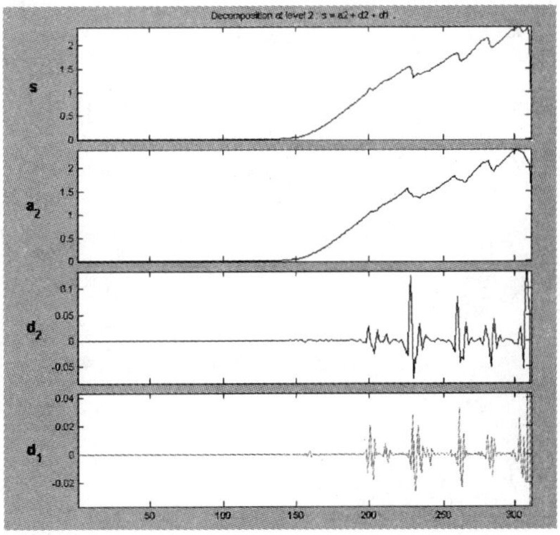

图 4-17 曲线小波分解二

分析球团矿抗压强度测定过程中的时间－压力曲线，可认为将其小波变换分解后的高频部分作为每个球团抗压最佳点判断，根据 d_1 显示的高频振荡，无论原始曲线产生的峰有多高，认定 d_1 显示高频振荡幅度最大点对应的抗压值，应该是最合理，也是最佳压力点。

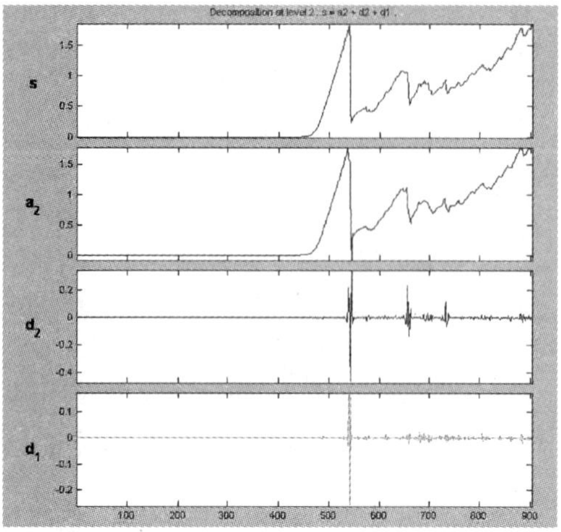

图 4-18　曲线小波分解三

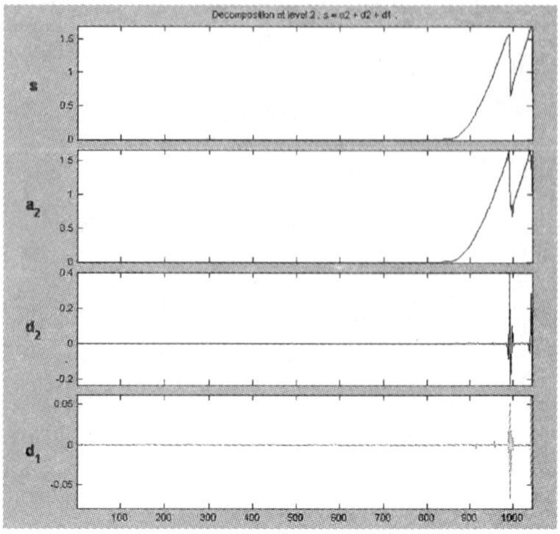

图 4-19　曲线小波分解四

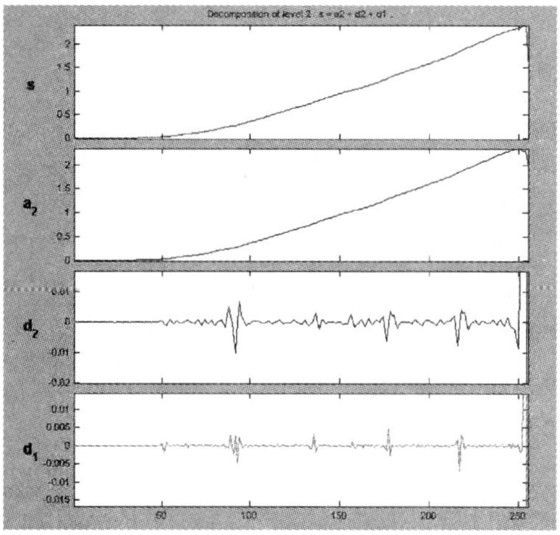

图 4-20　曲线小波分解五

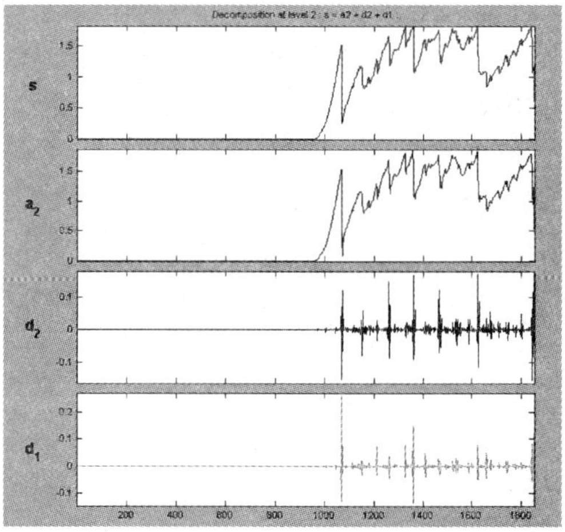

图 4-21　曲线小波分解六

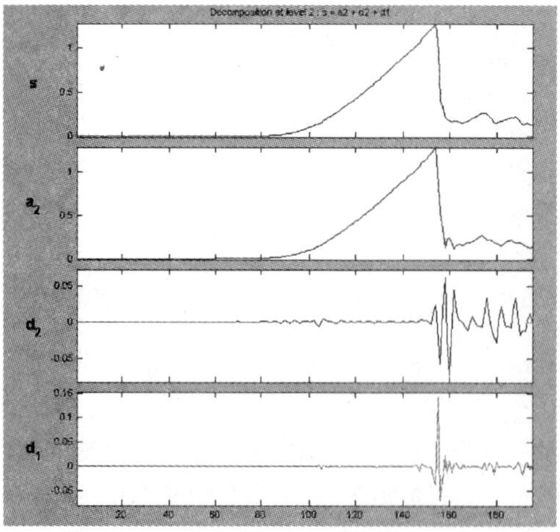

图 4-22　曲线小波分解七

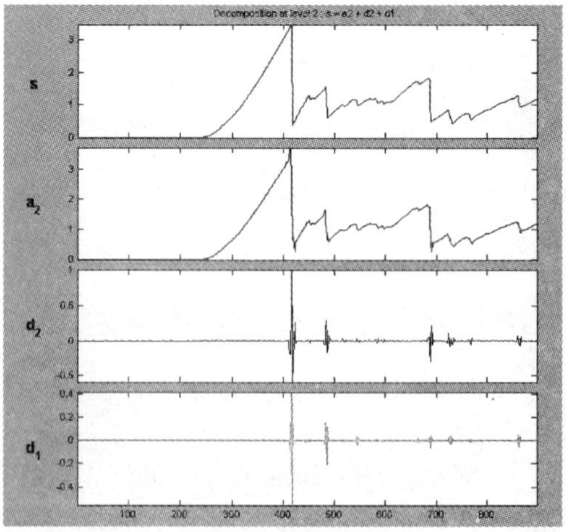

图 4-23　曲线小波分解八

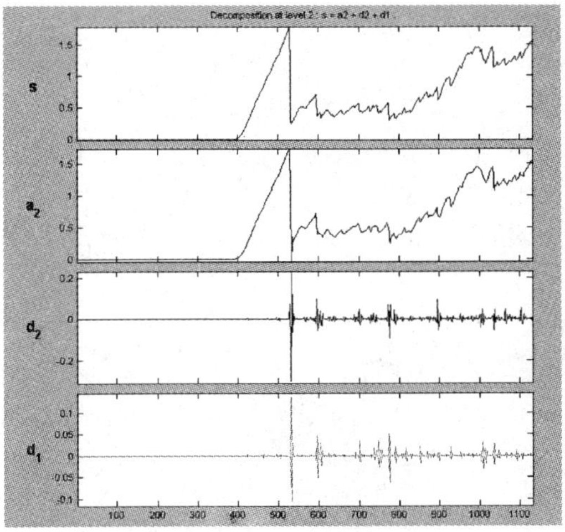

图 4-24 曲线小波分解九

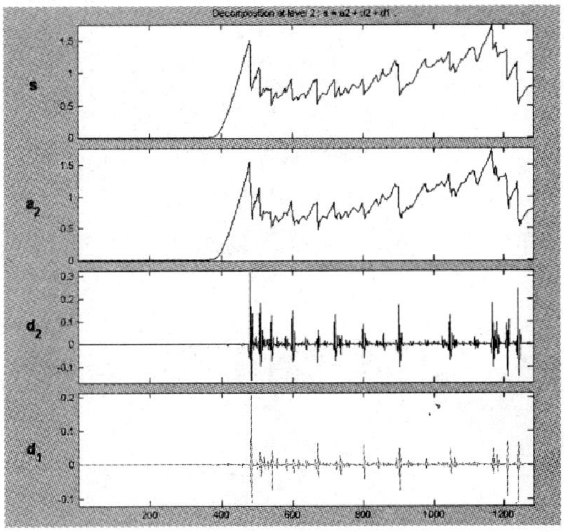

图 4-25 曲线小波分解十

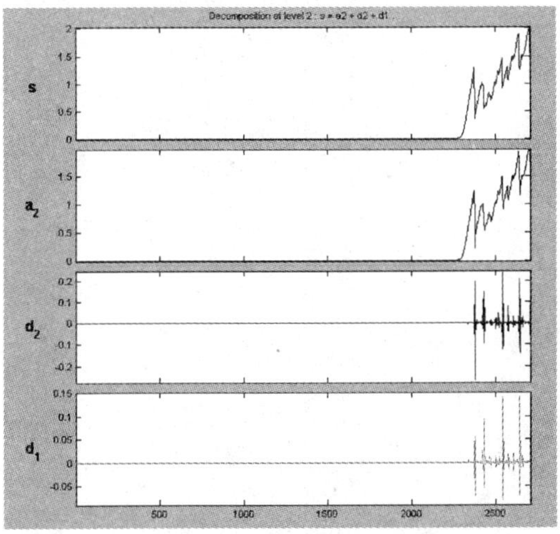

图 4-26 曲线小波分解十一

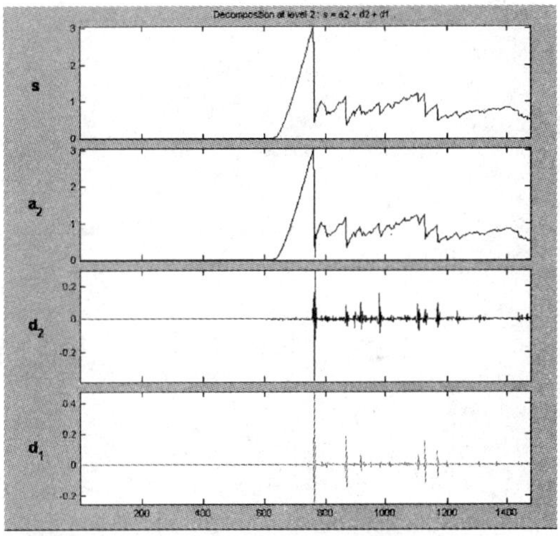

图 4-27 曲线小波分解十二

4.4 球团矿还原曲线第二种间断点检测

4.4.1 球团矿还原曲线异常点分析

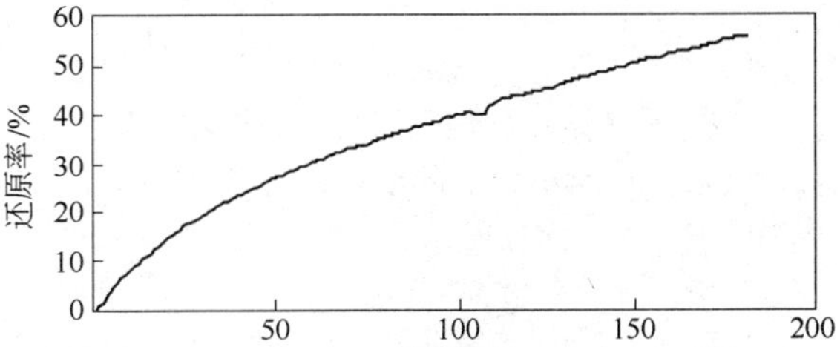

图 4-28 异常还原曲线

球团矿相对还原度检测中可能会发生如图 4-28 描述的某些意外情况。可通过小波分析信号奇异性检测中的第二种情况进行分析，即有些信号外观上很光滑，其幅值没有突变，但是信号的一阶微分有突变，且一阶微分是不连续的。通过对图 4-28 进行小波分解，可以发现曲线中其实包含了间断点，该间断点就是试验产生问题的原因。

4.4.2 利用小波第二种间断点检测实例

将图4-27的数据导入Matlab的小波工具中的一维离散小波分析，选择db2进行2次分解，可得图4-29所示的结果。从d_2可见，在还原实验进行到108 min时，出现了一个第二种间断点。经查证，这就是因为试验过程中发生了还原气供应中断一定时间所造成的。

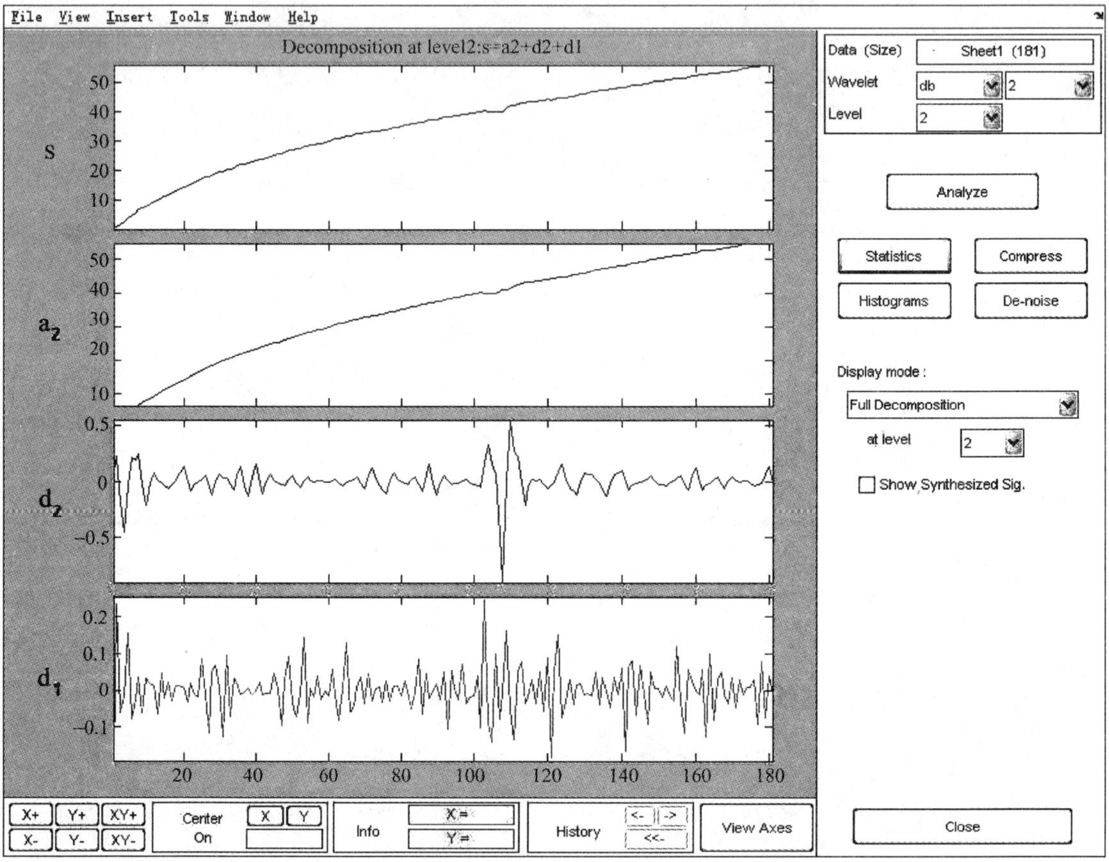

图4-29 小波第二种间断点检测

参考文献

[1] 应海松，等．铁矿石检验系列丛书：铁矿石取制样及物理检验[M]．北京：冶金工业出版社，2007.

[2] 卢小泉，等．分析化学中的小波分析技术[M]．北京：化学工业出版社，2006.

[3] 马晓国，等．用小波变换方法消除ICP-AES分析信号的噪声[J]．光谱学与光谱分析，2000，8(4)：510~513.

[4] 应海松，等．球团矿相对还原度检测结果偏差的研究[J]．金属矿山，2002，7：19~21.

[5] 飞思科技产品研发中心．MATLAB 6.5辅助小波分析与应用[M]．北京：电子工业出版社，2003.

5 小波分析与神经网络在铁矿石矿物鉴定中的应用

X射线衍射法、矿相显微镜法、热重法是铁矿石矿物分析的主要方法，本章利用小波分析和神经网络技术分别对X射线衍射法、矿相显微镜法、热重法的噪声去除、图像处理、导数转换等进行应用，最终获得有用、有价值的信息。

5.1 小波变换与神经网络在X射线衍射图谱滤噪的应用

利用多晶X射线衍射仪，可以对铁矿石进行矿物鉴定，因为多晶X射线衍射图犹如人体的指纹，由晶体本身的结构特征所决定，一般根据X衍射线的2θ角与晶面间距(d_{hkl})的关系以及它相应的衍射线相对强度(I/I_0)，再通过核对标准粉晶衍射数据卡片(PDF卡片)就可以进行定性分析，因为物质的衍射强度与该物质的参加衍射的体积成正比，所以该法在定性分析的基础上还可测定多相物质中的相的含量，即矿物的定量分析。本节介绍用X衍射技术对不同铁矿石矿物混合物检测后形成的图谱进行滤噪，以提高图谱的分辨率❶。

5.1.1 X射线衍射原理介绍

5.1.1.1 基础理论

X射线具有波粒二象性，X射线的衍射从粒子理论和电磁波理论都可以解释。这里以电磁波理论为例，由于电磁波是一种交变振荡电磁场，因此它照射到晶体上时，构成晶体的原子内的电子会在交变电场作用下振动，成为一个新的振源，从而向四周发射电磁波，即将入射的电子波向各方散射，这些散射波与入射波的频率相同，因而是相干的。由于晶体具有周期性、对称性特点，周期散射源与散射波间的相位差是相同的，因此它们会发生强烈的干涉，相长干涉时会更强，相消干涉会更弱，有时会几乎完全消去。这种周期性的散射源间的干涉，在非入射方向上出现特别强的散射现象，就叫衍射。

5.1.1.2 多晶X衍射

多晶衍射的特点是试样由多个小晶体构成，在X衍射照射下，这些晶粒都会产生衍射，但并非某一晶体全部都会发生衍射，而是其倒易矢量终端位于衍射球和以倒易矢量为半径的倒易球的交线(圆环)上的那些晶粒才发生衍射，衍射形成一个圆锥面，见图5-1。由于晶粒存在镶嵌结构，入射X射线不能是严格的平行光和单色光，它们具有一定的发散和色散，因此使衍射线变宽，所以倒易点扩展为一个强度权重的并具有一定形状的倒易畴。取向任意的倒易矢量终端倒易畴是一个有一定厚度的倒易球壳。衍射球心与倒易球壳中的任意一

❶ 本项目参与人员有应海松、张建波、陈贺海。

点的连线都是衍射方向，形成一个有一定壁厚衍射圆锥。如果不考虑温度、吸收、单色器等因素的影响，则由此可推算出多晶衍射的积分强度公式，见式 5-1。

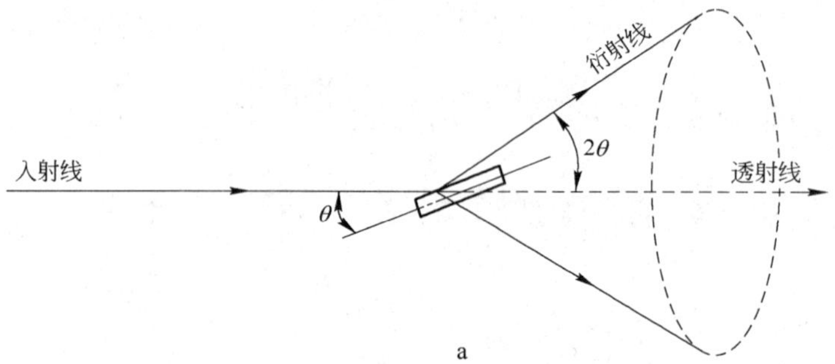

a

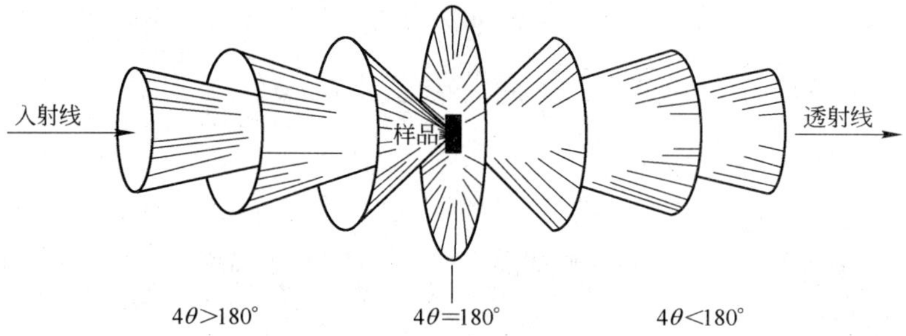

b

图 5-1 多晶 X 衍射原理图

a—衍射角为 θ 的晶面产生的衍射圆锥；b—多晶样品产生的同轴衍射圆锥面簇

$$I_I = \frac{M\cos\theta}{2} I_0 \frac{e^4 \lambda^3}{m^2 c^4} |F|^2 \frac{V_c}{V_u^2} \left(\frac{1 + \cos^2 2\theta}{2\sin 2\theta} \right) \tag{5-1}$$

式中 I_I——积分强度；

I_0——入射强度；

θ——半衍射角；

V_c——衍射晶体总体积；

V_u——晶胞体积；

λ——X 射线波长；

m——电子质量；

e——电子电荷；

c——光速；

M——德拜因子；

F——衍射结构振幅。

5.1.1.3 多晶衍射仪的结构

多晶 X 衍射仪的基本组成为 X 射线光管、测角仪和探测器，见图 5-2。

(1) X 射线光管。由高压发生器和光管组成，高压发生器发射功率大多为 2.2 ~3 kW；光管大多采用铜靶、侧窗，目前大多采用陶瓷光管。用内循环水冷。

(2) 测角仪。可分为 θ/θ 或 θ/2θ 转动，也可分为水平转动或垂直转动，目前以垂直转动为主,定位技术有光学编码器技术、光学编码、线性复合轴承等,驱动方式有步进马达加光学编码器、直流马达驱动、大轴承加线性复合轴承等。

(3) 探测器。多数基本配置采用闪烁计数器,但也可选配 Xe 正比探测器、固体探测器、阵列探测器、位敏探测器、电荷耦合探测器(CCD)、影像板等。

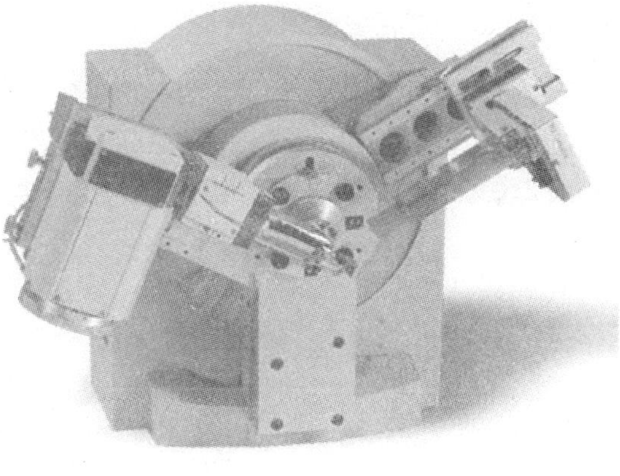

图5-2 多晶X衍射仪

5.1.1.4 定性定量分析

A 定性相分析

任何一种结晶物质(包括单质元素,固溶体和化合物)都具有特定的晶体结构(包括结构类型,晶胞的形状和大小,晶胞中原子、离子或分子的品种、数目和位置)。在一定波长的X射线照射下,每种晶体物质都给出自己特有的衍射花样(衍射线的位置和强度)。每一种晶体物质和它的衍射花样都是一一对应的,不可能有两种晶体物质给出完全相同的衍射花样。如果在试样中存在两种以上不同结构的物质时,每种物质所特有的衍射花样不变,多相试样的衍射花样只是由它所含物质的衍射花样机械叠加而成。

在进行定性相分析时,为了便于对比和存储,通常用 d(晶面间距,表征衍射线位置)和 I(衍射线相对强度)的数据组代表衍射花样。这也就是说,用 $d-I$ 数据组作为定性相分析的基本判据。

定性相分析的方法,是将由试样测得的 $d-I$ 数据组(即衍射花样)与已知结构物质的标准 $d-I$ 数据组(即标准衍射花样)进行对比,从而鉴定出试样中存在的物相。为此,就必须收集大量的已知结构物质的 $d-I$ 衍射数据组,作为被测试样 $d-I$ 数据组的对比依据。J. D. Hanawalt 等人于1938年首先发起,以 $d-I$ 数据组代替衍射花样,制备衍射数据卡片的工作。1942年"美国材料试验协会(ASTM)"出版了大约1300张衍射数据卡片,称为 ASTM 卡片。这种卡片的数量逐年增加,到1963年共出版了13集,以后每年出版一集。1969年成立了"粉末衍射标准联合委员会",简称 JCPDS 的国际性组织,由它负责编辑和出版粉末衍射卡片,称为 PDF 卡片。现在已出版了36集,4万多张卡片。

定性相分析一般要经过以下步骤:

(1) 获得衍射花样。可以用德拜照相法、透射聚焦照相法和衍射仪法。从提高精确度和灵敏度出发,最好使用透射聚焦照相法和衍射仪法。

(2) 计算面间距 d 值和测定相对强度 I/I_1 值(I_1 为最强线的强度)。定性相分析以 $2\theta<90°$ 的衍射线为主要依据。要求 d 值有足够的精度,2θ 角和 d 值分别给出 0.01°和 0.001 位有效数字。

(3) 检索 PDF 卡片。对所计算的 d 值给出适当的误差 $\pm\Delta d$ 之后,用三强线的 $d-I/I_1$ 值在 PDF 卡片索引的相应 d 值组中查到被测相的条目,核对八强线的 $d-I/I_1$ 值。当八强线基本符合时,根据该条目指出的卡片编号取出 PDF 卡片,将其中的全部 $d-I/I_1$ 值与被测的衍射花样核对,给出与被测相对应的 PDF 卡片。检索 PDF 卡片可以用人工检索,也可以用计算机自动检索。

（4）最后判定。有时经初步检索和对卡后不能给出唯一准确的卡片，可能给出数个乃至更多的候选卡片，这就需要实验者依据其他方面的相关资料和实践经验，判定对被测相唯一准确的 PDF 卡片。

B 定量相分析

X 射线定量相分析的任务是，在定性相分析的基础上测定多相物质中各相的含量，定量相分析的理论基础是，物质的衍射强度与该物质参加衍射的体积成正比。定量分析方法如下。

a 内标法

这种方法是在被测的粉末试样中加入一种含量恒定的标准物质制成复合试样。一般情况下可用 $\alpha-Al_2O_3$（刚玉）粉作内标物质，然后通过测量复合试样中待测相的某一条衍射线强度与内标物质某一条衍射线强度之比，来测定待测相的含量。

b K 值法

又称基体冲洗法，它不需要定标曲线，而是通过内标方法求出直接 K 值，内标物质的加入量也可任意选取。

c 直接对比法

直接对比法不需要向被测试样中掺入标准物质，而是以两相的强度比为基础。与含量无关的衍射强度参数可通过理论计算得到。它既适用于粉末试样，也适用于整体试样。这种方法适用于淬火钢中残余奥氏体的测定和其他种同素异形转变过程的定量相分析。

d 无标样法

主要优点是不需要制备标样，也不需要加入标准物质，只要求知道待测相或待测试样的吸收系数，甚至即使不知道吸收系数也可以进行定量相分析。但是，无标样方法要求制备与待测相数目相等的试样，并且要求各待测相在各试样中的含量不同。其含量差越大，测量精度越高。利用无标样法，对只含 2 ~3 个相的试样可以得到较好的结果。当试样中的相超过 3 个时，测量误差就会很大，甚至得不到满意的结果。德国布鲁克 AXS 的 D8 多晶 X 衍射仪就带有无标样软件 D8 SPECTRA^{plus}。

5.1.2 神经网络铁矿石相分析 X 衍射信号的消噪技术

利用神经网络的自适应噪声抵消技术对铁矿石相分析的 X 衍射信号进行滤波处理，该方法可采用 Matlab 的优化工具箱解决实际问题。

5.1.2.1 自适应噪声抵消原理

利用 Matlab 的小波工具箱进行滤波的技术的基本原理，已经在上两章有所介绍，本小节欲采用神经网络技术加以解决。因为滤波的目的是将信号中包含的噪声（本例基本上为白噪声）滤除，以提高信号的灵敏度，尽可能恢复被噪声干扰的原始信号。最简单的滤波是权系数固定的滤波，它可以设计为线性滤波器和非线性滤波器，滤波器的权系数输入/输出具有线性和非线性映射特性，同时滤波器的权系数（传递函数）会随输入信号的变化而变化，因此这种滤波器也叫自适应滤波器（ANC）。对于一个复杂自适应噪声抵消系统，还需消除与参考输入无关的独立噪声源及干扰，模型见图 5-3。

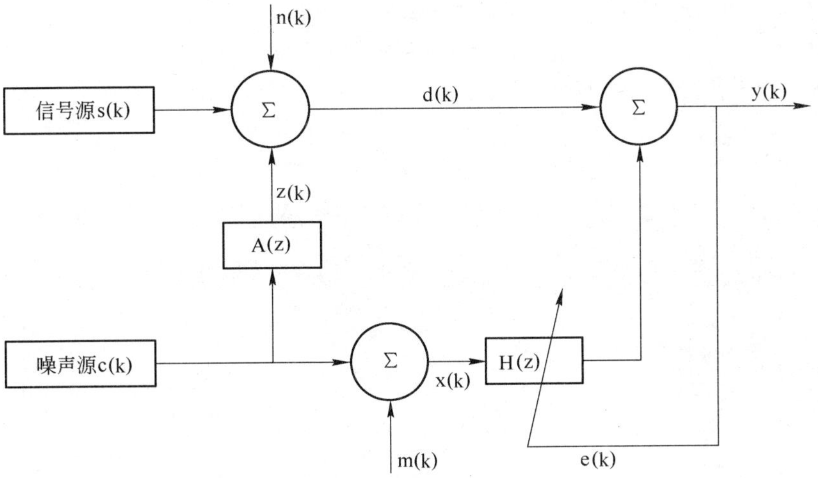

图 5-3 自适应噪声抵消系统

5.1.2.2 X衍射图谱噪声抵消实例

将各含1/3质量的氧化铁、氧化亚铁、四氧化三铁的粉末样品用X衍射仪进行扫描，仪器型号：Bruker D8 Advance；X射线光管：铜靶；电压：40 kV；电流：40 mA；发散狭缝：1 mm；接受狭缝：8 mm；探测器：lynceye阵列探测器；扫描范围：5°～75°；步长：0.03°；扫描速度：1 s/Step。

选择1×4×1的BP网络，隐含层神经元4个网络采用tansig为变换函数，它可将神经元输入范围(+∞，-∞)映射到(-1，+1)，这对BP网的训练非常有利。网络训练过程见流程图5-4。训练误差见图5-5。

设训练集为P，测试集为Ptest，t为2θ角步长，T为每步长随机噪声，则代码为：

```
%在衍射图中取400个步长作为训练集
t=5:0.03:17;
>> y=randn(size(t));              %产生随机噪声
%初始化网络
%P为输入，输入元为1，隐含元为4，输出元为1
%tansig和purelin分别为隐层和输出层的变换函数
%训练函数默认trainlm
net=newff(minmax(P),[4,1],{'tansig','purelin'});
%训练显示次数
>> net.trainParam.show=10;
%训练循环次数
>> net.trainParam.epochs=100;
%网络训练，训练输入为P
>> [net,tr]=train(net,P,y);
%仿真，输入为Ptest
```

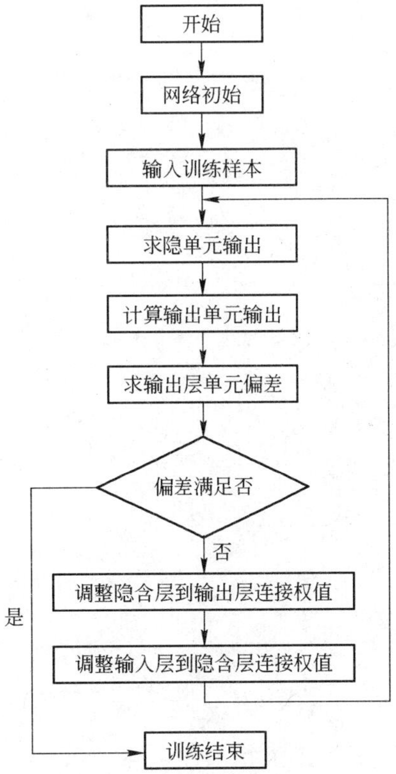

图 5-4 网络训练流程图

```
>> a = sim(net,P);
>> figure(1);                    % 显示原始衍射图
>> plot([5:0.03:76.04],Ptest);
>> figure(2);                    % 显示噪声抵消后的衍射图
>> plot([5:0.03:76.04],a);
```

则显示的原始衍射图见图 5-6，显示的噪声抵消后的衍射图见图 5-7。

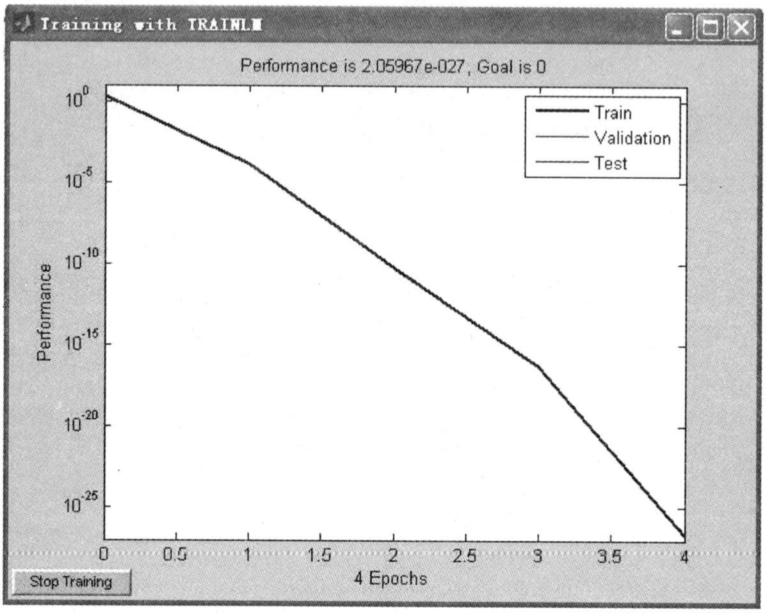

图 5-5 训练误差

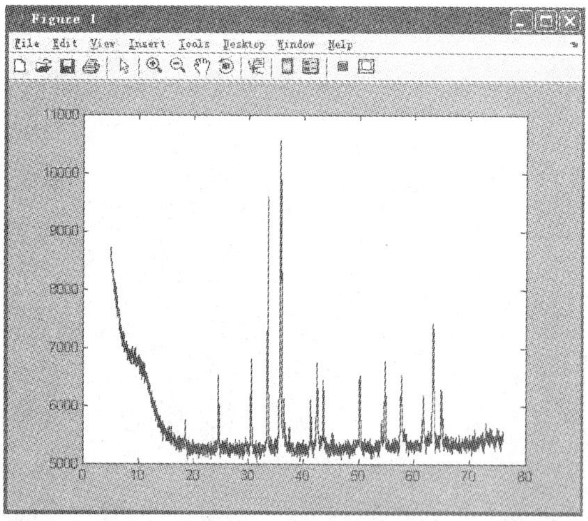

图 5-6 原始衍射图

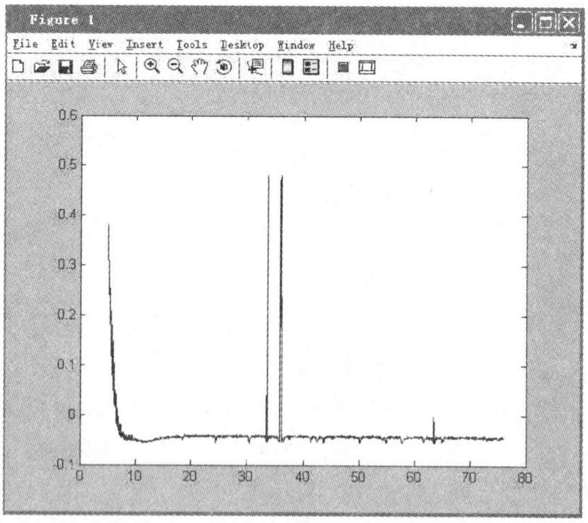

图 5-7 噪声抵消后衍射图

5.1.2.3 X 衍射图谱噪声抵消的 Simulink 系统仿真

对于 X 衍射图谱噪声抵消还可以利用 Simulink 系统仿真模块，同时也可如第二章所述，可以对神经网络的模块进行封装，以减少屏幕显示区域的模块数，达到精简模块显示的目的。模块展开见图 5-8。

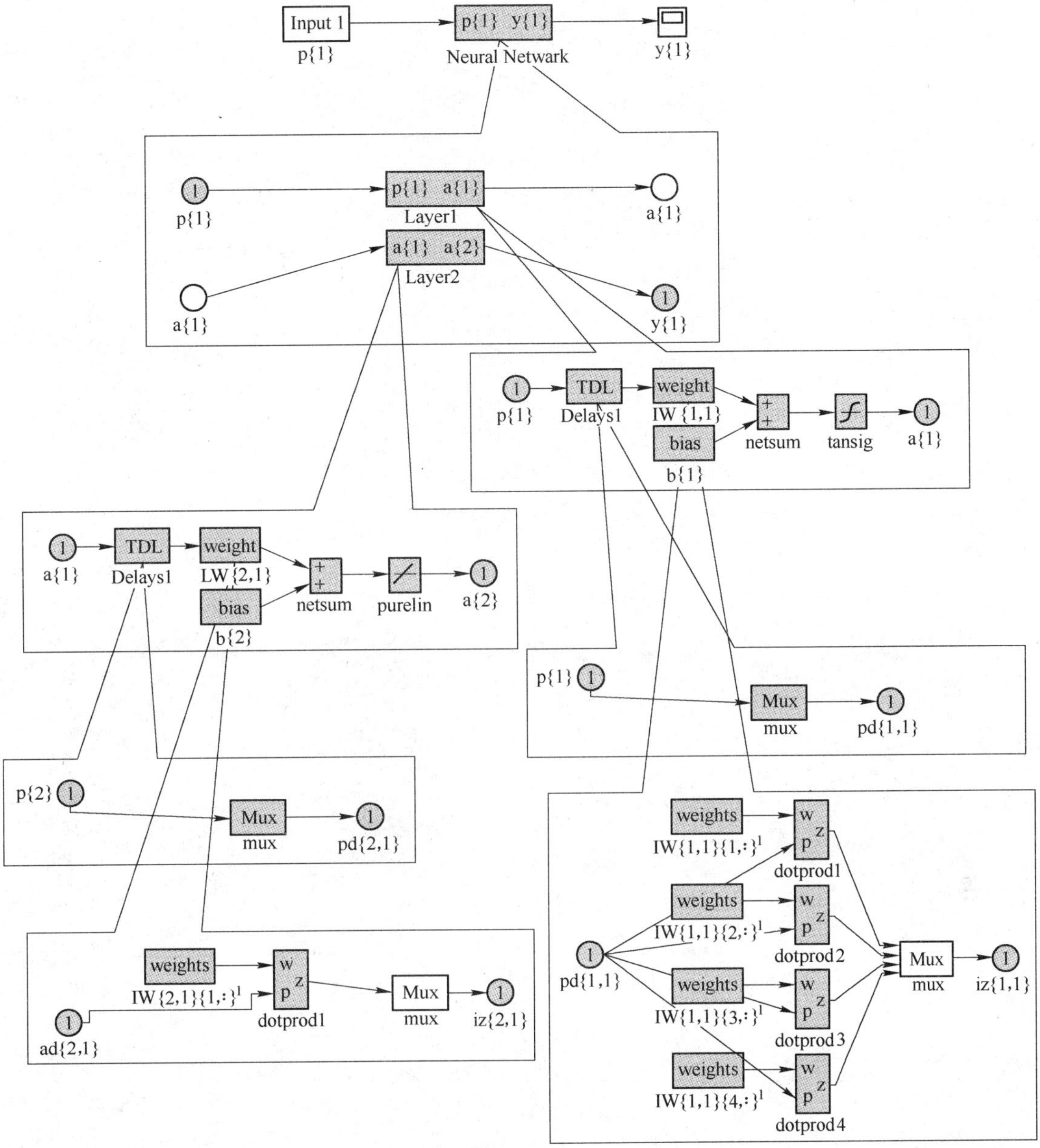

图 5-8 封装模块展开图

将上述 X 衍射图谱数据转换为 x1. mat 文件储存，建立如图 5-9 所示的模块，该模块以随机噪声发生器产生振幅在 ±150 的随机噪声，通过随机噪声抵扣样本 X 衍射图谱的白噪声，最终达到消除 X 射线衍射图谱的噪声，提高分辨率的目的。模块运行后生成的原始图谱、消噪后图谱、随机噪声图谱、随机噪声消除图谱分别见图 5-10 ~ 图 5-13。分别设置原始图谱、消噪后图谱的 X 轴范围为 5 ~ 80，Y 轴最小最大值为 5000 ~ 8000，时长为 0.03；随机噪声图谱、随机噪声消除图谱为 X 轴范围为 5 ~ 80，Y 轴最小最大值为 ±200，时长为 0.03。

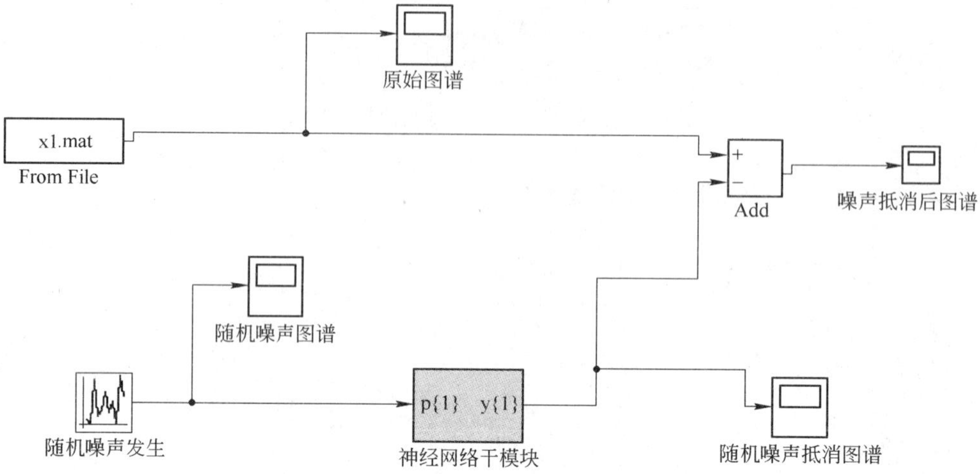

图 5-9　噪声抵消的 Simulink 系统仿真模块

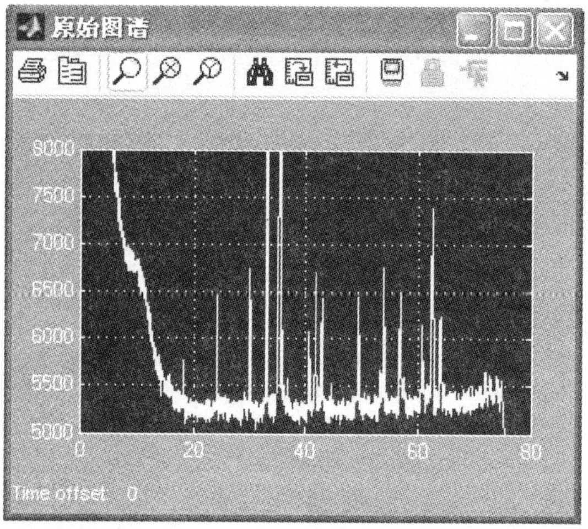

图 5-10　原始图谱

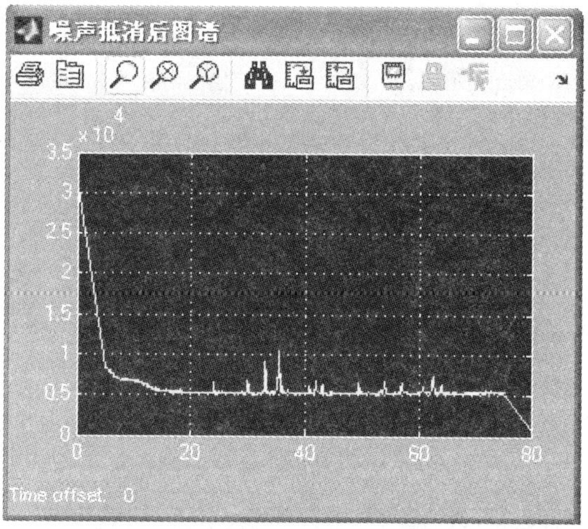

图 5-11　噪声抵消图谱

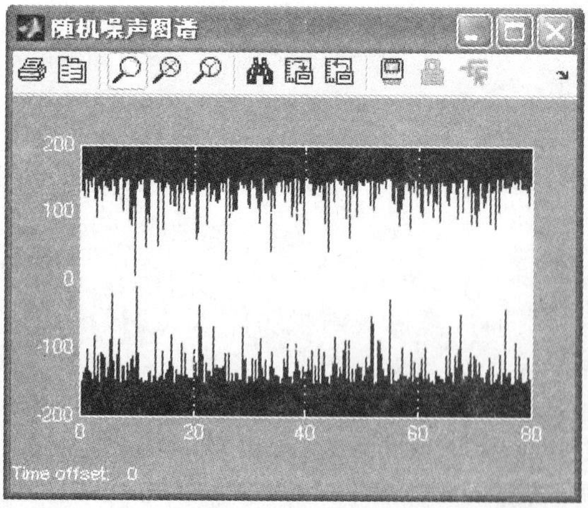

图 5-12　随机白噪声

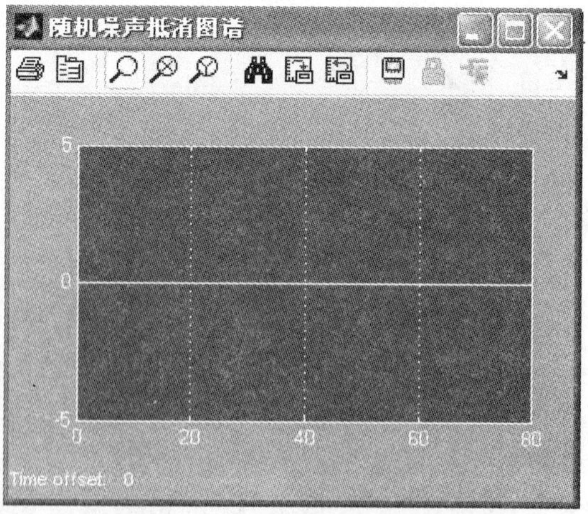

图 5-13　随机噪声抵消图谱

5.1.3 小波变换 X 衍射滤噪技术

利用小波变换的 GUI 技术对 X 衍射的含噪图谱进行滤噪，方法十分简单有效，与神经网络的自适应噪声抵消技术和 Simulink 系统仿真相比，滤噪效果更好。因为从上述神经网络的自适应噪声抵消技术和 Simulink 系统仿真两种技术看，似乎有过度抵消的现象，造成图谱中的一些有用信息的丢失。

将 X 衍射信息导入小波变换工具的一维离散小波变换 GUI 界面，得图 5-14 的图谱，然后选择 db5 小波进行两层分解得图 5-15。由此可见图 5-15 的 a2 已经将噪声滤除了，单击"去噪"按钮，得图 5-16，进行阈值设定后，再次单击"去噪"，在得到的界面选择相应的图谱放大，得图 5-17 的滤噪前后合并图谱，可见利用 db 小波的滤噪效果非常好。

同样也可采用一维小波包，将 X 衍射信息导入小波变换工具的一维小波包变换 GUI 界面，然后选择 db4 小波进行 3 次分解，见图 5-18，进行去噪，接着设定阈值，再次单击"去噪"，

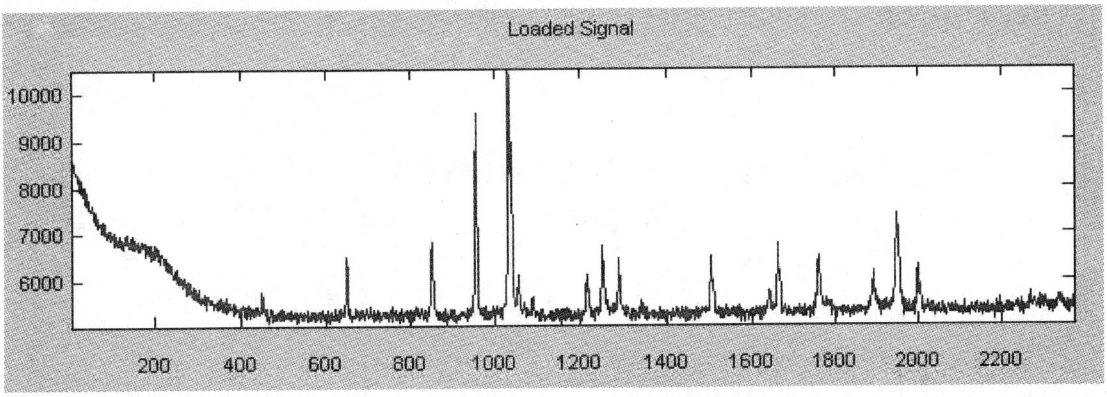

图 5-14 X 衍射图谱

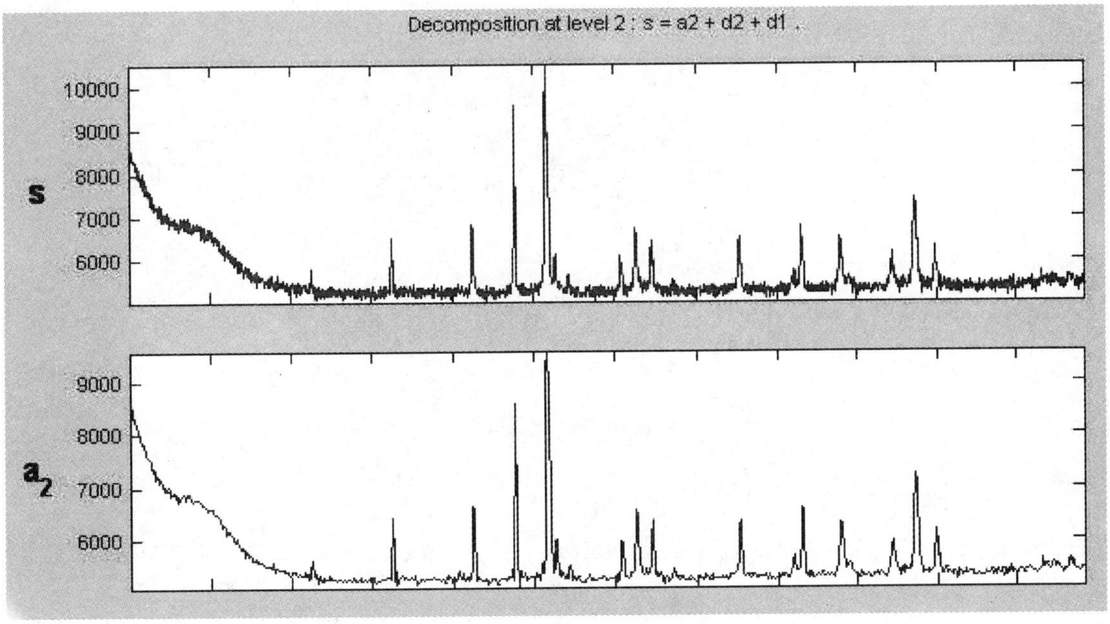

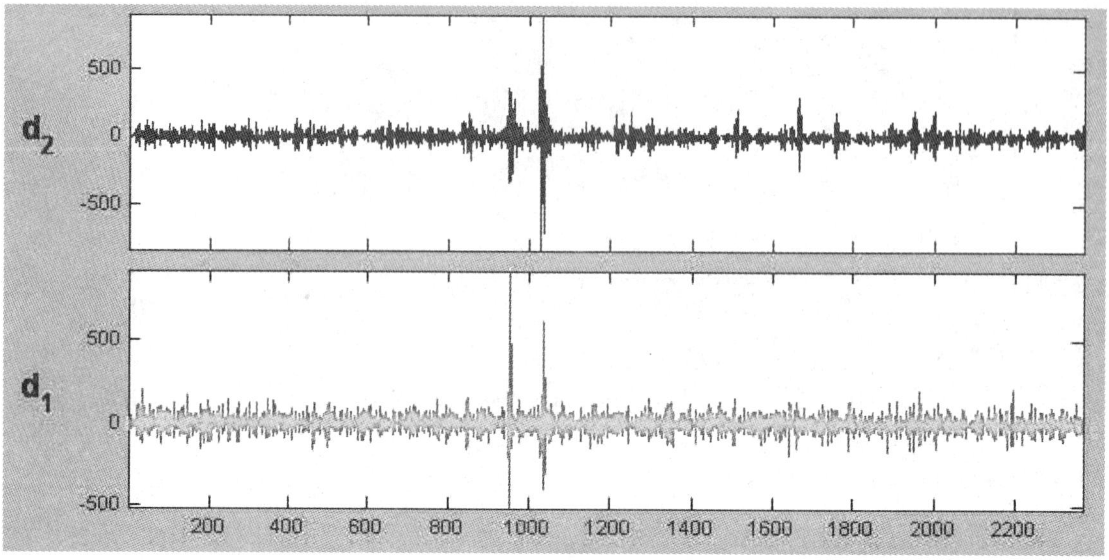

图 5-15　X 衍射图谱小波分解

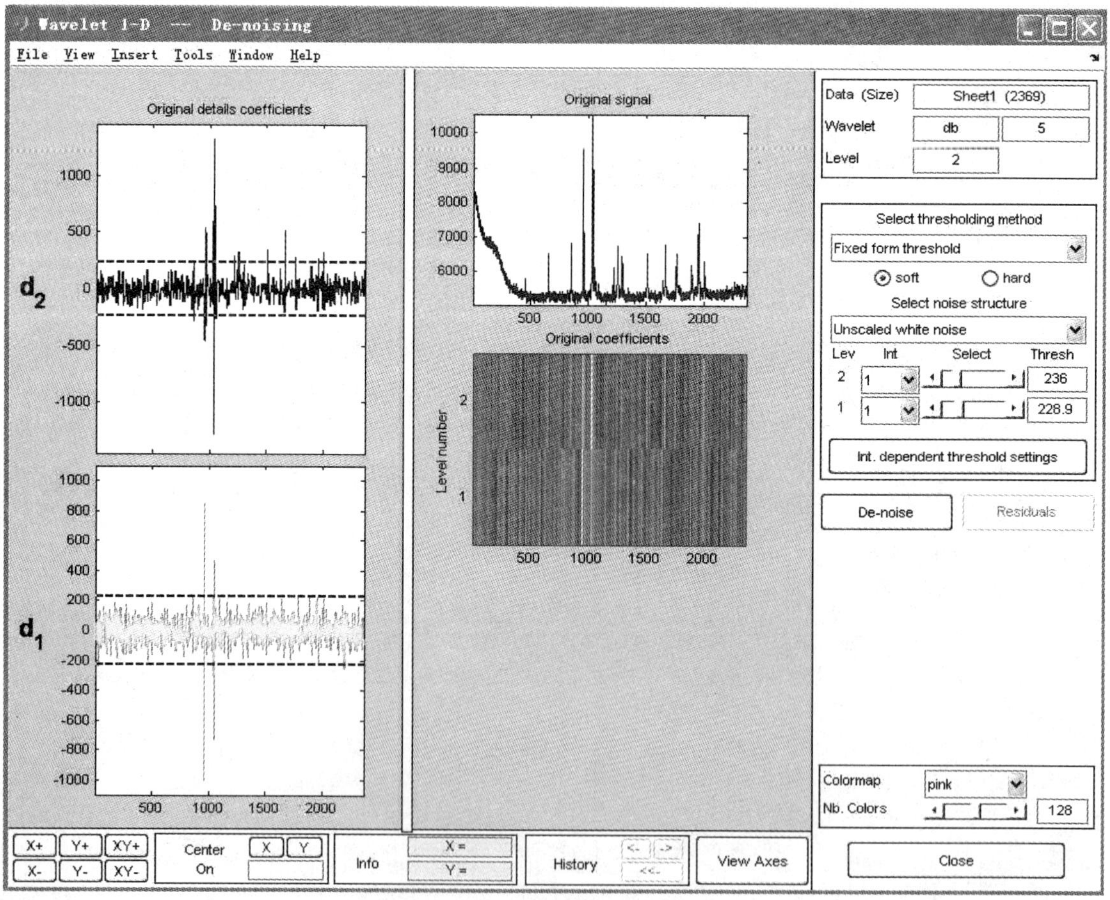

图 5-16　小波滤噪阈值设定

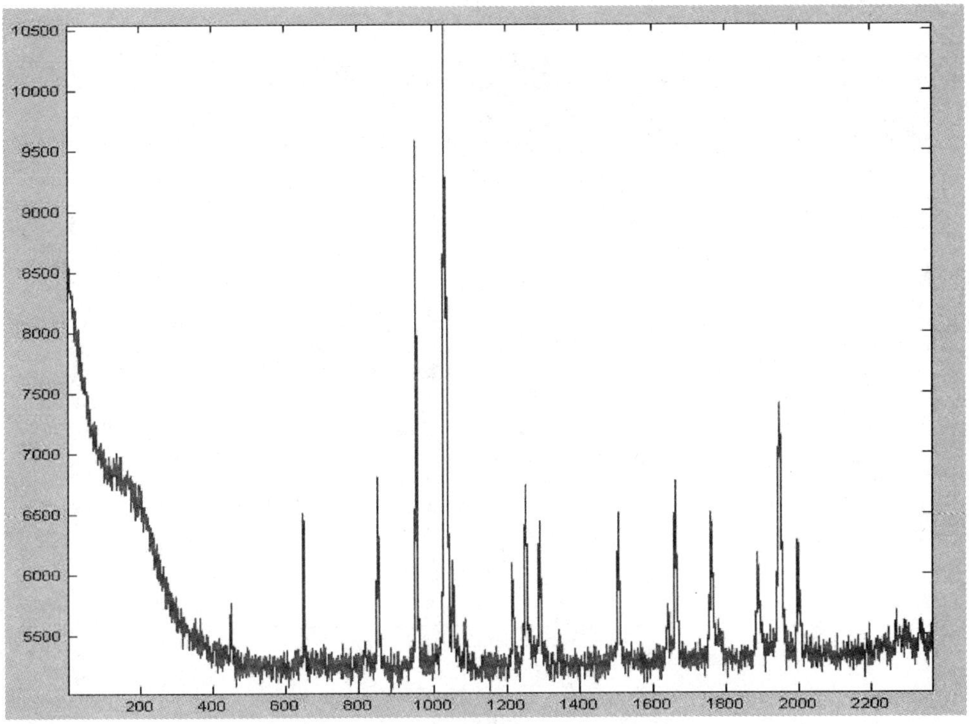

图 5-17 滤噪前后合并图谱

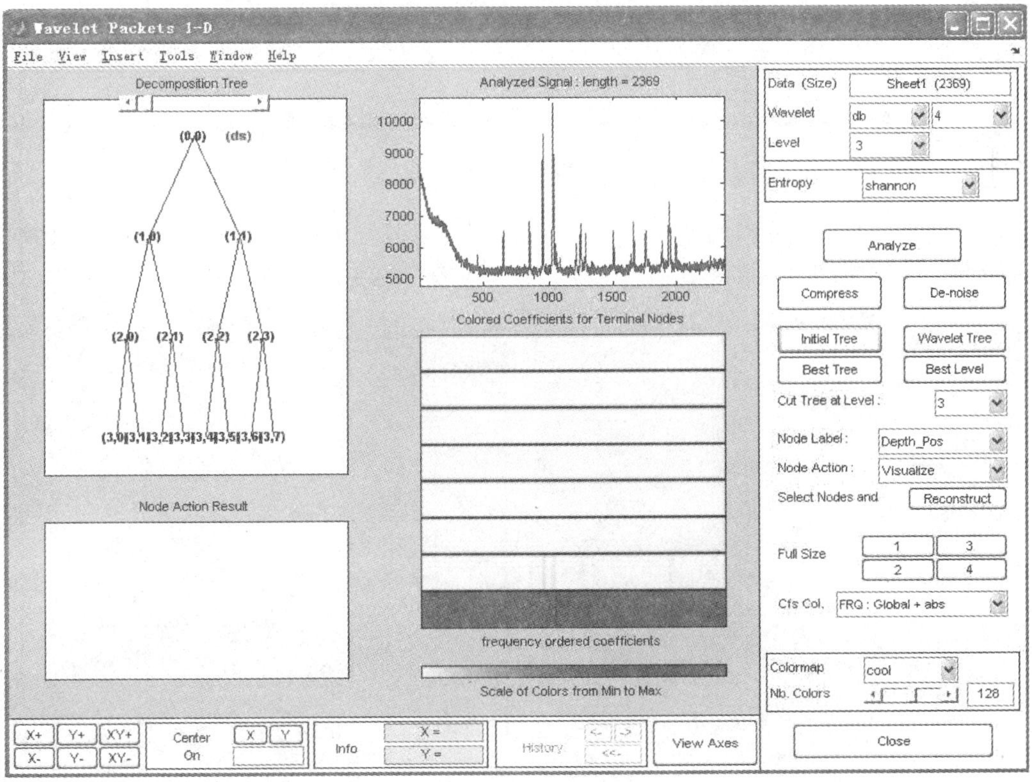

图 5-18 小波包分解

得图 5-19。图中显示的去噪效果与一维离散小波变换一致。

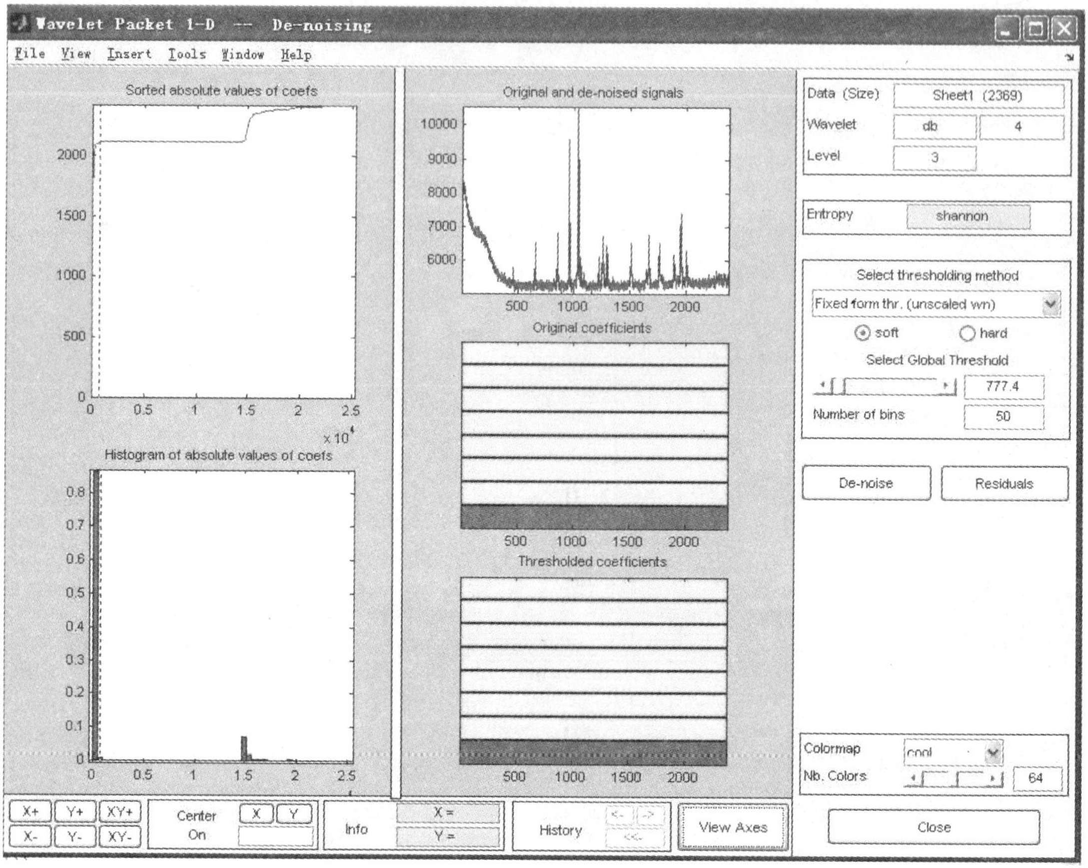

图 5-19　小波包去噪

如果需要观察小波变换的变化情况三维图,则可将其作 1 ~48 尺度的离散小波变换,选择 db4 小波,可得图 5-20 和图 5-21 的随尺度变换信号的变换趋势。

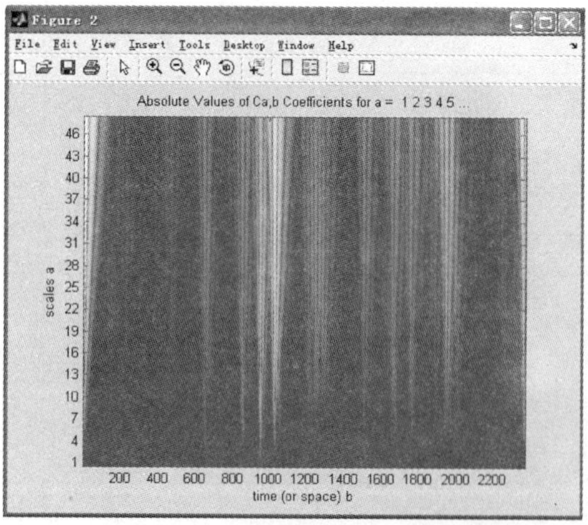

图 5-20　连续小波变换深度图

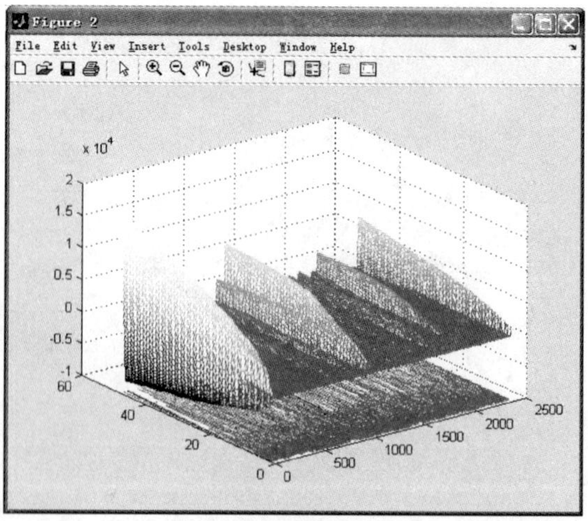

图 5-21　db4 小波的连续变换三维网目图

5.2 小波变换在铁矿石矿相图形分析的应用

矿物学是研究矿物的化学组成、内部结构、外表形态、物理性质和化学性质及其在地质作用过程中形成和变化的条件等诸方面的现象和规律,包括它们相互内在联系。近年来,随着铁矿石贸易形势的变化,进口铁矿石的品质也开始参差不齐。为保护我国的环境安全、提高铁矿资源的综合利用水平、维护诚信公平的贸易环境、反欺诈,利用矿物分析技术建立进口铁矿石非铁矿类夹杂物图库以监控进口铁矿石品质已日显重要❶。

5.2.1 铁矿石矿物鉴定介绍

5.2.1.1 铁矿石矿物鉴定的目的

我国涉及环境保护的法律法规有多部,与进口有关的有《中华人民共和国固体废物污染环境防治法》等,在《国家限制进口的可用作原料的废物目录》中就包含有进口铁矿石所含夹杂物,如第二类冶炼渣,即冶炼钢铁所产生的熔渣、浮渣(包括钒渣等)、氧化铁皮及其第六类贱金属及其制品的废碎料,如铸铁废碎料、不锈钢废碎料、其他合金钢废碎料、镀锡钢铁废碎料,以及车、刨、铣、磨、锯、锉、剪、冲加工过程中产生的钢铁废料,未列名钢铁废碎料(含废铁轨、废钢轨等)、供再熔的碎料钢铁锭等。进口此类物质需要国家环保总局的特别审批,海关凭国家环保总局签发的《进口废物批准证书》和口岸所在地检验检疫机构的检验合格证明验放。

5.2.1.2 铁矿石矿物鉴定方法

对铁矿石样品进行切片、磨片或者注胶、切片、磨片。磨制矿石光片是个重要步骤,矿石光片的磨制质量对于鉴定矿物及观察矿石组构等有很大的影响。对疏松的矿石标本要用松香和树胶等进行胶固,对散粒的矿粉或矿砂等须用火漆、电木粉、石膏和环氧树脂等胶固,压铸后即可直接磨制。许多矿物材料都有裂纹、孔洞和气孔等缺陷,此类材料必须进行真空包埋,以确保树脂浸渍整个试样。通过建立矿物显微影像的视域选择方法及灰度设定规则,可以对采集到的矿相图进行分析,具有图像采集、图像处理、图像拼接、图像运算、区域选取、尺寸标定、目标分析、荧光定量分析等功能,可自动计算各种矿物的体积总数。需要设备有偏光及反透射显微镜(见图 5-22)、图像分析软件、切片磨片机、真空注胶装置、磨样机等。

5.2.1.3 非铁矿类夹杂物矿相辅助鉴定图库的建立

我国已在宁波、天津、京唐港等多个口岸多次发现进口铁矿石夹杂氧化铁皮、烧结碎粒、燃料碎粒、冶金渣等非铁矿类夹杂物,有些船次已作退运处理。因为矿物鉴定不像元素分析那样具有唯一性,矿物鉴定需要鉴定人员拥有深厚的知识沉积和丰富的判别经验,同时矿物鉴定结果有时也具有一定的偶然性,因此不同鉴定人员鉴定结果不一定完全一致。矿物鉴定也不像金相鉴定有标准的金相图库,因此建立一套统一的鉴定规程和一致的参考图库可以大大提高鉴定人员的鉴定能力,缩短与丰富经验人员的技术水平差距,降低鉴定误差。通过研究天然内外生铁矿石、变质铁矿石的矿物结构,烧结矿矿物组成及显微结构、球团矿矿物组成及显微结构,矿产及钢铁工业废料的种类、结构等,利用矿相显微镜结合图形分析软

---

❶ 本项目参与人员为应海松、陈贺海。

图 5-22 莱卡矿相显微镜

件,建立矿物鉴定方法与规范及非铁矿类矿物、尾矿、冶金渣、烧结碎粒、钢铁工业废弃物等物质的参考矿物图库,并计算矿物体积含量。为方便判别矿相图的矿物,利用小波技术建立参考矿物图库的索引系统,可以快速检索需要的参考图,用参考矿物图已知的矿物灰度、形状、纹理,参考断定未知的矿物。

5.2.2 小波图像检索

5.2.2.1 小波图像检索原理

数字图像文件格式有 BMP、PCX、JPEG、TIFF、TGA、XDW、HDF 等,Matlab 支持的图像包括索引图像、RGB 图像、二进制图像、灰度图像。以索引图像为例,索引图像包括图像矩阵与颜色图数组,其中颜色图是按图像中颜色值进行排序后的数组,而每个像素,则图像矩阵包含一个颜色图数组中索引的值。颜色图为 m(行) ×3 的双精度值矩阵,各行分别为指定红(R)、蓝(B)、绿(G),R、B、G 均为值阈[0,1]上的实数。图像矩阵与颜色图的关系取决于图像矩阵是双精度类型还是五符号 8 位整数(unit8),如果属于前一种,则第一点的值对应于颜色图的第一行,第二点的值对应于颜色图的第二行,依此类推。如果是后一种,且有一个偏移量,则第 0 点的值对应于颜色图的第一行,第 1 点的值对应于颜色图的第二行,依此类推。在 Matlab 中,为方便表示图像,采用有序的实数和复数组成矩阵结构,小波工具箱只能支持实数。图像中的像素是图像显示的基本单元,也是图像矩阵中的一个元素,通过一般矩阵的下标,能从图像矩阵中非常容易选取一个像素,如 K(5,20),即表示图像的第 5 行、第 20 例的像素值。一个典型的色彩图需要两个矩阵表示,即颜色图和图像矩阵,图像矩阵的元素是浮点整数,Matlab 将图像矩阵的元素作为双精度型数值存储。对于一个包含 n 个颜色的图像,它的颜色矩阵是 $n\times3$,因此颜色矩阵的每一行都是 1×3 的向量,即等于 R、B、G,分量分别代表红、绿、蓝三色,且 R、B、G 分别为 0 ~ 1 之间的实数,当一个数字图像导入 Matlab 时,上述值会转换为相应的颜色显示,也就是说,当 Matlab 显示索引图像时,会将图像矩阵中的值在颜色图中查找所需的颜色。另如灰度图像,在 Matlab 中,灰度的数据结构也是矩阵,矩阵中每一元素代表一个像素,同上述索引图像一样,它也可是双精度类型或 unit8 类型,其值阈或数据范围分别为[0,1]及[0,255],矩阵中某个元素也代表不同的亮度及灰度级，黑色用亮度 0 表示，白色用亮度 1 表示。正因为图像的像素可以用数字表示，因此也为检索图像创造了条件。

5.2.2.2 索引图像的小波分解

利用小波工具箱的 GUI 界面可以处理单调变化的颜色，由于小波不能处理非线性单调变化的颜色图，因此也可将彩色索引图转换为灰度索引图像，具体转换方式为：

I = ind2gray(X,MAP)，意指将具有颜色图 MAP 的图像 X 转换成灰度图像，X 可以是双精度类型或 unit8 类型，但 I 仅为双精度类型。

Matlab 读取图像的函数为：imread，如读取 BHI. jpg，则代码为：

```
imread('BHI. jpg')
```

以二维小波离散分析为例，利用 GUI 界面进行小波分解变得十分方便，可在小波工具箱主菜单单击“二维小波”打开二维小波分析的图形工具，执行 File→Load→Image 指令装载图像，如 BHI. jpg，然后选择 haar 小波进行两层分解，单击“分析”，并选中需显示分解的图，得分解结果(图 5-23)的界面。被装载的图像自动转换为灰度图像。

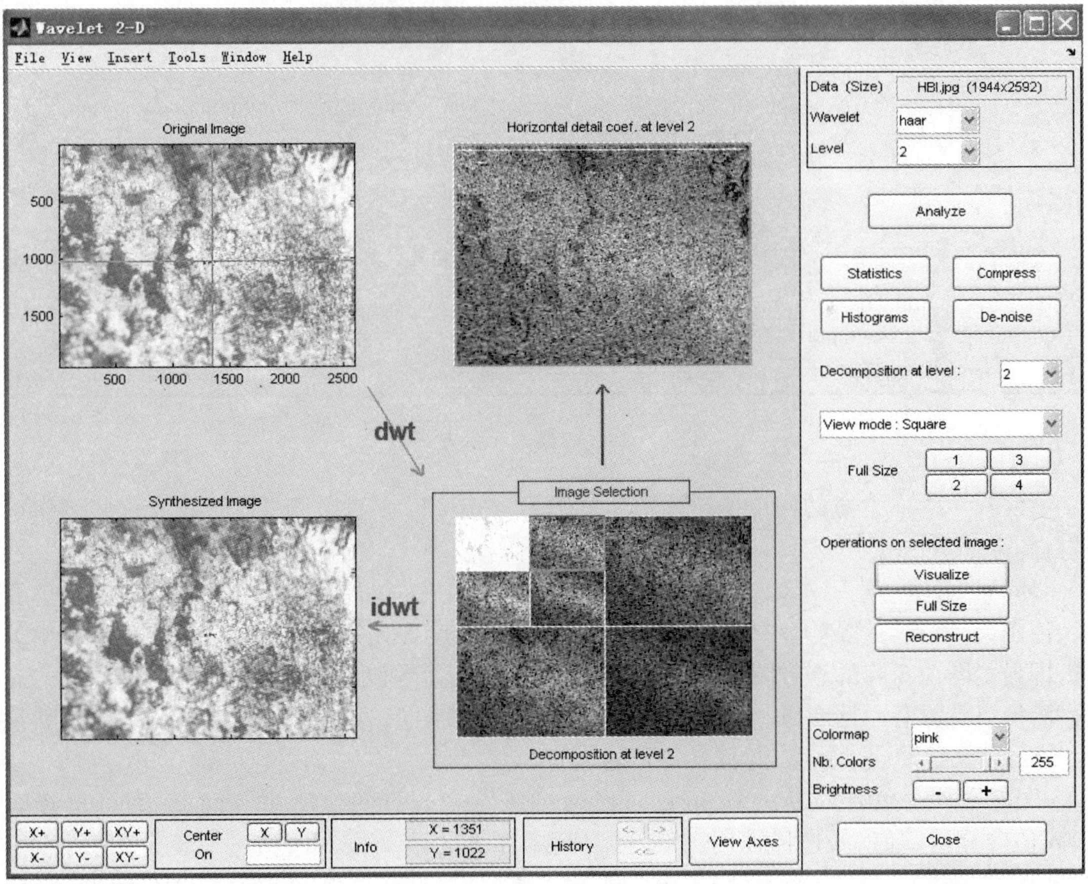

图 5-23 图像小波分解界面

图 5-23 是默认 View mode：Square，如果选择 View mode：Tree，则会显示图 5-24 的界面。在图 5-23 界面，右侧的“Full Size”中 1、2、3、4 四个按钮分别显示原始图、选择

图、重构图、分解图。右偏下的“Operation on selected image”可分别选择可视化、全尺寸、重构。

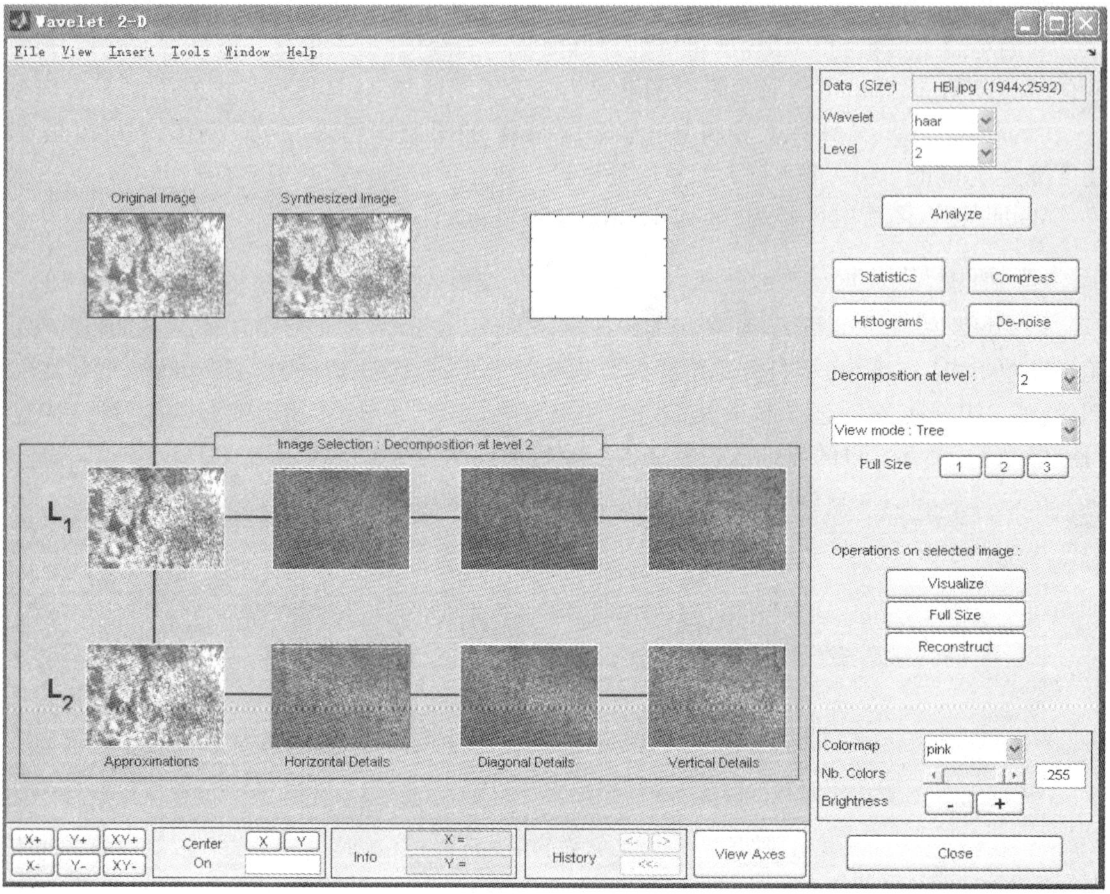

图 5-24　树模式显示方式

在图 5-23 右上方的四个按钮分别为“统计”、“压缩”、“直方图”、“去噪”，这些按钮可进行图像分析。

Matlab 可以对索引图像进行分析，索引图像矩阵中每一个元素的值对应该点的颜色亮度，值越大，该点亮度越大。统计功能分别显示某层亮度像元素与该层亮度值出现的频率关系，即显示图像矩阵的直方图及累积直方图，并将相关参数以文本形式显示在窗口左下方。另外，窗口右方有原始图像、合成图像、低频图像、细节图形的单选按钮，柱条显示数(默认为 50)，以及统计启动按钮，见图 5-25。

图像文件一般有许多冗余，因此可以通过压缩来节省图像所占空间，压缩可选择全局阈值和分层阈值，如选择全局阈值，可以利用界面的滚动条对阈值进行设定，然后点击“压缩”按钮进行压缩，见图 5-26，还可以选择残差观察残差结果。对图像分解后，可计算显示原始图像、重构图像、图像分解的低频和高频部分的直方图，见图 5-27。一个含噪图像的噪声主要分布在高频部分的水平、垂直、对角三个方向，在进行阈值设定后进行“去噪”，见图 5-28。

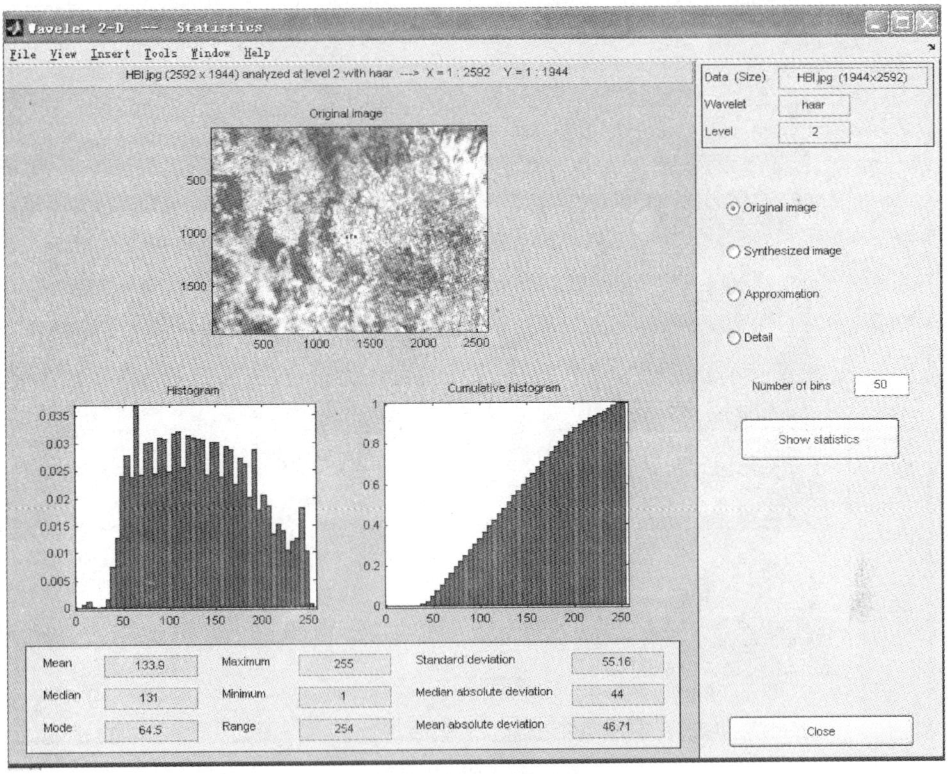

图 5-25 统计界面

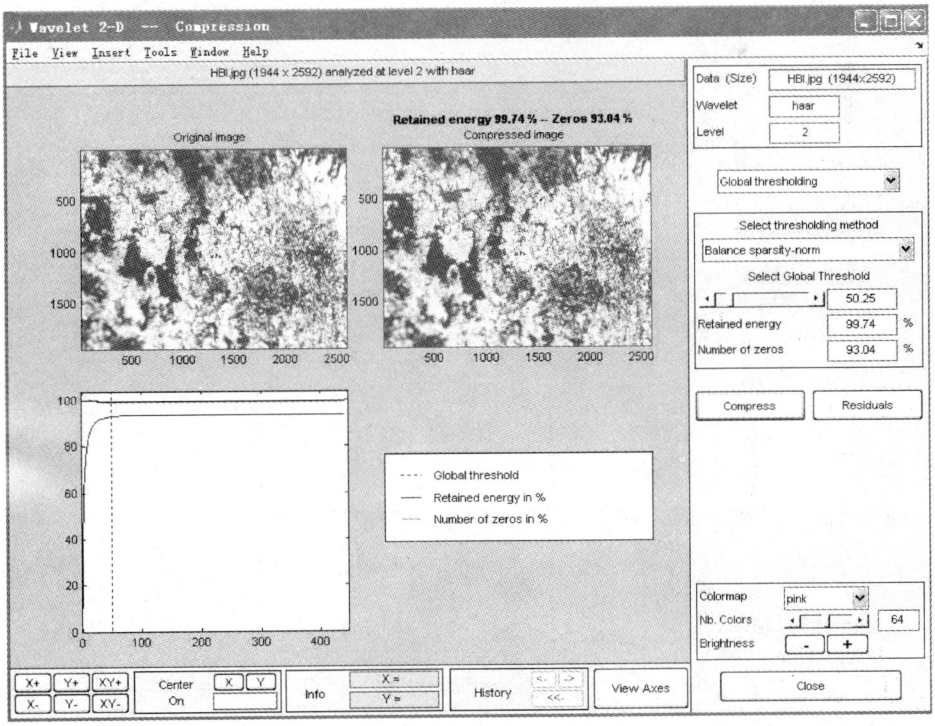

图 5-26 压缩界面

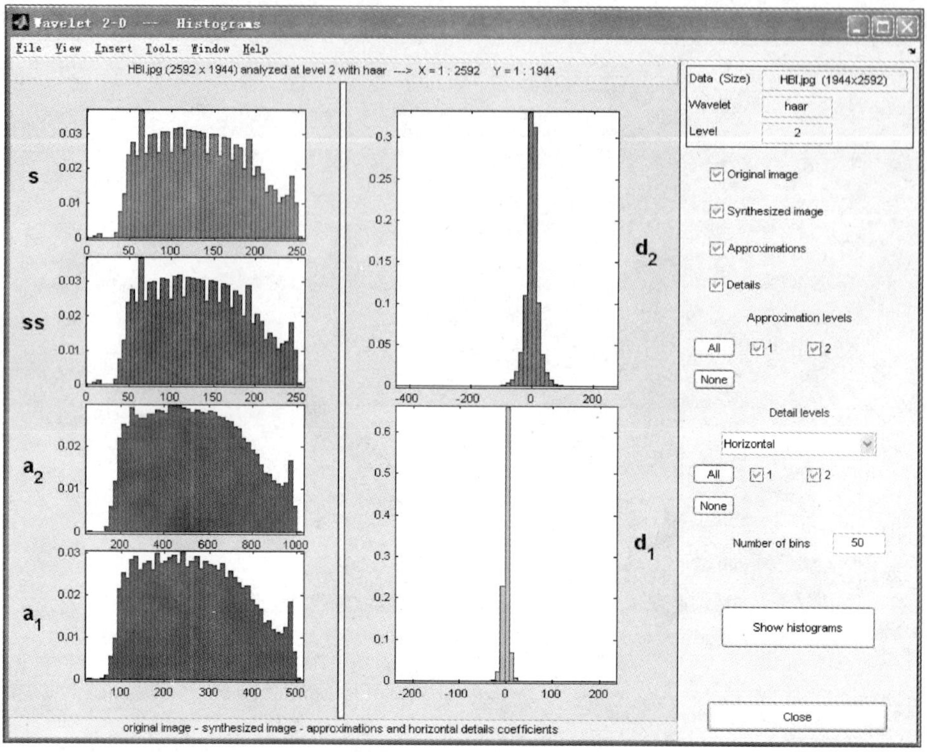

图 5-27　直方图界面

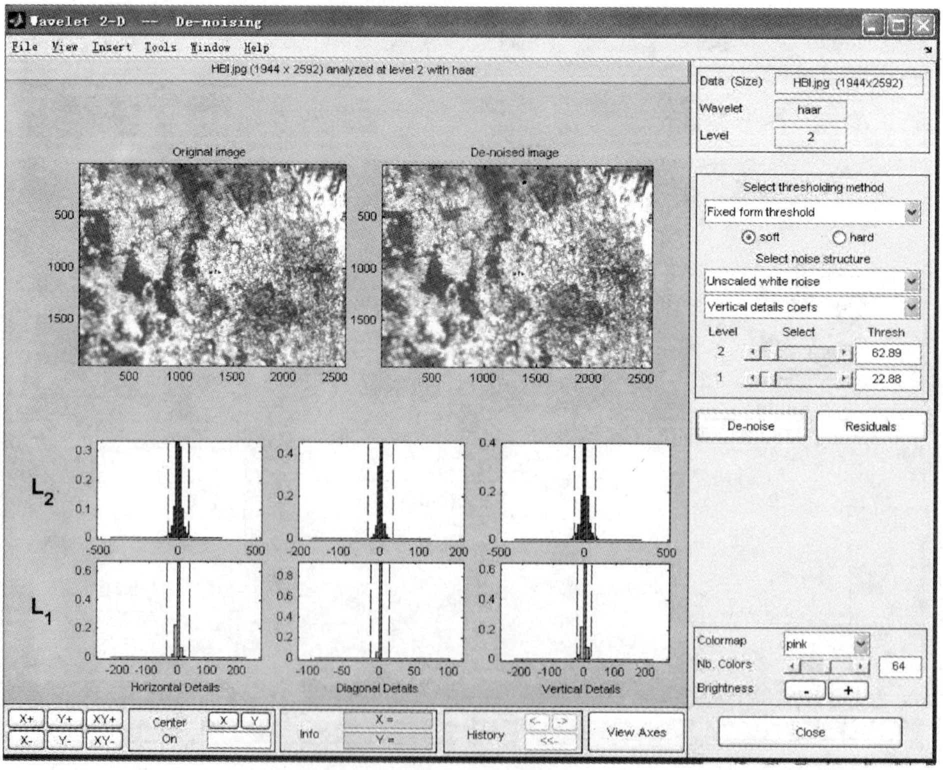

图 5-28　去噪界面

5.2.2.3 矿相图像的索引

A 人工索引

如果需要查阅矿相图某一区域的颜色或灰度信息，可以在二维小波分析界面“View”菜单打开“Figure Toolbox”，得图形工具条。其中“Data Cursor”为显示选中区域的相关信息，“Insert Colorbar”为在图像右侧增加颜色条（见图5-29）。单击工具条的Data Cursor，然后将鼠标光标置于需要显示信息的取样，如图5-29所示的金属铁取样，单击，图中会出现一个小黑框并伴随出现一个描述坐标、颜色索引、RBG代码的信息框，通过这些信息可以对照已知矿物的灰度或颜色，进行未知矿物的判定。

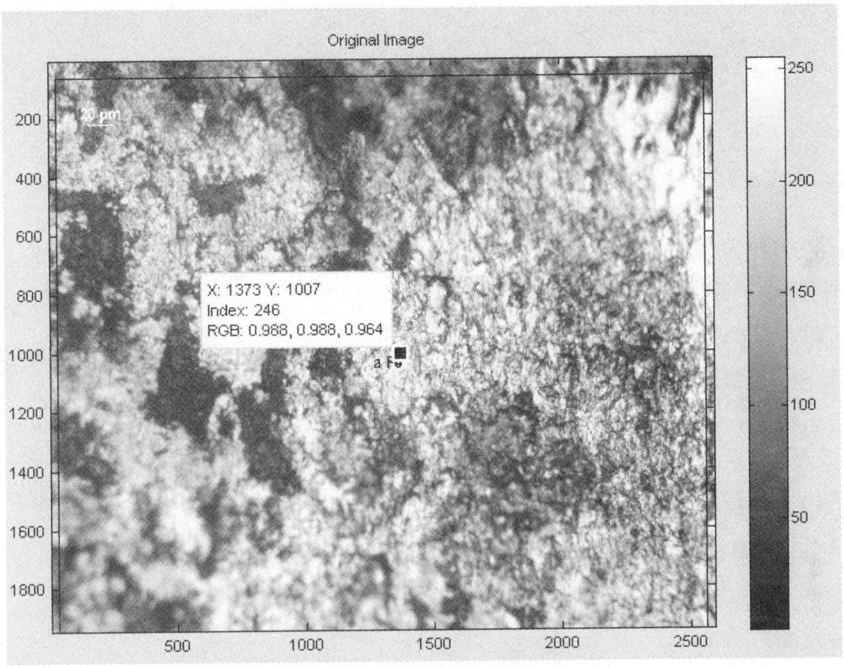

图5-29 “Data Cursor”显示界面

B 基于颜色、纹理、形状特征的图像检索

与金相图一样，图中矿物目标的个体并非彼此独立，而是重叠粘连或与背景、目标难以分割的图像，因此需利用图像的某些特征用作图像检索，如图像区域的亮度、边缘的轮廓、纹理、颜色、形状等，将这些特征经过变换、测量、计算，得到图像的直方图或矩等参数，并将这些参数提取后进行计算机图像检索的再次程序开发。

颜色是图像的一个重要特征，它对图像的大小、方向、旋转都不敏感，具有一定的稳定性。颜色特征可以用直方图进行描述，直方图的横坐标表示颜色的等级，纵坐标表示某颜色等级的该颜色像素在整幅图像中所占的比例，值越大表示该颜色在图像中所占面积越大。对于灰度图像来说，RGB是一种广泛被采用的颜色参数。由于图像的形状很难从图像背景中分离，因此对于寻找那些对平移、缩放、旋转都不变的几何特征的形状检索，并不是非常容易。纹理在局部可能体现出不规则性，但在整体上却表现出某种规律，以往基本上采用频谱法、统计法和结构法提取纹理规律。将分形、多重分形技术与纹理分析相结合，可以提高图像特征的提取能力，因为不同的纹理对应相似的分形维数，具有相似分形维数有可能是不同形状的图像，分形理论可以从图像整体揭示图像全部的本质，而忽视图像的局部特征，多重分形在不同的区域呈现不同的标度特性，可以更全面地从系统局部出发研究最终的整体特性，因此分形既可体现整幅图像的全局和局部特征，又包含高低频子图像的细节信息，有利于正确检索。

分形理论可以采用差分盒维数方法，该方法的思路为：

数字灰度图像可看作三维空间的一个曲面 $Z=f(x,y)$，(x,y) 对应于图像中各像素的位置，Z 代表对应点的灰度值。将一幅 $M\times M$ 大小的图像分割成 $\delta\times\delta$ 子块，$1<\delta<M/2$。(x,y) 平面被分割成许多 $\delta\times\delta$ 网格，每个网格的轴方向由一列 $\delta\times\delta\times\delta$ 的立方格组成。设第 (i,j) 区域的最小与最大灰度值分别为 k 和 l，则覆盖第 (i,j) 网格所需的盒子数为：

$$d_\delta(i,j)=(Z-k+1)/\delta$$

对于所有边长为 δ，覆盖整幅图像所需的格子非空的盒子总数 N_δ 的计算公式为：

$$N_\delta = \sum_{i,j} d_\delta(i,j) \tag{5-2}$$

对于不同的 δ 值，由式 5-2 可以求得一组点 (δ_i, N_δ)，$i=1,2,3,\cdots,m$，$\lg N_\delta$ 与 $\lg\delta_i$ 呈线性关系，利用最小二乘法对这组点进行线性回归即可得到直线的斜率，斜率取负就是图像曲面的分形维数 D，即：

$$D = -\lim_{\delta\to 0}\frac{\lg N_\delta}{\lg\delta} \tag{5-3}$$

不同的纹理可能对应相似的分形维数，计算分形维数的近似算法为：先将奇异指数 α 定义为 $\lim\limits_{i\to 0} u_\delta(x)\approx 0$，其中 $u_\delta(x)$ 表示一定半径的圆形区域内灰度为 x 的像素点的分布情况。在实际应用中，将 $M\times M$ 的图像分割为 $\delta\times\delta$ 的子块，令：

$$u_\delta(x,j)=[d_\delta(i,j)]/N_\delta \tag{5-4}$$

定义配分函数为：

$$x(q,\delta) = \sum_i \sum_j \{u_\delta(i,j)\}^q \approx \delta^{\alpha(q)} \tag{5-5}$$

该函数通过学习所有 q 阶矩阵，计算分布函数的奇异点，$\alpha(q)$ 定义为小 δ 情况下，$x(q,\delta)$ 的变化情况。广义分形维数 $D(q)$ 为：

$$\begin{cases} D(q)=\dfrac{1}{q-1}\lim\limits_{\delta\to 0}\dfrac{\ln x(q,\delta)}{\ln\delta} & q\neq 1 \text{ 且 } q\in N^+ \\ D(q) = -\lim\limits_{\delta\to 0}\dfrac{\sum\limits_i u_\delta(i,j)\ln u_\delta(i,j)}{\ln\delta} & q=1 \end{cases} \tag{5-6}$$

就纹理分析而言，零阶广义维数 $D(0)$ 即为分形盒维 D，它表示了一个集合对空间的充满程度，对于纹理图像，它反映的是纹理的粗糙度。高阶维数 $D(q)$ 反映了分形集中点的聚集程度，相应于纹理则反映了其中不同尺寸不同聚集程度的纹理元的分布情况，即 $D(1)$ 为信息维数，而 $D(2)$ 则为相关维数。由此可知，维数 $D(q)$ 实际上包含了分形理论所涉及的全部维数，并且扩展了分形理论的内涵。

C 小波变换与特征提取

图像数据其实是二维数据阵列，用小波变换可对阵列的每一行进行变换，先采用小波分解树对图像信号的高低频部分进行连续分解，可以得到高低频率的许多分辨率较低的高低频分量（见图5-23）。图像小波分解后的低频部分对应于图像的轮廓，可以提取其系数对应的均值和方差即可。一般小波变换可以采用db3小波进行三层变换，图5-30为三层小波分解示意图。可得一个十维的特征矢量，这对纹理特征的提取非常有用。颜色特征的提取可采用颜色直方图，它是一种一维离散函数，它可以在采用db3小波进行纹理分解后的低频区进行颜色直方图提取。

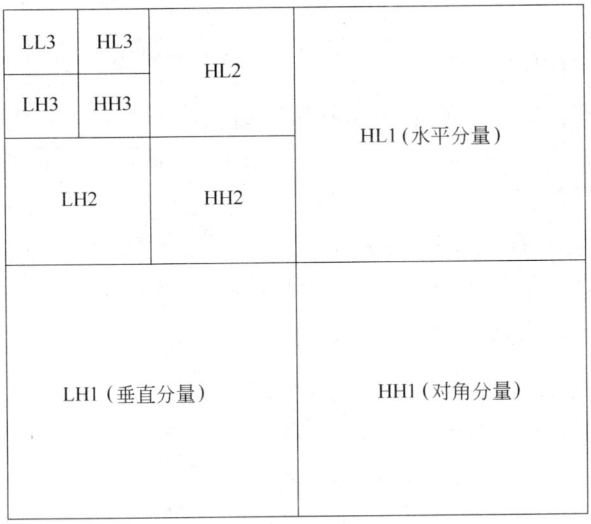

图5-30 三层小波分解示意图

D 检索

图像检索是一个模糊查找过程，通常可利用两幅图像之间的相似性度量方法对其特征向量之间的距离进行测算，如采用欧氏距离进行相似性计算，欧氏距离的计算公式为：

$$L_{ij} = \sqrt{\sum_{k=1}^{m} (\boldsymbol{u}_{ik} - \boldsymbol{u}_{jk})^2} \tag{5-7}$$

式中 L_{ij}——两幅图像间的欧氏距离；

$\boldsymbol{u}_{ik}$——第一幅图像的特征矢量；

$\boldsymbol{u}_{jk}$——第二幅图像的特征矢量。

具体检索方法可以开发一套检索软件，建立一个专家系统，该软件包含一套内容丰富的铁矿石及其常见非铁矿类物质的矿相图，以及与这些矿相矿物相关的特征参数数据库，为防止不同矿相图的相同矿物块的颜色或灰度的一致性，图库的数据需要归一化处理。当需要检索查询某一未知矿相图时，首先提取未知矿相图的特征参数，如纹理、颜色等，将这些参数与数据库的参数相对照，并比较两者的相似度，最后得出结论。

5.2.3 铁矿石矿物的图像边缘提取

5.2.3.1 原理

通过铁矿石矿相图中矿物块的边缘界定，可以计算出边缘包围的面积，由此可以粗略估算某种矿物的含量（体积分数）。边缘界定的手段为：利用图像灰度突变特征，即利用图像局部特征的不连续性，可以这样认为：图像灰度是从一个区域的结束，并从另一个区域的重新开始。图像边界通常是矿物块的轮廓，在进行矿相图中矿物块的边缘界定前，首先要对原图像中的干扰噪声进行滤除。主要利用小波系数的模极大值进行界定。

5.2.3.2　小波边缘界定

基于小波变换的边缘界定原理为：对于函数$f(x)$的小波函数定义为$W_s f(x) = <f, \Phi_s>$，其中$\Phi_s(x)$表示函数$\Phi(x)$在尺度因子s的伸缩，称为小波，即函数$\Phi_s(x) = \frac{1}{s}\phi\left(\frac{x}{s}\right)$称为基小波，满足条件$\int_{-\infty}^{+\infty}\phi(x)\mathrm{d}x = 0$。小波变换是一种线性变换，同时具有时间定位和频率定位特性，这种“多分辨”特性特别适用于图像的边缘检测。对于函数或信号$f(x)$的小波函数$W_s f(x)$在尺度s下，在x_0的某一邻域S，对一切x有$|W_s f(x)| \leqslant |W_s f(x_0)|$，则称$x_0$为小波变换的模极大值点，$W_s f(x_0)$为小波变换的模极大值。小波变换的模极大值与信号突变点是一一对应的，而在图像中这些突变点常位于重要结构的边缘部分，以往的边界检测都是在原图像上，只在一个尺度进行，采用基于小波的边界检测方法可以得到好的效果。

对于二维图像$f(x,y)$，选择合适的小波函数：

x方向
$$\psi_{2^j}(x,y) = 2^j \frac{\partial\theta_{2^j}(x,y)}{\partial x} \tag{5-8}$$

y方向
$$\psi_{2^j}(x,y) = 2^j \frac{\partial\theta_{2^j}(x,y)}{\partial y} \tag{5-9}$$

式中，j为尺度函数；$\theta_{2^j}(x,y)$为一光滑函数。$f(x,y)$在x、y方向的小波变换为：

$$\begin{bmatrix} W_{2^j}^1 f(x,y) \\ W_{2^j}^2 f(x,y) \end{bmatrix} = 2^j \begin{bmatrix} \frac{\partial}{\partial x} f^* \theta(x,y) \\ \frac{\partial}{\partial y} f^* \theta(x,y) \end{bmatrix} = 2^j \ \nabla(f^* \theta_{2^j})(x,y) \tag{5-10}$$

式中，$2^j \ \nabla(f^* \theta_{2^j})(x,y)$相当于一个梯度向量。

幅角
$$A_{2^j} f(x,y) = \arctan\left|\frac{W_{2^j}^2 f(x,y)}{W_{2^j}^1 f(x,y)}\right| \tag{5-11}$$

模
$$M_{2^j} f(x,y) = \sqrt{|W_{2^j}^1 f(x,y)|^2 + |W_{2^j}^2 f(x,y)|^2} \tag{5-12}$$

模的极大值对应图像的边缘位置，选择某一阈值以除去较小的模极大值，将相近的模极大值和相近的幅角极大值点连接起来得到边缘链，选一链长阈值以滤除噪声点，即可得到图像的边缘。

5.2.3.3　图像边缘提取程序

程序如下：

(1) 原图像的噪声滤除，可利用二维离散小波的噪声滤除功能；

(2) 用高斯－一阶导数为小波函数进行边缘检取；

(3) 分别对图像$f(x,y)$的x、y方向进行小波变换，进行卷积和平滑；

(4) 计算幅角和模；

(5) 选取极大值的阈，首先利用式5-12的结果、模极大值的阈值选择并折合成灰度级值；

(6) 检测模极大值，在不同的幅角范围内检测模极大值，幅角$-\pi/2 < \theta < \pi/2$；

(7) 选择链长,一般取 4 ~ 7;

(8) 连接边缘链。

5.2.3.4 实例

利用上述方法对某一矿相图进行边缘检测,得到边缘检测前后的图,见图 5-31 和图 5-32。根据图 5-32 的结果,可以进一步计算检取边缘范围内的面积,即得该矿相图中磁铁矿的体积分数。具体方法为将图 5-32 的磁铁矿灰度形成的直方图范围进行累积,如将灰度级 88 ~ 108 的参数进行叠加,得 9% 的结果,也就是说,该矿相图中磁铁矿矿物的体积分数为 9%。

图 5-31 边缘检测前的含磁铁矿矿相图

图 5-32 边缘检测后的含磁铁矿矿相图

5.3 小波分析在热重分析的应用

热分析是矿物学分析的重要技术,差热和热重分析可以用来鉴定矿物,推测矿物的结构特征,还可对矿物含量进行半定量、定量分析。在铁矿石领域,差热和热重分析主要应用于铁矿石矿物鉴定、各种水分测定、灼烧减量等❶。

5.3.1 热重分析原理

5.3.1.1 原理

热分析技术是一种在程序温度(指等速升温、等速降温、恒温或分步升温等)控制下,测量物质的物理性质和化学性质随温度变化的技术。随着电子技术及计算机技术的发展,目前仪器的精度、重现性、分辨率和自动数据处理能力大为提高。利用热重法(TG)、差热分析法(DTA)、差示扫描量热法(DSC)所得到的 TG 和 DTA 曲线,不仅能获得物质受热过程中的失重百分率、物质失重时的起始温度、最大失重速率时的温度,而且还能获得释放或吸收热量的信息,利用所得到的 DSC 曲线,还可获得释放或吸收热量的确切数值、反应过程的表观活化能及反应级数等动力学参数。利用差热分析鉴定矿物主要是将获得的 DTA 曲线与纯矿物的标准曲线比较。目前已有多种 DTA 曲线的卡片索引供使用。

5.3.1.2 仪器

以梅特勒 - 托里多 TGA/DSC1 差热/热重同步分析仪为例说明此类仪器的特点。梅特勒 - 托里多 TGA/DSC1 差热/热重同步分析仪同步进行 TGA 和 DTA 测定,即同步差热

---

❶ 本项目参与人员为应海松、陈贺海。

SDTA，并且把 SDTA 转化为 DSC，得到焓变值，配全自动进样器，可将分解气体同步进行 MS 或 FTIR 联用，进一步鉴定分解产物，见图 5-33。

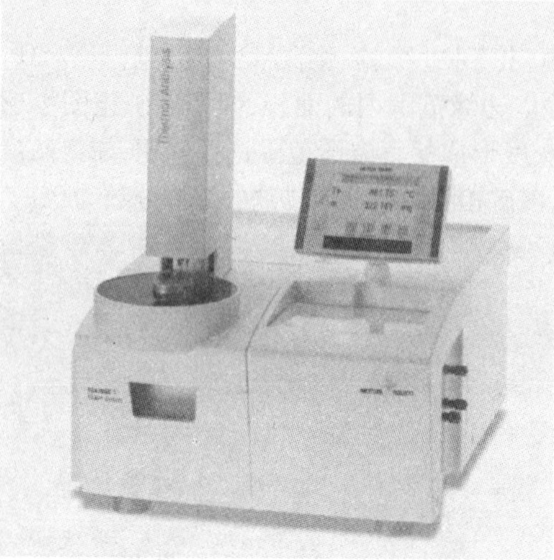

图 5-33　TGA/DSC1 差热/热重同步分析仪

仪器参数为：温度范围为室温～1100℃；温度准确度：±1℃；温度精确度≥0.2℃；温度重复性：±0.2℃；线性升温速率：0.1～1505℃/min；线性降温速率：0.1～20℃/min；冷却方式为水浴槽冷却；天平称量范围 0～1000 mg；天平灵敏度 0.1 μg；最大坩埚容量≥50 μL；分辨率 0.005℃；动态空白曲线重复性：10 μg；传感器为 R 型热电偶（Pt－Pt/Rh13%）量热准确度±2%；工作气氛：氮气。

每种矿物都有一固定的分解温度。当加热到某一温度时，无论是吸热还是放热反应，在差热分析时，都会产生可供利用的特征温度曲线，同时也产生一定的重量差。利用这一差值来求算矿物对应的某一组分含量的方法，称为热重差分析。热重差分析参考差热分析特征曲线所提供的各种矿物所对应的热反应温度，并结合相关的化学性质而选用不同的灼烧温度范围，加上相应的技术措施可以达到良好的测试效果。铁矿石热重差分析可以获得铁矿石矿物中各种水的附存形式，即根据铁矿石矿物差热曲线的特征温度和矿物自身的性质，可以得到游离水、结晶水和结构水的相关信息，以及一些矿物的首次烘干、中间灼烧和末次灼烧温度参数。图 5-34 为某一乌克兰粉铁矿典型高分辨率热重分析曲线。

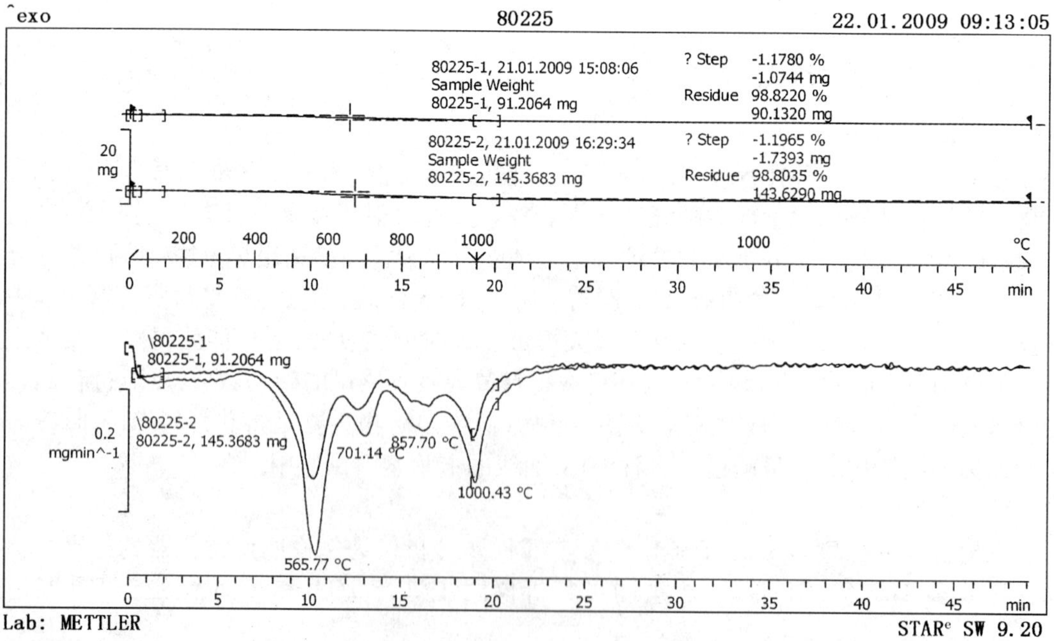

图 5-34　编号为 80225 的乌克兰粉铁矿热重曲线图

5.3.2 信噪分离及导数变换

5.3.2.1 小波变换信噪分离

可以采用一维离散小波变换将铁矿石热重曲线所含的噪声进行滤除,以某一乌克兰进口粉铁矿为例,说明噪声滤除过程。首先打开 Matlab 小波工具箱的一维离散 GUI 界面,然后加载数据,得图 5-35 曲线。

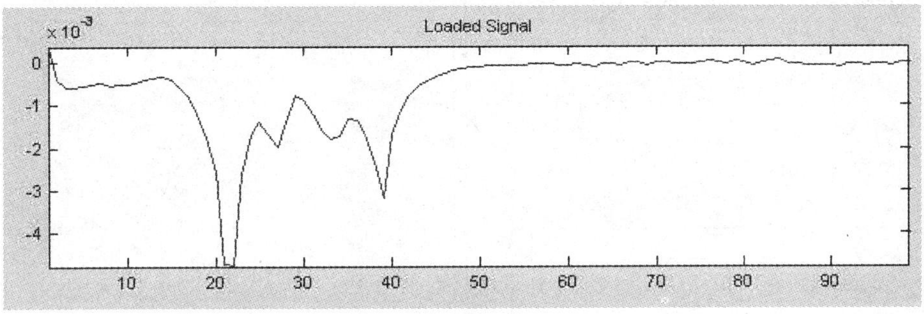

图 5-35 热重曲线

采用 db5 进行 3 层分解,得图 5-36 的分解结果。继续去噪得图 5-37 结果,将原始曲线和去噪后曲线进行比较,观察到滤噪效果良好,见图 5-38。

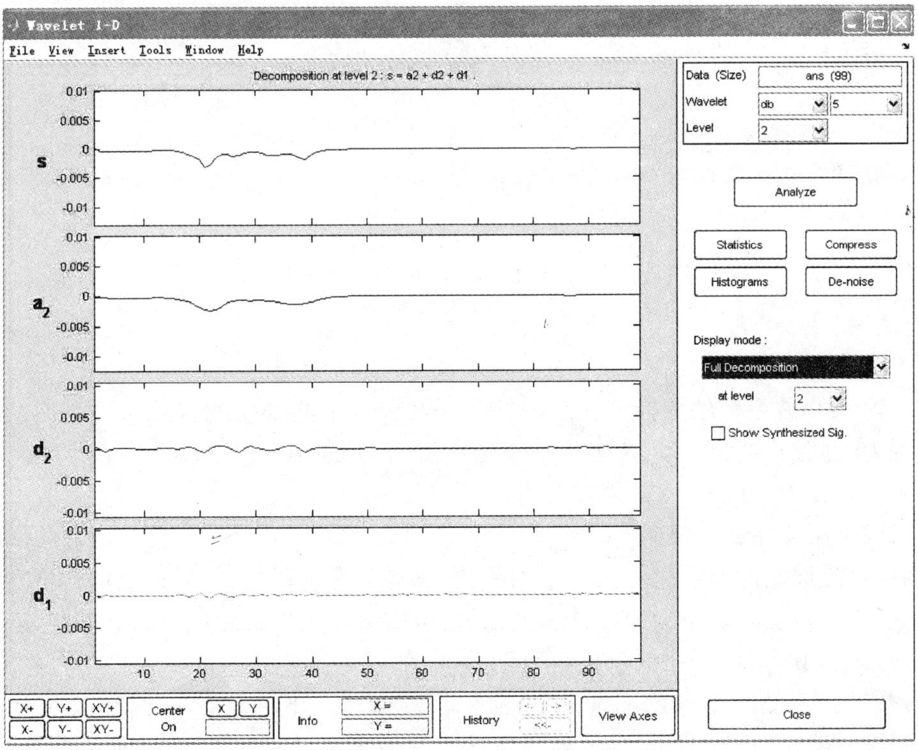

图 5-36 热重曲线小波分解结果

如果欲观察该曲线的一维小波变换,观察范围为尺度 1 ~ 48 的离散小波变换,采用 db4 小波,需要作图,则可以在命令行键入命令:

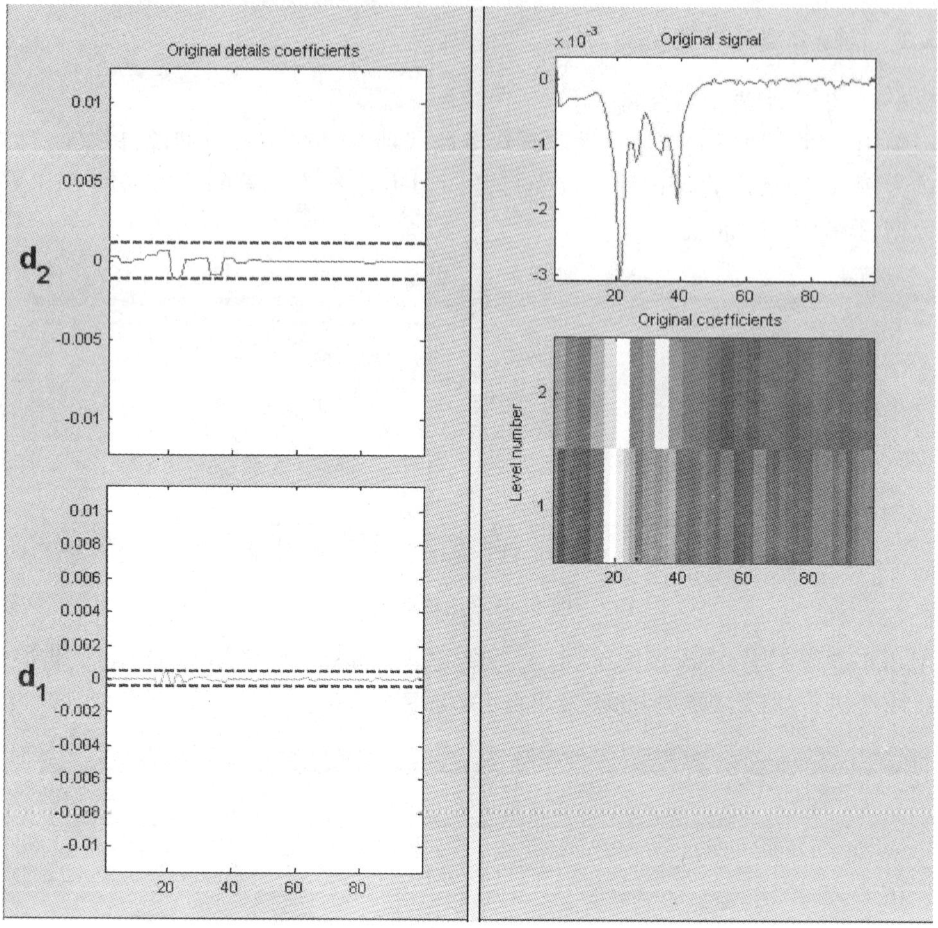

图 5-37 去噪阈值设定

```
>> c = cwt(p,1:48,'db4','plot');
>> meshc(c)
```

图 5-39 为小波系数的变换值深度图,图 5-40 为该小波变换的连续小波变换的三维网格图,X 轴为时间,Y 轴为尺度,Z 轴为小波变换值,该三维图可以观察到随尺度变换的信号趋势。

5.3.2.2 小波导数变换

作为热重最原始的曲线是一条失重曲线,在温度上升过程中,某些矿物的特征参数得以显现。为了使失重曲线能作为定量计算的依据,可以将原始失重曲线进行导数变换,这里可采用第 3 章第 1 节的 Matlab 代码,运行得图 5-41 的结果。

将导数变换后的数据利用 xlswrite( )命令将数据写入 Execl 文件并保存,这些数据可以再次利用。例如,图 5-41 的二阶导数虽然非常清晰地显现出矿物特征失重峰,但在该导数图中,至少有 4 个峰有不同程度的重叠。这里介绍一种重叠峰分离软件,即 Peakfit 软件,该软件能方便地将重叠峰分离,然后分别将分离的峰单独计算峰面积,可得矿物失重的重量。

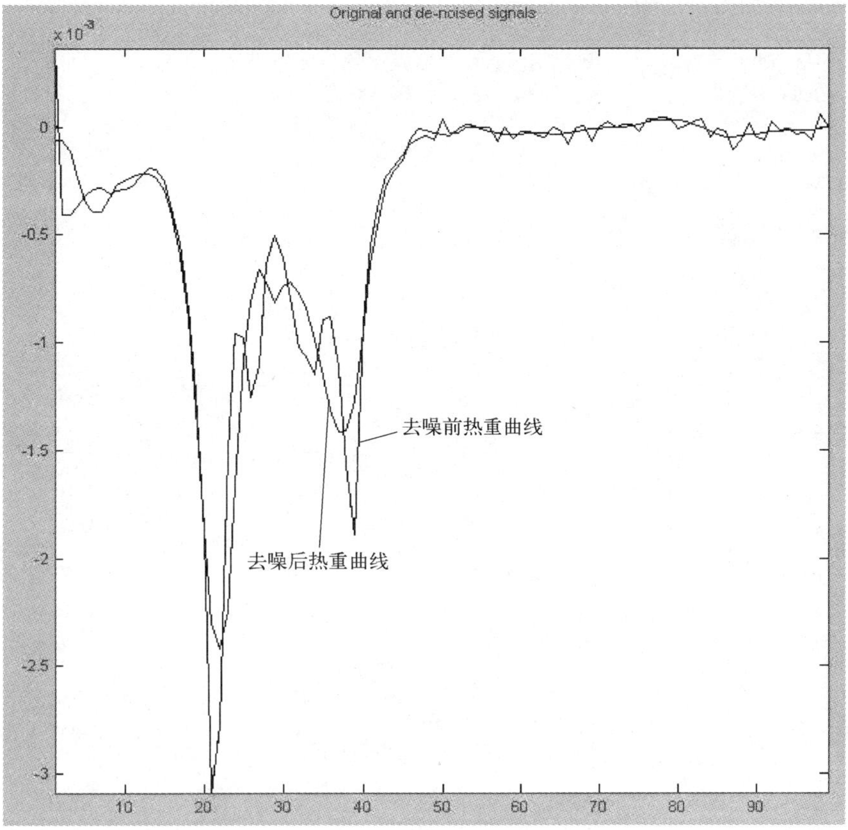

图 5-38 去噪前后热重曲线比较

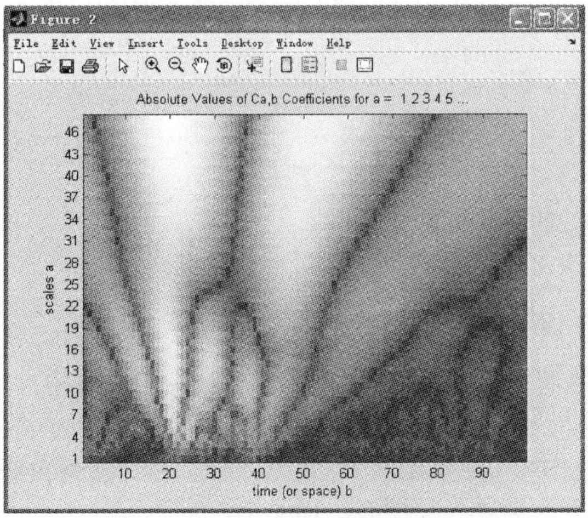

图 5-39 小波系数的变换值深度图

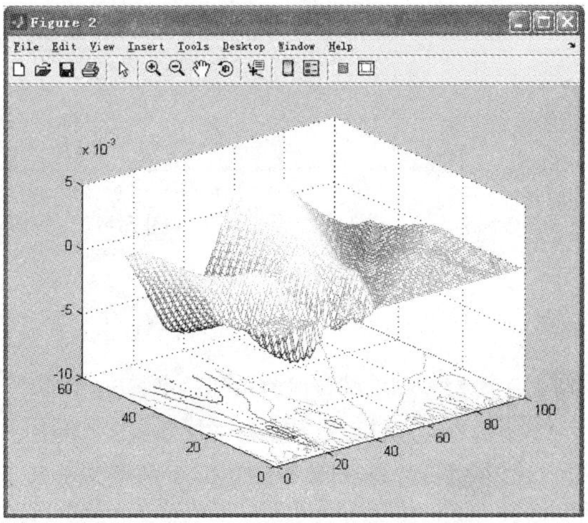

图 5-40 小波变换的连续小波变换

虽然，目前的热重/差热分析仪的软件已含有导数变换、噪声滤除等功能，但作为一种信号数据处理工具，小波变换不失为一种良好的技术。结合 Matlab 的小波工具箱，一切原始的数据曲线的处理均变得非常方便，且可靠性强。

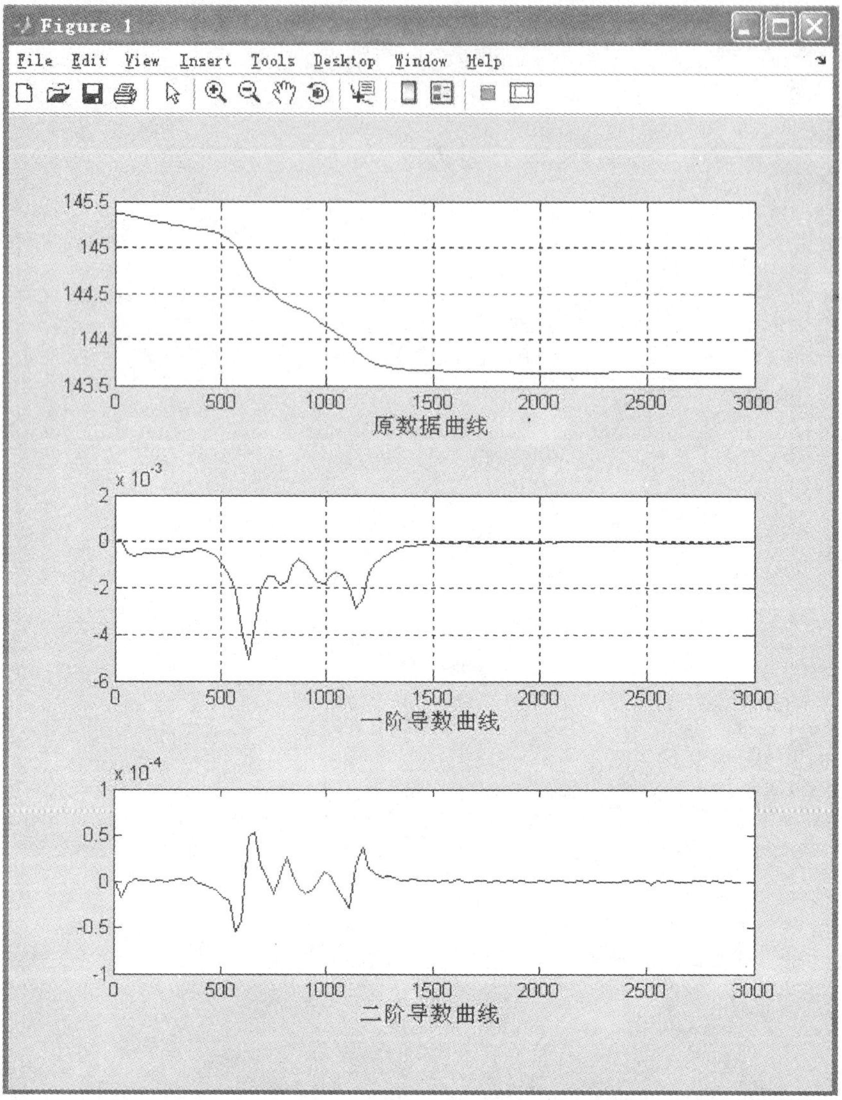

图 5-41　热重曲线的导数变换

参 考 文 献

[1]　应海松,等. 铁矿石检验系列丛书:铁矿石取制样及物理检验[M]. 北京:冶金工业出版社,2007.

[2]　王松青,等. 铁矿石与钢材的质量检验[M]. 北京:冶金工业出版社,2007.

[3]　许东,吴铮. 基于 MATLAB 6. X 的系统分析与设计——神经网络[M]. 2 版. 北京:电子工业出版社,2007.

[4]　葛哲学,孙志强. 神经网络理论与 MATLAB R2007 实现[M]. 西安:西安电子科技大学出版社,2002.

[5]　冶金工业信息标准研究院. ISO/TC102 铁矿石国际标准汇编[M]. 北京:中国标准出版社,2001.

[6]　飞思科技产品研发中心. MATLAB 6.5 辅助小波分析与应用[M]. 北京:电子工业出版社,2003.

[7]　马礼敦. 近代 X 射线多晶体衍射——实验技术与数据分析[M]. 北京:化学工业出版社,2004.

[8]　飞思科技产品研发中心. 小波分析理论与 MATLAB 7 实现[M]. 北京:电子工业出版社,2005.

[9] 徐淑平,等.基于小波变换的图像检索[J].计算机与现代化,2005,11(123):12~14.

[10] 雷伟,等.基于小波分解和分形理论的金相图像的识别[J].理化检验:物理分册,2008,4(44):184~188.

[11] 李艳敏,等.基于小波的小尺寸物体的图像边缘提取方法[J].微计算机信息,2004,12(20):126,127.

[12] 刘振海,等.分析仪器使用与维护丛书:热分析仪器[M].北京:化学工业出版社,2006.

6 小波神经网络在铁矿石检验偏差及差错评估的应用

本章采用神经网络或小波结合神经网络技术探讨铁矿石检验结果的评估，分析结果的评估在分析测试领域十分重要，如何做到在合理的资源条件下，确保分析测试结果的有效、可靠，是分析测试工作者长期追求的目标。从理论上讲，获得绝对正确的分析测试结果是不可能的，我们所要做的工作是尽最大可能使分析测试结果符合实际，使结果尽可能相对准确。有关分析测试结果处理的理论，读者可以阅读本丛书的《铁矿石检验结果的数据处理》。

6.1 聚类分析判断差错

用聚类分析手段判断分析检测差错及其差错的来源、原因是一种行之有效的方法，运用聚类分析需要大量的数据集和可靠的方法，而我国自 20 世纪 80 年代大规模进口铁矿石以来，相关部门已经积累了大量的铁矿石检验的结果，多数结果是以计算机数据库形式加以保存，而这恰恰是进行快速聚类分析所需的必要条件。

6.1.1 聚类分析的基本概念

6.1.1.1 聚类分析原理

聚类分析，顾名思义是研究“物以类聚”的一种方法，即按照对象的定性或定量特征将其分组归类。聚类分析的基本原则为在同一类中的事物比较相似。以分类对象为标准，可将聚类分析分为变量聚类和观测聚类。观察聚类又叫样本聚类，它是根据被研究对象的总体特征把观测进行分类。变量聚类指对描述的变量进行归类，使得每一类都能代表某方面的特征。研究聚类分析，首先要了解几个概念。

(1) 数据矩阵。

1) 模式、样本和指标。m 个待聚类的样本可用 n 个指标和特征值来描述，这样构成一个 $m\times n$ 的数据集或数据矩阵 $\boldsymbol{X}_{m\times n}$，矩阵的元素为 x_{ij}（为 x_{ij} 代表第 i 个样本[或元素]的第 j 个指标[或变量]的值），即：

$$
\begin{array}{c}
\text{指标} \\
\begin{array}{cccccc} 1, & 2, & \cdots, & j, & \cdots, & n \end{array}
\end{array}
$$

$$
\boldsymbol{X}=\text{样本}\begin{array}{c}1\\2\\\vdots\\i\\\vdots\\m\end{array}\begin{bmatrix}
x_{11} & x_{12} & \cdots & x_{1j} & \cdots & x_{1n}\\
x_{21} & & & & & \\
\vdots & & & \vdots & & \vdots\\
x_{i1} & & \cdots & x_{ij} & \cdots & x_{in}\\
\vdots & & & \vdots & & \vdots\\
x_{m1} & & \cdots & x_{mj} & & x_{mn}
\end{bmatrix} \qquad (6-1)
$$

样本的 i 可以用向量 $\boldsymbol{x}_i$ 来表示：

$$\boldsymbol{x}_i = (x_{i1}, x_{i2}, \cdots, x_{in})$$

这个向量称为样本 i 的模式向量，它描述了第 i 个样本的特征。聚类分析的目的就是要将 m 个样本按照它们的特征模式进行聚类。样本的特征可以用其指标(测量值)描述，指标的特征又可用在不同样本上所测的值来表述。

2）测量的标度。分析测试是获得定量指标的主要手段，但在某些情况下，这些分析测量值必须与其他一些具有完全不同特征的测量值或观测数据混合采用，如感觉分析法。在心理学研究和社会研究中，常常采用聚类分析和其他一些多元技术。感觉分析法实际上是心理计量学的一部分，用这些方式获得的指标或参数与分析化学中常见的定量指标具有不同的数学性质。一般来说，指标可以是定性指标和定量指标，定性指标可以用标称标度或顺序标度来衡量。定量指标用间隔标度或算术标度(或称比例标度)来衡量。标称标度在数学意义上是最弱的，采用这个标度得到的唯一信息是一些符号或代码。顺序标度的取值必须是有序的，顺序标度只表示指标可能取值的次序。对于间隔标度和算术标度，采用间隔标度计量的值是定量的，因为两个值之间的距离具有确切的含义。对于算术标度，唯一的附加条件是其“零点”具有绝对意义。算术标度也称比例标度。分析数据大多是浓度数值，因此可用算术标度来衡量。也就是将聚类方法用于分析数据的观点。标称标度、顺序标度和定量等概念的区别对样本之间相似性的评价具有重要意义。在同一模式向量中采用不同标度计量的指标值比较困难，因此最好将标度进行转换，使得计量按照同一标度进行。

3）数据的校正。对于分析数据历来存在的一个问题就是数据的准确度和准确度的评价问题。对聚类分析而言，重要的是误差对聚类过程的影响，而不是单个数据的误差。在无法估计误差的影响而又无法进行校正时，必须注意尽可能避免误差。避免误差的措施之一是仔细考察聚类时数据中的奇异点。在许多情况下，由于样本的一个或几个测量值与“正常值”的偏离较大而被看作奇异点。在这种情况下，尽可能进行重复分析测定，这样可以消除过失误差，但这种做法还不能完全消除误差。在某些情况下，仔细校正可以消除和减少并非由样本之间本身的差别而测出的差异。

4）规范化(归一化)。由于各种各样的原因，原始数据在聚类分析之前需要进行变换，原因是我们要求数据变化的幅度或范围应不影响分类。可以采用原始数据借欧氏距离(见5.1节)先确定样品之间的相似性，然后消除变量变化总幅度的影响。影响的消除可通过各种规范化方法。简单的方法就是调整值域或值域规范化。将数据 x_{ij} 与所有样本 i 的 $x_{.j}$ 值域比较，原始数据矩阵 x_{ij} 的矩阵变换成 y_{ij} 的矩阵：

$$y_{ij} = \frac{x_{ij} - \min\limits_{i} x_{ij}}{\max\limits_{i} x_{ij} - \min\limits_{i} x_{ij}} \tag{6-2}$$

对所有 i 和 j 有

$$0 \leqslant y_{ij} \leqslant 1$$

从统计意义来讲，一个更严谨的方法是通过 z - 变换进行标准化，亦称自身规范化，这种方法是用 s_j 为单位将 x_{ij} 表示为 z_{ij}

$$z_{ij} = \frac{x_{ij} - \bar{x}_{.j}}{s_j} \tag{6-3}$$

式中，$\bar{x}_{\cdot j} = \frac{1}{m}\sum_{i=1}^{m} x_{ij}$；$s_j^2 = \frac{1}{m-1}\sum_{i=1}^{m}(x_{ij} - \bar{x}_{\cdot j})^2$。

x_{ij}的一个重要性质是它们的协方差矩阵即为x_{ij}的相关矩阵。绝大多数情况下，标准化是一个必要的步骤。但标准化的作用使变化范围较小的因素与变化范围较大的因素的影响等同化，因此，就必然对变化范围较小的变量因素的绝对变化范围给予较高的权。另外，排除了没有显著变化的指标，这就意味着，从变化最大的指标因素开始，随着变化范围减小，逐渐增大对其绝对变化范围所给予的权，然后突然决定对其余变量因素不给予任何权，因为它们的变化范围不足够大。

值得注意的是，应该对行或列进行标准化。一般方法是对行施行标准化，但在某些情况下，则需对列进行标准化。需要进行变换的另一原因是数据分布非正态性。由于聚类过程通常是非参数方法，一般不如大多数统计方法中那样要求数据服从正态分布，但仍然有相当的理由对数据进行变换使之更接近正态分布。

(2) 相似性的量度。在对样本进行分组前，必须定义相似性的量度。每个样本必须与其他各个样本比较，然后才能将非常"相似"的样本置于同一类中，不相似的样本则置于不同的类中。两个元素之间的相似性可用各种不同的方法来度量。常见的有三种，即距离、相关性和信息量。

1) 协方差矩阵和相关矩阵。用一个 $m \times n$ 阶数据矩阵 $\boldsymbol{X}_{m\times n}$减去各变量的均值后[右]乘其转置矩阵得到一个 $n\times n$ 阶矩阵，用样本个数减 1 除这个 $n\times n$ 矩阵的各个元素后，所得的矩阵称为方差－协方差矩阵，或简称协方差矩阵，并记作 $\boldsymbol{C}$。协方差矩阵在多元统计中起着核心的作用。该矩阵的元素由式 6-4 给定。

$$c_{kl} = \frac{1}{m-1}\sum_{i=1}^{m}(x_{ik} - \bar{x}_{\cdot k})(x_{il} - \bar{x}_{\cdot l}) \tag{6-4}$$

式中

$$\bar{x}_{\cdot k} = \frac{1}{m}\sum_{i=1}^{m} x_{ik} \tag{6-5}$$

协方差矩阵 $\boldsymbol{C}$ 可以表示为：

$$\boldsymbol{C} = \begin{bmatrix} c_{11} & c_{12} & \cdots & c_{1n} \\ c_{21} & c_{22} & \cdots & c_{2n} \\ \vdots & \vdots & & \vdots \\ c_{n1} & c_{n2} & \cdots & c_{nn} \end{bmatrix} \tag{6-6}$$

值得注意的是该方阵的[主]对角元素等于 n 个变量的方差，故 $\boldsymbol{C}$ 也可以表示为：

$$\boldsymbol{C} = \begin{bmatrix} c_1^2 & c_{12} & \cdots & c_{1n} \\ c_{21} & c_2^2 & \cdots & c_{2n} \\ \vdots & \vdots & & \vdots \\ c_{n1} & c_{n2} & \cdots & c_n^2 \end{bmatrix} \tag{6-7}$$

方阵 $\boldsymbol{C}$ 中所有[主]对角元素之和称为方阵的迹，记作 tr$\boldsymbol{C}$，其值等于数据集的总方差。对于大多数样本，变量 k 和 l 的值在同一方向上偏离平均值，即当 $x_{ik} > \bar{x}_{\cdot k}$蕴涵着 $x_{il} > \bar{x}_{\cdot l}$时，则 $\boldsymbol{C}_{kl}$是一个较大的正值，可以说它们是密切相关的。

因此协方差 $\boldsymbol{C}_{kl}$是变量 k 和 l 之间有关联的量度。在分析化学中，变量是相关性可用相

关系数 r_{kl} 表示，则 $\boldsymbol{C}_{kl}$ 与 r_{kl} 的关系为：

$$r_{kl}=\frac{c_{kl}}{s_k\times s_l} \tag{6-8}$$

相关系数 r_{kl} 实际上就是标准协方差。因此，在协方差矩阵还可以如此定义：

$$\boldsymbol{R}=\begin{bmatrix} r_{11} & r_{12} & \cdots & r_{1n} \\ r_{21} & r_{22} & \cdots & r_{2n} \\ \vdots & \vdots & & \vdots \\ r_{n1} & r_{n2} & \cdots & r_{nn} \end{bmatrix} \tag{6-9}$$

这里[主]对角线上的元素均为1，因为变量 k 与 k 本身是完全相关的。

相关性和协方差在聚类分析中具有核心的作用。相关性用来衡量样本之间的相似性。

2）距离。

① 欧氏距离。详见5.2节。

② 明考夫斯基距离。两样本之间的明考夫斯基距离见式6-10。

$$D_r(k,l)=\left(\sum_{i=1}^{n}|x_{kj}-x_{lj}|^r\right)^{1/r} \tag{6-10}$$

式中，$r\geqslant 1$。当 $r=2$ 时，即为欧氏距离。$r=1$，称为曼哈顿距离，这种距离主要用于二维的情况。

③ 平均特征差 MCD。

$$d_1(k,l)=\frac{1}{n}\sum_{i=1}^{n}|x_{kj}-x_{ij}| \tag{6-11}$$

④ 相关性的影响。当指标相关时，由欧氏距离得出失真的结论。假设，通过某种方法已经知道指标表示的是不同性质，如果考虑欧氏距离，相似关系由于相关性的影响会产生失真。为了避免这种失真，可采取三个措施：第一，消去强相关指标中的一个；第二，引入一个考虑相关性的距离；第三，利用合并指标，以产生新的非相关指标。

⑤ 二进变量的距离表示。二进变量在分析化学中用得不多，因此这里只介绍几种最常见的二进变量距离。

汉明距离：

$$HD_{kl}=b_k+b_l-2a_{kl} \tag{6-12}$$

式中 a_{kl}——对两个样本其取值都是1的指标个数；

b_k，b_l——分别是样本 k 和 l 取1的指标个数。

由汉明距离得出的元素之间的距离与欧氏距离有相同的大小次序关系。可以通过图6-1的几何图形来理解。

一个三维空间，全部可表述的模式是(0,0,0)，(0,0,1)，(0,1,0)，(1,0,0)，(1.0,1)，(1,1,0)，(0,1,1)和(1,1,1)，如图6-1所示，这些模式构成一个立方体的各个顶点，该立方体的边长均为1。

相似性量度即是塔尼莫托相似性。

当考虑样本取不同值的指标个数来进行标准化时，则有：

$$TS_{kl}=1-\frac{HD_{kl}}{b_k+b_l-a_{kl}}=\frac{a_{kl}}{b_k+b_l-a_{kl}} \tag{6-13}$$

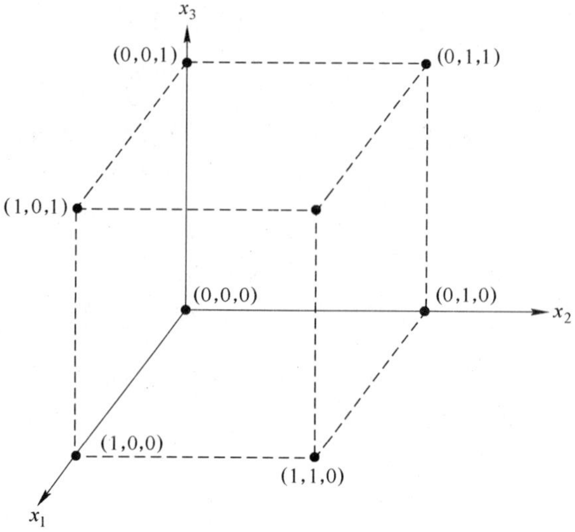

图 6-1　三维空间的二进模式

（3）相关性。特征变量出现高度相关值的样本可以认为是非常相似的，但这与研究人员的主观看法有关。与距离类比，如果希望在样本不相似时，表示相似性的数值随之增大，则可采用 $1-|r_{kl}|$ 表示这种数值，其中 r_{kl} 为相似系数：

$$r_{kl} = \frac{\sum_{i=1}^{n}(x_{kl}-\bar{x}_{k.})(x_{ij}-\bar{x}_{l.})}{\sqrt{\sum_{i=1}^{n}(x_{kj}-\bar{x}_{k.})^2\sum_{i=1}^{n}(x_{ij}-x_{i.})^2}} \tag{6-14}$$

（4）信息量。信息量的定义为：

$$I = \sum_{k}(-p_k\log_2 p_k) \tag{6-15}$$

式中，p_k 为测得某一信号或信号范围的概率；I 值表示信息的数量。如果考察的概念分布不是离散分布，而是一个连续分布，不考虑分析误差，则有：

$$I = \int -p_j(x)\log_2 p_j(x)\,\mathrm{d}x \tag{6-16}$$

式中，$p_j(x)$ 代表数据的分布。由此可以推导出，当数据服从离散分布时，信息量正比于数据方差的对数。可见信息随着讯号的分散程度增大而增加。当有 n 个变量时，取 n 维正态分布，可得：

$$I(1,2,\cdots,n) = \frac{1}{2}\log_2|C| \tag{6-17}$$

式中，$|C|$ 是指标的协方差矩阵的行列式。因为协方差与相关性有关，所以式 6-17 隐含了相关性，因此，信息量度在很大程度上是相关性类型的量度。

（5）相似性量度的比较。在进行聚类分析前，必须选择一种相似性的表示形式，这一选择对聚类分析的结果有着深刻的影响。一般选择相关型和距离型作为表示方法。相似性表示法完全取决于我们将哪些样本看作是相似或不相似的。而距离表示法既反映了极性的差别，又反映了专属性的差别，相关系数只反映了专用性的差别。在绝大多数情况下，距离能更好地反映差别，而相关性则能更好地发现相似性。

6.1.1.2 聚类分析的应用

A 最优选择

将聚类分析的概念引入到铁矿石检验学科中,能使铁矿石分析测试方法的分类更好地体现其互相之间的相似性和差异,从而更深入地了解这些方法的特点。

a 定量分析

一个分析方法的特性可以用一些特性标准来衡量,如准确度、精确度和速度等。一个就某一标准来说很好的方法对于另一个标准则不尽然。因此,要在大量不同方法中选择出最优方法,分析化学工作者不得不对多个标准进行权衡,例如牺牲某些精确度来优先考虑速度等。如果我们能将所有方法划分成不同的组,这些组包括例如快速但不准确的一类方法、费时但非常灵敏的一类方法等,从而可以有目的地选择最合适的一类方法,从最具有所需特点的类中选择一种方法用于给定的情况,这样最优选择问题就可以解决了。

b 定性分析

在定性分析中,通过测定一些特征来确定哪种物质存在,当待鉴定的物质是多种可能物质中的一种时,必须测定多个特性值。定性分析化学技术的优化就是选择特性值的最优组合。

B 从多元数据集中提取信息

a 地球科学中的应用

地质学是最常采用多元数据分析方法(包括聚类分析方法)的科学之一。具体应用于矿产、地质、环境等。

b 生命科学中的应用

主要应用于临床化学,如线性判断分析的监督模式识别、疾病分类、生物化学、遗传学、药物设计等。

c 考古计量学

通过 X 衍射、中子活化等技术提取样本的物理、化学信息作为多元分析参量。

C 其他应用

如用于光谱解析或检索、法学鉴定等,还可以应用于模式识别,包括有监督模式识别和无监督模式识别,本书 5.2 节介绍的矿相图像检索也是聚类分析的范畴之一。

6.1.1.3 聚类分析的方法

A 谱系聚类方法

谱系聚类方法可以将一个样本集划分成若干个聚类。在这些方法中,聚类的排列方式是小类包含在大类中。谱系聚类分析的典型结果是一个谱系图(也叫系统树图或聚类图),谱系聚类方法概念首先是在生物化学中发展起来的。由于该方法所涉及的数学内容易于理解,因此谱系聚类分析方法也是其他领域常用的方法,在分析化学领域谱系聚类分析方法同样也应用广泛。

B 非谱系聚类方法

非谱系聚类方法或分部聚类方法是寻求将一个样本集划分成 K 个类,使得同一类中的元素相互接近,并且使不同类得到很好的分离。由于 K 个类是同时产生的,故所得类是非谱系的,但我们可以获得非谱系分类中的谱系。类的个数 K 既可预先给定,也可通过运算确定。当 K 为未知值时,可以对几个 K 值重复运算,作为一种附带结果,这种算法通常给每

一 K 值提供一个判别值，这样，就可以评价不同的聚类方案，有时可以从这些方案中选取一个最佳方案。在许多问题中，找出各类中的一个代表性元素很重要，这个代表性元素称为凝聚点。当聚类分析的目的不仅是要了解数据集的结构，而且要分离出样本集的一些特征元素时，尤其是这样。

C 聚类分析的步骤

聚类分析的步骤包括：(1) 找出分类对象的特征；(2) 确定分类对象的相似性；(3) 提出达到分类的步骤和聚类算法。

6.1.2 铁矿石实验室检测结果差错分析

这里指的差错并不是本丛书之一《铁矿石检验结果的数据处理》所介绍的误差，而是一种明显偏离正常结果的差错，虽然在具体检验过程中，具有良好素质的人员不会出现这样差错，但也要考虑此类隐患的存在，做到防患于未然。实验室流程见图 6-2。

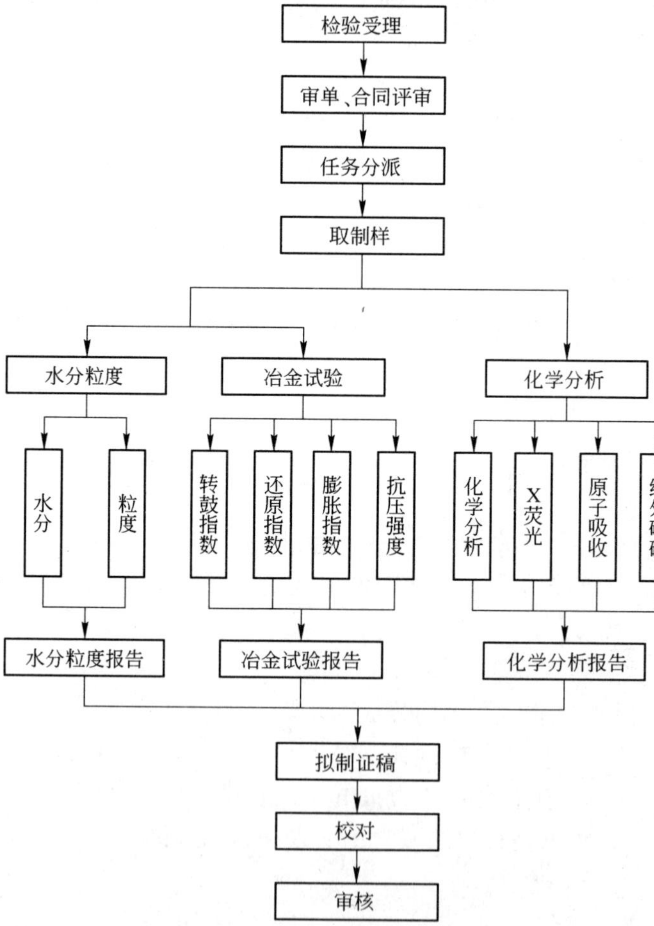

图 6-2 铁矿石实验室检验流程

6.1.2.1 取制样

取制样是整个铁矿石检验的关键，如果取制样环节出了问题，则之后的检验准确性就无从谈起。取制样的差错可以分为责任差错和条件差错,责任差错完全是由人员的工作责任心不强造成,而条件差错多数是因为工作条件不具备或不完善而引起的。

对于机械取制样,从检验受理到取制样及在线粒度检测、水分检测结束,各环节可能发生差错的有:(1)在检验受理后,对合同评审不细致,造成下达取制样任务时,船次、品种、报检数量、检验项目搞错,最终导致实际交货批的样取错、粒度筛网换错、取样间隔设定错;(2)在取样过程中,由于检验人员未注意到流程变换或品种更换,未能及时更换筛网或更换样罐,造成粒度筛分结果错误或混样污染;(3)手工制样期间,检验人员为贪图方便而将未能粉碎到0.15 mm以下的样品颗粒丢弃或在样品粉碎、筛分过程中引入污染物质,误将非该交货批的成分分析小样套到了另一批次的样品袋或样品袋编号错误。

由于每一批铁矿石取制样过程很难再现,水分样因保留条件所限及粒度样的数量庞大,因此也很难再现或再现成本相当高,在此过程应绝对不能有任何差错出现。

6.1.2.2 成分测定和冶金性能测试

A 成分测定

铁矿石成分检测样一般都有保留样,有些单位对普通成分样小样有保留6个月或索赔批次的小样保留到索赔完毕的规定,但一旦发生差错,则将是出门差错,即使追回已经签发的证书,也已对检验机构的声誉造成很大的损害,更不用说出门差错使收货人无法向发货人索赔而造成的经济损失了。成分检测过程易产生差错的环节有:(1)称量皿和盖编号缺失,张冠李戴,分析测试前未对样品进行预干燥;(2)化学分析试剂过期变质,试剂纯度不够,误将化学纯试剂替代基准级,应用A级的计量仪器误用B级;(3)配置的标准溶液日久变质,或保存在冰箱中结冰使标准浓度发生变化;(4)参考标准物选择不当,对检测结果造成偏差,仪器维护不当,造成结果变化;(5)仪器校正曲线漂移,未经重校正直接出具结果;(6)标准明确表明不再检测范围内的品种或检测高低限;(7)不合适的添加剂导致试样污染。

B 冶金性能测试

铁矿石冶金性能测试除转鼓指数外,其余常见项目的检测都能再现,因为转鼓指数一次试验至少需要30 kg的样品,因此样品不易长时间保存。冶金性能测试产生差错的环节有:(1)选择样品的粒度范围错误,造成结果偏差;(2)压力传感器、热电偶未经计量校正而直接用于检测;(3)还原气比例错误或还原时间设定过长或过短;(4)还原后球团因拣取不当而破碎,使体积测定产生偏差或还原后压力产生偏差。

6.1.2.3 单证处理

不要小看计算、拟稿出证环节,以为已经到了最终程序了,总不会出错了。据统计,差错的70%往往发生在这个阶段,如:(1)检验人员计算错误,而校核人员未进行校核,仅仅签了个名;(2)从原始记录录入证稿时,数据转移时产生错误,此错误发生概率较高;(3)原始记录与证书证稿张冠李戴;(4)审核人员业务素质低,无法发现证书证稿的差错。

6.1.3 聚类分析判断异常结果

6.1.3.1 聚类分析的工具

A Excel方法

作为MS OFFICE系列电子表格软件,Excel的数据处理与统计分析、直观的图表功能,可以进行较为复杂的统计或工程分析,也可以用于对象间的聚类分析。假设有 n 个要进行分类的样本,记为 $x_1,x_2,\cdots,x_n$,每个样本 $x_i(i=1,2,\cdots,n)$ 有 m 个量化的指标,记为 $x_{i1},x_{i2},\cdots,x_{im}$,可以把每一个样本看成 m 维空间中的一个点,显然,数据很容易在 Excel 中予以表示。进行聚类分析时,首先要定义样本之间的距离或样本之间的相似系数,然后利用 Excel 的计算功能计算距离,判定当 x_{ik} 是否具有 k 的特征时,让其赋予 0 或 1,最终达到聚类分析的目的。

B　SPSS 方法

SPSS 全称为"社会科学统计程序",是专门用于统计的软件包,在 SPSS 的软件中,有专门用于聚类分析的模块,该模块还可以进行快速聚类分析、分层聚类分析和判别分析。在分析过程中,可以输出多种参数及图表,包括树形图。

C　神经网络

利用神经网络的学习训练建立聚类分析的模型,然后对未知样本集进行测试和仿真,让系统自动将样本归类,达到聚类分析的目的。

6.1.3.2　利用神经网络进行聚类分析

利用神经网络进行聚类分析,其实我们在第 2 章已经有所讨论,本节进一步采用神经网络技术应用于聚类分析,对铁矿石检验中的差错问题进行判定。以下神经网络的模型可以封装为模块,嵌入到相应的铁矿石业务系统,可以进行在线计算机自动判别,提高业务流程的自动化水平,解放检验人员的劳动力。

A　问题描述

进口铁矿石是我国进口量最大的大宗资源性商品,也是我国关系到国计民生的重要战略物资,在经济全球化的今天,国际贸易的分工协作越来越细,作为第三方公证行业的铁矿石检验机构也越发彰显其重要的地位。第三方公证机构所维护的立场是公正公平,其出具的检验证书不能有任何差错。因此,从事商品检验的工作人员除必须具有强烈的责任心外,对自身的业务能力素质要求也非常高,尤其是检验过程中实验室数据出具最后一道把关——审核关极其重要,从事该岗位的人员需要有丰富的检验经验、体系管理经验,他应该了解铁矿石检验所有的工艺流程,能对各岗位操作人员出具的数据进行综合评判,以确认检验结果的正确与否。审核人员以往对检验结果正确与否的评判依据为:(1)凭借审核人员以往从事某具体检验岗位的技术经验;(2)对疑似问题的数据,通过检索相同产地、相同类型的品种的以往结果,进行对照;(3)凭审核人员的技术敏感性。但这些判定依据往往具有很大的不确定性,如果尺度掌握严格了,则会使检验成本大大提高;尺度松了,会很容易造成出门差错,因此审核人员的神经处于高度紧张状态。而神经网络的自适应、自学习和对非线性系统超强的分析能力,在检验过程的差错判定中可以大显身手。

B　神经网络设计

采用自组织竞争型的神经网络,由于竞争型网络属无教师学习方式,没有期望输出,因此训练过程不设判定网络训练是否结束的误差项。可采用 Matlab 的神经网络功能。

以进口铁矿石全铁检测结果为例,首先提取某国某铁矿公司粉铁矿全铁历史记录 136 批,将卸货港检验值与装货港检验值之差取绝对值,得 136 个数据,要求将这些数据分为两类,即将国内检验值与国外值比较,分出两个类别,分别为:(1)偏差正常,无需复验;(2)偏差大,有疑问。

设136批的数据为P,数据组成为国内检验结果和卸货港检验值与装货港检验值之差取绝对值,为了便于直观显示,样本数据中人为设定几个偏差大的数据,利用newc函数建立一个自组织竞争网络,区分类别数为2,因此输出元为2,为了加快学习速度,设学习速率为0.1,训练循环为200次,其他为默认。则Matlab的代码为:

```
>> P = P';%数据转置
>> net = newc(minmax(P),2,0.1);
>> net = init(net);
>> net.trainParam.epochs = 200;
>> net = train(net,P)
%训练结果为:
TRAINR,Epoch 0/200
TRAINR,Epoch 25/200
TRAINR,Epoch 50/200
TRAINR,Epoch 75/200
TRAINR,Epoch 100/200
TRAINR,Epoch 125/200
TRAINR,Epoch 150/200
TRAINR,Epoch 175/200
TRAINR,Epoch 200/200
TRAINR,Maximum epoch reached.
```

%当200次循环结束,训练停止。此时,另准备一组数据进行仿真测试,其中故意设数据集中的2、4、5为偏差大的结果,查看网络的效果,设PT为测试数据集。

```
>> PT
PT =
 0.1400    0.5200    0.0500    0.9300    0.2300    0.0100
63.5200   63.3800   64.1000   63.4800   63.1800   63.6800
Y = sim(net,PT)
%转换输出向量为类索引,得运行结果:
Y =
    (1,1)      1
    (2,2)      1
    (1,3)      1
    (2,4)      1
    (2,5)      1
    (1,6)      1
%将结果转换成串行数据
>> Yc = vec2ind(Y)
Yc =
    1    2    1    2    2    1
```

C 结果分析

由仿真运行结果得知,在没有期望输出的情况下,测试样本集的样本被自动分为两类,其中1代表正常,2代表偏差,其结果与预设的偏差完全一致。由于所选的训练样本集偏差很小,大于0.20的样本占总样本的18.38%,因此网络将大于0.20的数据均判定为偏差大,控制标准比较严格。但利用本例,审核人员无需在紧张状态下进行判断,当然,参照本例,也可以判定进口铁矿石其他项目的差错。

6.1.3.3　差错判定

A　问题描述

如果,一批某产地常见的铁矿石结果有异常,检验人员就要高度重视,因为这有可能是品种变更,或者是国外结果有误(多数为国外检验机构不诚信所造成),还有可能是自身的工作差错。进口铁矿石检验机构出具的检验证书具有法律效应,因此任何一次检验差错都将造成不可估量的损失。作为第三方公证人的检验机构,其公正的立场和信誉比什么都重要。除实验过程中严格按标准规定的步骤操作外,对于其他一些数据异常,对检测结果是否有误,检验人员仅凭经验判定,这会造成诸多误判。以进口铁矿石的全铁为例,将某一产地的粉铁矿16批次的合同值、国外结果、国内结果作为训练数据集,将3批次的国内结果修改成偏离较大的数据,将偏差大以[0 1]表示,将正常以[1 0]表示,得如下数据集(见表6-1)。

表6-1　训练集

序　号	合同值/%	国外值/%	国内值/%	差错情况
1	66	68.02	67.76	正常
2	66	68.02	67.76	正常
3	66	67.2	66.11	偏差大
4	68	70.05	69.76	正常
5	68	70.05	69.76	正常
6	68	70.05	69.76	正常
7	66	67.42	67.91	偏差大
8	66	67.42	67.31	正常
9	68	70	70.02	正常
10	68	70	70.02	正常
11	66	67.16	66.66	正常
12	60	60.49	60.49	正常
13	68	70.02	68.91	偏差大
14	59	60.92	62.02	正常
15	68	70.06	69.94	正常
16	60	61.39	61.44	正常

B　网络设计

采用BP网络,由于输入16维数据,则隐含层的维数为33,输出为二维元,循环训练1000次,其他均为默认,建立网络如下:

```
net = newff( minmax( P) ,[33,2]) ;
% 设定训练循环 1000 次
net. trainParam. epochs = 1000;
% 设 T 为目标向量
>> T
T =
  1  1  0  1  1  1  0  1  1  1  1  1  0  1  1  1
  0  0  1  0  0  0  1  0  0  0  0  0  1  0  0  0
>> net = train( net, P, T) ;
```

得训练误差曲线,见图 6-3。

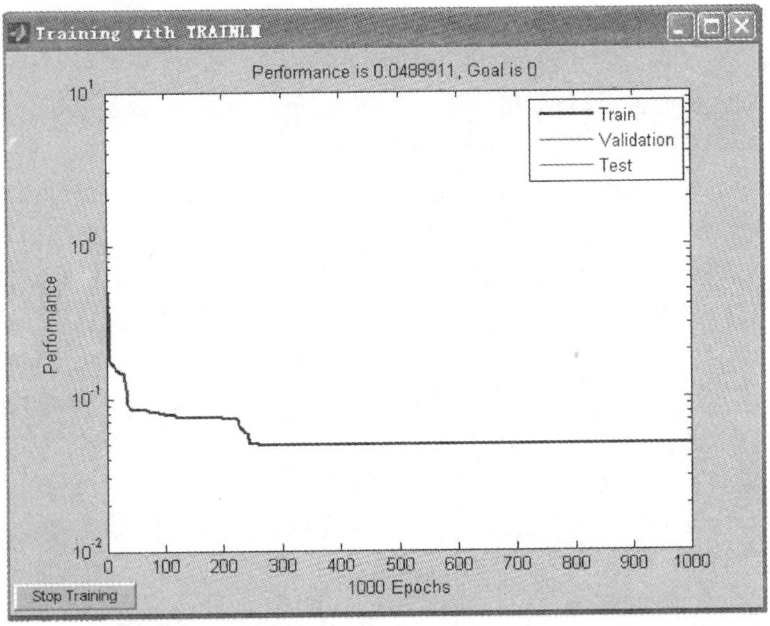

图 6-3 误差曲线

```
% 设 PT 为测试数据集,第三组为异常值
>> PT
PT =
    66.0000   66.0000   66.0000   68.0000
    68.0200   68.0200   67.2000   70.0500
    67.7600   67.7600   66.1100   69.7600
>> Y = sim( net, PT)
Y =
      0.9968      0.9968      0.2768       0.9970
      0.0217      0.0217      0.7393      -0.0075
```

C 结果分析

训练不到 300 次就已经达到 0.048 误差系数,仿真测试结果与实际[1 0,1 0,0 1,1 0]

非常接近。其实,本例是一种有教师学习聚类分析,通过网络学习,将样本集自动分为两类。读者也可以将进口铁矿石检测的其他项目参照本例,对相应的偏差进行判别。

6.1.4 检测结果差错隐患的消除

现代实验室除实验室设备精良、人员素质高外,实验室一般都进行了质量系统认可和计量认证,管理规范。因此,实验室出现差错的几率很小。但检验结果的差错隐患仍不能忽视,为提高实验室对差错隐患的消除能力,加强实验室软实力,可以采用实验室内外质量控制的手段。

6.1.4.1 实验室工作质量外控

A 实验室间的比对

实验室间的比对是由多个实验室对相同或类似的铁矿石样品进行检测的组织、实施和评价。它可以达到:(1)确定实验室对特定检测的能力,并监控实验室的持续能力;(2)识别与实验室相关的人员能力、设备计量校正;(3)确定新老方法的有效性和可比性;(4)向客户提供信誉度;(5)鉴别实验室间的差异;(6)确定一种方法的能力特性;(7)给标准物赋值,并评价其适用性。比对试验就如实验室能力的镜子,一把标尺,能不断校正能力偏差。实验室比对试验,在实验室质量体系管理中是非强制的。

如澳大利亚联邦工业与科学研究院组织的 ISO/TC102/SC2/SG9 项目,该项目在国际范围内实施,频次为 2 个月一次,每次 2 个样,1 年一个周期,不限申报检测项目数。由于该项目组织的频次高,涉及元素项目多,因此可以覆盖铁矿石检测实验室的所有的能力范围,即实验室任何成分分析的仪器设备。不仅可以全面考察各种仪器设备的计量校正、设备状态、操作人员的能力水平,而且对人员变动、设备变换都不会遗漏,是一个全方位考察铁矿石实验室能力的实验室比对项目。

由于铁矿石检测实验室某些项目没有标准参考物料,如粒度、水分、冶金性能试验等物理试验,这就需要实验室自己组织进行比对试验,因为物理试验所需的样品较多,因此该类比对试验适合于小范围实施,如 2 ~4 个实验室。对于转鼓试验仅适合于两家实验室实施,因为一次双样就要 30 kg 的样品,传递运输非常不便。对于抗压、还原、膨胀等,由于样量不超过 1 kg,因此适合于 3 ~4 家实验室,也适合于国际实验室比对。

实验室比对实验室虽然是非强制性,但也必须对试验结果进行评估,对评估结果不好的项目也好进行原因查找,这是比对试验的目的所在。

B 能力验证

能力验证是实验室比对试验的一种应用,但它对于官方认可实验室是强制性的。铁矿石检验实验室对权威测试组织部门发放的样品进行测定,通过分析测试数据的汇总处理,对各实验室的水平进行评估,这是一种对实验室技术能力进行外部评估的方式。能力验证虽会按一定周期组织,但不会太频繁,而且涉及项目范围不会是全部,因此需要比对试验的补充。

6.1.4.2 实验室工作的质量内控

A 标准参考物料的对照

每次试验都必须同条件附带标准参考物料同时检测,所选择的标准参考物料须与所检测的铁矿石试验具有相同浓度范围和相似的矿物结构,带标样检测能很好地避免试剂污染、仪器漂移等问题，及时发现偏差或差错的发生。

B 仪器的计量校正

仪器的计量校正必须由法定权威计量部门计量实施，仪器计量不准，检测工作再精准也无济于事。

C 建立实验室复验标准

为确保检测质量，同时便于今后对复验判断的依据具有可操作性，也为了兼顾试验成本和避免差错，建立实验室自复验依据非常必要。相关复验依据的阈值设定可以参考上述神经网络得出的结果，还可以兼顾相关检测标准的实验室内允差和实验室间允差，一些贸易合同约定的扣款、索赔要求，还要考虑到合适的工作量。表 6-2 为某铁矿检测实验室的参考复验依据。依据规定了在什么情况下，不要复验；什么情况下，需要本岗复验；什么情况下，同岗人复验或重新换样复验，甚至重新制备分析小样复验。在管理上加强力度，尽可能减少人为误差，该复验依据可以作为铁矿检验质量保障体系的一部分。

a 复验判断的依据建立的目的

通过对进口铁矿石测试结果进行评价和验证，对质量保障进行量化、标准化管理，以减少人为误差，以确保工作质量为目的，对测试结果进行监控。

b 适用范围

适用于对进口铁矿石检验所有测试结果所进行的评价和验证的各个环节。

c 工作职责

实验室质量负责人负责对进口铁矿检测各元素及球团矿物理性质复验依据的制定，并组织落实。实验室全体工作人员都应依据进口铁矿检测各元素及球团矿物理性质复验依据对测试结果进行控制。

d 操作过程

对于进口铁矿石每个元素及物理指标，相关单证和检验结果显示以下情况皆适用：

(1) 对于有合同值，无国外值的情况，国内结果不符合合同值约定批次的要进行复验。

(2) 对于有合同值和国外值的情况：1）如果国外值不符合合同值，国内检测结果也不符合合同值的，若国内结果和国外值之差在铁矿检测各元素及球团矿物理性质复验依据内的不复验，否则要进行复验；2）对于有合同值和国外值的情况，如果国外值符合合同值，而国内结果不符合合同值的要进行复验；3）对于有合同值和国外值的情况，如果国外值符合合同值，而国内结果也符合合同值，但是国内结果和国外值之差在铁矿检测各元素及球团矿物理性质复验依据范围外，要进行复验（见表 6-2）。超过允许差 2 倍的，由同岗人员再复验一次；4）对于无合同值和国外值的情况，由检测人员本人或同岗人员复验一次。

(3) 全铁与国外值相差在 ±0.30% ~ ±0.50% 之间，由检测人员本人复核；超过 ±0.50% 的，除由检测人员本人复核外，还应由同岗人员再复核一次。

(4) 相对自由膨胀系数，当实验值高于合同值时要复验。

表 6-2

编　号	元素项目	检测范围/%	允许差
1	Fe	≤50	±0.20
		>50	±0.30

续表 6-2

编号	元素项目	检测范围/%	允许差
2	FeO	>1.00~2.00	±0.20
		>2.00~5.00	±0.25
		>5.00~10.00	±0.30
		>10.00~20.00	±0.40
		>20.00~30.00	±0.50
3	P	0.004~0.020	±0.005
		>0.020~0.060	±0.010
		>0.060~0.100	±0.015
		>0.100~0.150	±0.020
		>0.150~0.200	±0.025
		>0.200~0.300	±0.040
		>0.300~0.400	±0.050
		>0.400~0.500	±0.060
		>0.500~0.700	±0.075
4	S	≤0.015	±0.004
		>0.015~0.030	±0.008
		>0.030~0.050	±0.013
		>0.050~0.10	±0.028
		>0.10	±0.054
5	SiO_2	0.2~0.3	±0.3
		>0.3~0.8	±0.4
		>0.8~2.0	±0.5
		>2.0~3.5	±0.6
		>3.5~5.5	±0.7
		>5.5~9.0	±0.8
		>9.0~14.4	±0.9
6	Al_2O_3	0.10~1.0	±0.3
		>1.0~5.5	±0.5
7	K	0.002~0.010	±0.004
		>0.010~0.030	±0.006
		>0.030~0.050	±0.007
		>0.050~0.080	±0.008
		>0.080~0.100	±0.009
		>0.100~0.200	±0.015
8	Na	0.002~0.010	±0.007
		>0.010~0.030	±0.010
		>0.030~0.050	±0.015
		>0.050~0.080	±0.020
		>0.080~0.100	±0.025
		>0.100~0.200	±0.035

续表 6-2

编 号	元素项目	检测范围/%	允许差
9	Ca	0.030 ~ 0.050	±0.007
		>0.050 ~ 0.080	±0.009
		>0.080 ~ 0.100	±0.010
		>0.100 ~ 0.500	±0.030
10	CaO	0.1 ~ 0.2	±0.05
		>0.2 ~ 0.3	±0.10
		>0.3 ~ 0.4	±0.15
		>0.4 ~ 0.55	±0.20
		>0.55 ~ 0.65	±0.25
		>0.65 ~ 0.80	±0.30
		>0.80 ~ 1.00	±0.40
		>1.00	±0.50
11	Mg	0.005 ~ 0.010	±0.002
		>0.010 ~ 0.050	±0.005
		>0.050 ~ 0.100	±0.010
		>0.100 ~ 0.500	±0.03
12	MgO	0.1 ~ 0.2	±0.05
		>0.2 ~ 0.3	±0.10
		>0.3 ~ 0.4	±0.15
		>0.4 ~ 0.55	±0.20
		>0.55 ~ 0.65	±0.25
		>0.65 ~ 0.80	±0.30
		>0.80 ~ 1.00	±0.40
		>1.00	±0.50
13	Cu	0.001 ~ 0.003	±0.002
		>0.003 ~ 0.020	±0.005
		>0.020 ~ 0.050	±0.007
		>0.050 ~ 0.070	±0.009
		>0.070 ~ 0.100	±0.011
14	Pb	0.001 ~ 0.010	±0.003
		>0.010 ~ 0.030	±0.005
		>0.030 ~ 0.050	±0.007
		>0.050 ~ 0.070	±0.009
		>0.070 ~ 0.100	±0.012

续表 6-2

编号	元素项目	检测范围/%	允许差
15	Zn	0. 001 ~0. 010	±0. 004
		>0. 010 ~0. 030	±0. 006
		>0. 030 ~0. 050	±0. 008
		>0. 050 ~0. 070	±0. 010
		>0. 070 ~0. 200	±0. 015
16	Cr	0. 003 ~0. 010	±0. 001
		>0. 010 ~0. 030	±0. 003
		>0. 030 ~0. 050	±0. 005
		>0. 050 ~0. 070	±0. 007
		>0. 070 ~0. 100	±0. 010
17	TiO_2	0. 025 ~0. 050	±0. 025
		>0. 050 ~0. 100	±0. 030
		>0. 100 ~0. 12	±0. 035
18	Mn	0. 0015 ~0. 010	±0. 004
		>0. 010 ~0. 100	±0. 030
		>0. 100 ~0. 200	±0. 060
		>0. 200 ~0. 300	±0. 080
		>0. 300 ~0. 500	±0. 100
		>0. 500 ~0. 600	±0. 150
		>0. 600 ~0. 770	±0. 200
19	V	0. 0017 ~0. 008	±0. 004
		>0. 008 ~0. 03	±0. 006
		>0. 03 ~0. 10	±0. 08
		>0. 10 ~0. 30	±0. 15
20	Ni	0. 011 ~0. 026	±0. 010
		>0. 026 ~0. 046	±0. 020
21	As	0. 010 ~0. 050	±0. 004
		>0. 050 ~0. 100	±0. 008
		>0. 100 ~0. 200	±0. 010
		>0. 200 ~0. 500	±0. 020
22	转鼓指数	实验值和国外值之差大于 ±2. 1% 时需复验	
23	抗磨指数	实验值和国外值之差大于 ±1. 2% 时需复验	
24	体积密度	实验值和国外值之差大于 ±0. 15 t/m^3 时需复验	
25	抗压强度	实验值与国外值之差大于 ±400 N/P 需复验	
26	还原后抗压强度	实验值与国外值之差大于 ±300 N/P 需复验	
27	相对还原率	质量 - 时间曲线波动明显时需复验	

6.2 小波神经网络研究铁矿检验差错隐患预测

小波分析与神经网络在系统预测的应用非常广泛,用小波或神经网络理论建立数学模式,能有效预测检验差错隐患。本章上节介绍的是差错的判断、识别及其确认,而本节描述的是差错的预防。

6.2.1 预测的基本技术

6.2.1.1 模型预测技术

模型预测技术是利用显示过程模型来预测对象未来行为的一类计算机算法,模型预测可为后续的滚动优化和反馈校正服务。预测模型只注重模型的功能,而不注重模型的形式,预测模型的功能就是根据兑现的历史信息和未来输入预测系统的未来输出,只要具有预测功能的模型,无论其有什么样的表现形式,均可作为预测模型。因此,状态方程、传递函数这类传统的模型都可以作为预测模型,同样,对于线性稳定对象,阶跃响应、脉冲响应这类非参数模型,也可直接作为预测模型使用。此外,非线性系统、分布参数系统的模型,只要具备上述功能,也可作为预测模型使用。由于预测模型具有展示系统未来动态行为的功能。这样,就可以利用预测模型为预测控制进行优化提供先验知识,使未来时刻被控对象的输出变化符合预期的目标。

6.2.1.2 非线性预测技术

非线性预测技术指预测模型的线性化处理并非在所有应用场合都适用。在某些极端情况下,线性化的参考模型甚至会导致后续控制系统稳定性的丧失。非线性预测有两类基本思想:多模型预测和非线性模型预测。多模型预测控制使用权函数从一组能够覆盖整个过程动态的线性模型中选出最佳组合作为参考模型,这类预测方法主要应用于对于全局模型很难获得但分段线性化模型容易取得的过程控制。非线性预测技术的预测模型不同于线性模型预测,非线性预测用非线性函数表示预测模型,根据动态模型获得方式,非线性预测模型可大致分为状态空间模型、输入输出模型和实验模型三类。非线性状态空间模型由一个线性化状态方程和非线性化的输出方程构成,根据非线性模型的辨识方法,该部分可为Wiener、Laguerre 和 Hammerstein 模型等多种形式;非线性输入输出模型的思想可用“非线性工作点的连续线性化”来表述,它将参考模型分成两个部分:稳态模型和动态模型。前者呈现非线性,后者在稳态值的附近使用线性化模型;在过程机理明了的情况下,机理模型是在形式上更为一般化的非线性参考模型,在大多数情况下,这类模型都是使用混合建模方法,即通过将机理模型和经验模型相结合得到的。

6.2.1.3 鲁棒预测技术

这类预测技术主要体现在传统模型预测和鲁棒、自适应等技术的结合。这类技术继承了模型预测的思想,通过算法参数的自调整、参考模型的在线修正和启发性建模等手段,从而回避了非线性预测发展中所遇到的非线性理论中存在的困难,有效地将模型预测控制技术扩展到了非线性控制领域。就如何处理带有不确定性的过程对象的问题上,通常有两类处理方法:一是采用鲁棒算法,在算法设计初期就将系统的不确定性考虑进去,使得整个系统在实际控制中面对对象不确定时仍能表现出应有的稳定性;另一类则采用系统辨识技术,主动修正系统本身的参数和策略,使得在新的控制环境中仍能得到令人满意的效果。

6.2.1.4 自适应预测技术

在如何处理模型对象不确定性的问题上与鲁棒预测相左的一类预测技术可以大致地用自适应预测来描述。它的思想是使用自适应(如系统辨识、模糊及人工神经网络建模)技术,主动地对外界环境进行认知,最终修改自身的参考模型或调整系统参数和策略,极大地减少了预测系统存在的不确定性,以期得到良好的性能。根据实现方法的不同,自适应技术可大体分为两类:一类是控制模式的自我调整,这一类又称为参考自整定方法;另一类基于模型的自我修正,即在线辨识(如迭代最小二乘法)方法。由此自适应预测技术也可分为参数自整定自适应预测和模型辨识自适应预测。参数自整定预测与传统的最优化有很大不同,它采用了启发式优化的概念,允许设计者自由地选择优化性能指标的形式。因此对于同一预测对象,如果系统采用不同的采样周期、预测时域、误差权矩阵和反馈校正滤波等参数,可能导致完全不同的效果。这一点为设计者提供了极大的设计自由,同时也成为预测参数自整定方法的基本出发点。对于模型辨识自适应预测控制(简称自适应预测控制),如果将预测控制参数模型的在线修正视为一般意义上的预测参数调整,那么模型辨识自适应预测就退化成了上述中的参数自整定预测。

6.2.1.5 基于神经网络的广义预测

A 基于神经网络误差校正的广义预测

对预测来说,核心问题是怎样根据对象的已知信息做出较好的预测。由于对象的验前信息的不充分性,基于此类信息集合得到的预测模型,用于在线预测时,其预测值与实测值之间存在偏差,我们称其为预测误差。当前采用的各种预测方法,不管是间接算法,还是直接算法,一般其预测输出的预测模型都是建立在数学模型的基础上,都没有考虑建模误差的影响。虽然一般的广义预测算法对模型失配有一定的抑制作用,但目前的算法对模型失配的抑制能力是有限的。当建模误差较大时,随着预测长度的增加,预测误差必然也会急剧增加,从而有可能破坏预测控制系统的鲁棒性,只有根据实测信息不断进行反馈校正,才能保证预测趋于准确。为了克服这一缺点,考虑引入预测误差对预测输出进行校正,即:利用预测误差的过去信息建立误差的预测模型,通过对误差的预测修正系统的预测输出,进一步克服模型失配的影响,提高控制系统的鲁棒性。由于神经网络能够逼近任意复杂的非线性函数关系,采用并行分布式信息处理方法,可同时综合定量和定性信息,既可在线学习,也可离线计算,灵活性大。

B 基于神经网络的非线性系统的广义预测

实际中的控制对象都带有一定的非线性,大多数具有弱非线性的对象可用线性化模型近似,并应用已有的线性控制理论的研究成果来获得较好的控制效果。就预测的基本原理而言,只要从被控对象能够抽取出满足要求的预测模型,它便可以应用于任何类型的系统,包括线性和非线性系统。但由于非线性系统的复杂多样性,在实现的技术上和理论分析上难度比线性系统要大得多。与神经网络、多模型控制、微分集合理论和微分代数理论等算法相结合,是非线性系统的 GPC 研究的有效途径之一。由于神经网络理论在求解非线性方面的巨大优势,很快形成了非线性预测的不同算法,如用于神经网络的内模控制、神经网络的增量型模型算法控制等,近来一些学者对有约束神经网络的预测也做了相应的研究。将神经网络用于 GPC 的研究成果有利用 Tank-Hopfield 网络处理 GPC 矩阵求逆的算法、基于神经网络误差修正的 GPC 算法、利用小脑模型进行提前计算的 GPC 算法、基于 GPC 的对角递归神经网络方法以及用神经网络处理约束情形的预测算法。非线性系统的GPC研究成果还有基于双线性模型的GPC算法等,但算法都具有一定的局限性。

6.2.2 小波变换分析检测结果时序曲线

6.2.2.1 原理

多分辨分析是小波分析的重要组成部分,它提供了一种时间序列分解和重构的快速算法,可将一个函数表示为一个低频率成分与不同分辨率下的高频成分。基于多分辨分析的预测方法把小波分析和时间序列分析紧密的联系起来。但是随着情况的复杂,对预测又提出了更高的要求。单纯利用多分辨分析完成所有时间序列的预测工作显然是不可能的,因此,又出现了种类繁多的新预测方法,如小波包在混沌金融系统中的预测方法、小波支持向量机预测方法等。

在信号分析中,对于缓变的信号中存在的短时尖峰,采用单一分辨率进行分析显然是不合适的。因为单一的分辨率所分的时间间隔不可调整,所以那些持续时间短、频率高的脉冲的发生时刻难以检测。对此,可首先把由取样得到的带限函数空间用原信号的某个阶段代替;其次用基于同一空间的不同时间尺度分析信号,这称为多分辨分析。多分辨分析为小波理论的发展奠定了坚实的理论基础,很多小波理论都受益于多分辨分析理论的提出。多分辨分析的预测方法是针对非平稳时间序列预测的方法,是通过小波多分辨分析把某些非平稳时间序列分解为若干层近似意义上的平稳时间序列,然后再用自回归模型对每层的单支重构信号进行预测,最后综合每层的预测值可得到时间序列的预测值。

但是,对于未能发现该时间序列发展趋势的混沌时间序列的小波包预测,可能会因为选取了比较低的频率尺度,某些频率较高空间中反映系统状态特征的信息丢失。小波包是将信号频域进行了多层次分析,这样的多层次分析不同于多分辨分析,它可以将前面提到的多分辨分析中没有细分的高频部分进一步分解,同时可以根据信号的特征,调整相应的频域,使之与信号谱相匹配,提高了时频分辨率,从而达到能够追踪不同的频率空间反映系统状态征兆特征的信息。利用小波包对混沌系统进行预测的过程有:(1)利用小波包对时间序列进行分解;(2)对分解得到的各频率数据进行特征分析、混沌判别,以确定其混沌特性;(3)建立混沌模型进行预测;(4)将各部分预测的结果应用小波包进行重构。

6.2.2.2 分析检测结果时序曲线预测铁矿石质量趋势和发现差错

提取2001~2008年的巴西某一产地的粉铁矿,按时间序列将其全铁的合同值、国外结果、国内结果进行排列,按散点图将这些点连成曲线,会发现是一条含噪曲线,利用小波分析对时间序列的长程数据进行分析可以预测铁矿石的品质变化(见图6-4)。长程预测是忽略系统数据的局部微观涨落,而研究系统的整体变化、整体发展趋势及将来的走向,从信号的变化中构建出时间序列的整体趋势及整体上的变化规律。然而,实际的情况是信号通常伴随噪声的污染及在小尺度上的随机涨落,以及大尺度上的奇异性与突变性,使信号很难呈现出一定的规律性。对于许多实际中的信号,如潜周期模型信号、隐马尔可夫模型信号,其本身即是带扰动的随机游动,即使有规律也是隐藏在数据自身的随机游动及噪声污染的背后,很难发现其规律性。

小波分析方法是一种窗口大小固定但其形状可以改变,时间窗和频率窗都可以改变的时频局部化的分析方法,而小波时窗与频窗之间的限定关系,使小波在信号的低频部分具有较高的频率分辨率和较低的时间分辨率，在信号的高频部分具有较高的时间分辨率和较低的频率分辨率。小波的这种在时频分析方面所具有的自适应性正符合对信号处理的要求。小波变换对不同的频率在时域上的取样步长是调节性的。在低频时小波变换的时间分辨率较差，而频率分辨率较高；在高频时小波变换的时间分辨率较高，而频率分辨率较低。这正符合低频信号变化缓慢而高频信号变化迅速的特点。

应用小波分析为信号长程预测提供采样数据的步骤如下：(1)选用合适的小波母函数，对信号进行多重分解，分解的层数要视信号受噪声污染及高频含量的多少决定，通常情况下6～7层足够。母小波的选用同样要看信号属性而定，本例采用Daubechies(db)小波，能对所示的信号取得了良好的滤波效果，但db小波不一定适用所有的情况，这要在实际应用时具体分析所要预测的信号性质。(2)从低频小波系数中选取明显不带有高频信号的一层，将其重构成信号。视具体的预测要求及信号的特点，对于预测路程较短的情况还要采用低频系数加经阈值萎缩的高频系数的重构方法。(3)从重构后的信号中进行信号重采样，并进行分析。

在铁矿石全铁品质分析中，有用信号通常表现为低频部分或是一些比较平稳的信号，而噪声信号则通常表现为高频的信号。应用小波变换消除噪声过程可按如下方法进行处理：首先对全铁国内结果信号进行一维离散小波分解，如进行db2小波7层分解，分解的规则是只对信号的低频部分进行分解，分解过程如图6-5所示，则噪声和信号细节部分都包含在d1～d7中，以门限阈值形式对小波信号进行消噪、重构，即可以达到消噪的目的。对信号消噪的目的就是要抑制信号中的噪声部分，从而在s中恢复出真实信号。在对信号的小波分

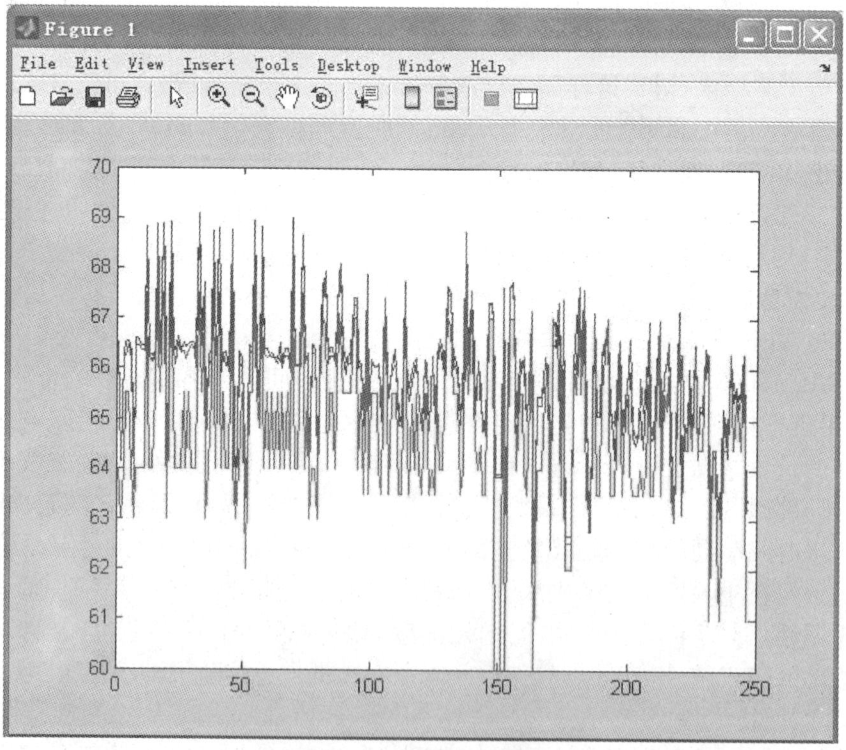

图6-4 合同值、国外、国内结果原始信号合并图

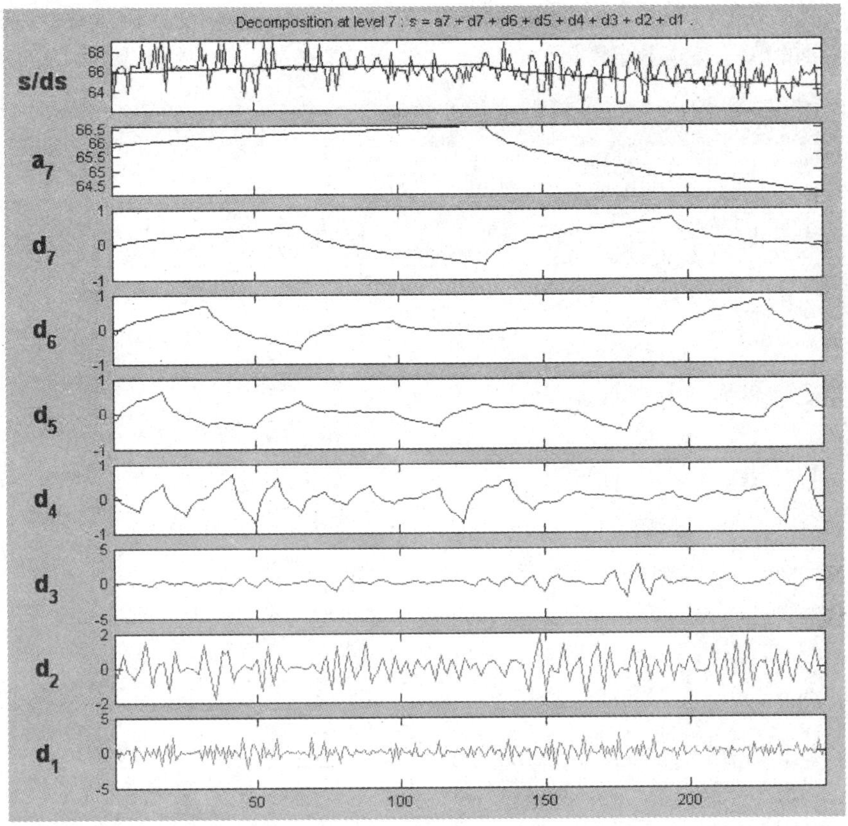

图 6-5 国内全铁结果 db2 小波 7 层分解

解中,从总体上说,一个一维离散的信号,它的高频部分影响是它的小波分解高频第一层,低频部分影响是它的小波分解的最深层及其低频层。从中可以看到,随着分解的深入,高频小波系数迅速衰减,到第 7 层时高频系数已经很少。将分解的各层小波系数重构成信号可以很清楚地看到,信号的高频部分主要保留在第 1 层高频信号中,之后迅速衰减,到第 6 层时高频信号已经很微弱,将对应的各层低频小波系数重构成信号,即可实现对信号的长程预测。见图 6-5 的原始曲线与重构曲线合并图 s/ds。对铁矿石全铁的国外结果和合同值做如上相同的小波处理,将合同、国外、国内结果的消噪重构图合并在一起进行比较,见图 6-6。原始信号见图 6-4。由图 6-6 可得,自 2004 年 8 月起,该产地全铁品位开始下降,2005 年 11 月至 2006 年 3 月品位在波动中继续下降,不仅国内结果是这样,而且国外结果也是如此,两者基本吻合。从合同的要求看,2005 年前要求是逐年提高,2004 年 8 月起,合同要求开始逐年放低,至 2005 年 1 月,合同要求有一段时间不稳定(但从对应时间的国内、国外全铁结果看,该段时间的数据倒比较稳定),之后略有提高,但 2008 年 6 月起,合同要求急剧下降。从国内结果的趋势看,2004 年 8 月是一个分水岭,之后铁矿石质量开始下降,直到 2008 年年底。可以预测 2009 年初铁矿石全铁品位也是徘徊在 64% ~65%。因此,在时间序列信号的长程预测中,从噪声或是非平稳高频信号影响的信号中提取可用于预测滤波的信号样点的方法,采用小波变换对信号进行分解,采用低频部分进行信号重建,对预测全铁品位的变化有指导意义。当然,对铁矿石其他元素项目的分析也可以采用上述相同的方法。对于图 6-6 的分析结果与我国从该地区进口铁矿石的情况基本相符。

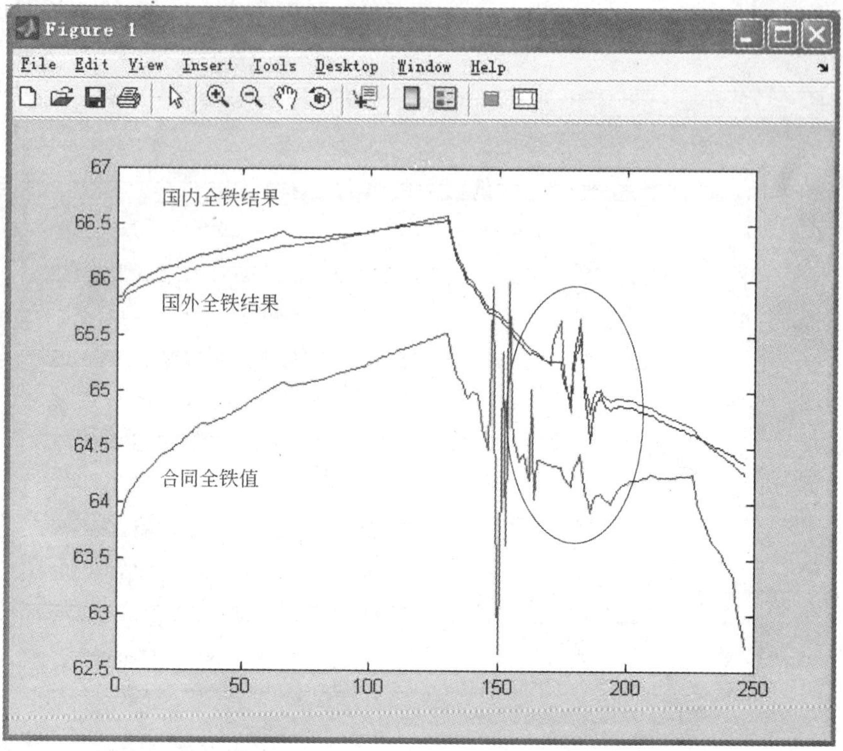

图 6-6 合同、国外、国内结果的消噪重构图

另外，如果图 6-6 椭圆部分的合同、国外曲线部分没有波动，而国内结果波动严重，这就需要检验人员加倍关注，结果波动处存在差错的隐患，其结果是否正确需要进行论证，因此该方法也可用于差错判断。

6.2.3 神经网络数学建模预测差错隐患

6.2.3.1 原理

预测的核心问题是预测的数学模型，鉴于当前的几种预测方法，如：时间序列法、平滑预测法、回归预测技术等，大都存在着不适用于非线性场合或多因素场合，以及依赖于预测人员的了解程度和个人经验等诸多缺陷。人工神经网络以其非线性映射能够最佳逼近研究对象等优点，已经在信息处理、模式识别、智能控制及系统建模等领域得到越来越广泛的应用。应用神经网络进行建模，选择最佳网络结构是网络设计的关键。

A BP 神经网络模型

BP 神经网络利用单元期望输出与实际输出之间的偏差作为连接权值调整的参考，最终使这种偏差达到最小。它把网络输出端出现的误差归结为连接权值的“过错”，通过把输出层各单元的误差逐层逆向传播给各层单元，从而获得各层单元的参考误差，以便调整相应的连接权值。在 BP 学习算法中，由于权值修改是从输出层向输入层方向进行，故称作逆向传播算法。BP 神经网络是一种多层前向网络，对于任意目标函数，可以通过调整网络结构来任意逼近它。与传统模型相比,BP 神经网络模型用于非线性的复杂系统中有非常显著的优势:它不需要建立复杂数学模型,经过学习就能够建立样本间隐含的复杂关系;具有很强的适应性和容错性,允许带一定噪声的数据输入;分布并行式的存储方式;自组织、自适应处理数据。因此神经网络特别适用于用常规计算方法难以表达的信息处理过程。BP 神经网络的神经采用的传递函数一般都是 Sigmoid(双曲线正切函数)型可微函数,是严格的递增函数,在线性和非线性之间显现出较好的平衡,所以可实现输入和输出间的任意非线性映射,适用于中长期的预测。但 BP 算法存在明显的不足之处:(1)易陷入局部最小而得不到全局最优;(2)训练次数多,使得学习效率低,收敛速度慢;(3)神经网络结点个数难以确定合适的数值,缺乏理论指导;(4)训练时学习新样本有遗忘旧样本的趋势。针对这些问题,已提出了不少的改进方法,如学习率自适应调整策略法、动量法、共轭梯度法等。

B RBF 神经网络模型

RBF 径向基神网络结构与 BP 神经网络结构相似,之所以叫 RBF 径向基神经网络,是因为 RBF 网络隐层神经元的激活函数是径向基函数,最常用的是高斯函数。RBF 是一种局部分布对中心点径向对称衰减的非负非线性函数,它将输入空间映射到一个新空间,输入层在新空间中实现了线性组合,可调节的参数就是该线性组合的权值和控制基函数形状的参数。RBF 神经网络由三层组成,输入层、隐层和输出层。输入层节点只传递输入信号到隐含层,隐层节点常由高斯函数构成,输出层通常是简单的线性函数。设预测模型输出只有一个节点,即预测结果。RBF 具有输出对参数局部线性的特点,网络训练可避开非线性优化。因而,不存在局部极小问题。网络的拓扑结构在学习过程中确定,所以 RBF 的学习速度要比 BP 算法快得多,尤其适合于对结构未知对象的函数逼近和预测模型的建立,可以高效地为预测控制提供优质的预测信息,尤其适合于具有连续线性与非线性对象的复杂系统的预测控制要求。由于 BP 网络的隐节点数目随训练样本数目的增长变化不大,而 RBF 网络的隐节点数目和训练样本数目相同,网络的结构会过于庞大,所以当遇到大规模训练样本时,宜用 BP 神经网络。

C LVQ 神经网络模型

LVQ 神经网络模型为学习矢量量化神经网络,LVQ 网络是两层的网络结构,第一层为竞争层,第二层为线性层。竞争层用于对输入向量进行分类;线性层将竞争层传递过来的分类信息转换为使用者所定义的期望类别。当某个输入模式被送至网络时,参考矢量中最接近输入模式的隐含神经元因获得激发而赢得竞争,因而允许它产生一个"1"。其他隐含神经元都被迫产生"0"。与包含获胜神经元的隐层神经元组相连接的输出神经元也发出"1",而其他输出神经元均发出"0"。产生"1"的输出神经元给出输入模式的类,每个输出神经元被表示为不同的类,这就是 LVQ 网络的模式聚类功能。依据这种功能可以对输入模式进行分类识别。用 LVQ 网络进行目标的识别过程分为两个阶段,即训练阶段和识别阶段,网络的训练样本以在相关平面上特定区域内采集的信号作为输入向量,从而构成 LVQ 网络的脱机训练基,并使用 Matlab 中的 train 函数对网络进行训练,为了使产生的网络对输入向量有一定的容错能力,需同时使用理想信号和带有噪声的信号对网络进行训练。

6.2.3.2 神经网络预测结果差错

将红外碳硫仪测定的进口铁矿石硫的国外值、国内值、采用标样是否合适、仪器是否拖尾、是否按照体系要求出数据为输入向量,国外值、国内值采用实际数据,其他输入如正常为

0,采用标样不合适、仪器拖尾、未按照体系要求出数据为1,输出部分正常为[0 1],不正常为[1 0]。前35组数据为训练集,最后3组为测试集,见表6-3。

表6-3 样本集

序 号	标 样	仪器状态	体系要求	国外值	国内值	结 论
1	0	0	0	0.006	0.0106	正 常
2	0	0	0	0.010	0.0131	正 常
3	0	0	1	0.008	0.00092	不正常
4	1	0	0	0.011	0.0108	正 常
5	0	1	0	0.001	0.027	不正常
6	0	0	0	0.011	0.0110	正 常
7	0	0	1	0.011	0.0138	正 常
8	1	0	0	0.002	0.0072	正 常
9	0	0	0	0.011	0.00140	不正常
10	0	0	0	0.02	0.0120	正 常
11	0	0	1	0.013	0.0108	正 常
12	1	0	0	0.013	0.012	正 常
13	0	0	0	0.013	0.0121	正 常
14	0	0	0	0.014	0.0126	正 常
15	0	1	1	0.011	0.036	不正常
16	0	0	0	0.011	0.0112	正 常
17	0	0	0	0.005	0.0127	正 常
18	0	0	0	0.013	0.0114	正 常
19	1	0	1	0.016	0.0123	正 常
20	0	0	0	0.006	0.0134	正 常
21	0	1	0	0.013	0.0426	不正常
22	1	0	0	0.013	0.00126	不正常
23	0	0	1	0.005	0.012	正 常
24	0	0	0	0.005	0.0122	正 常
25	0	0	0	0.014	0.0103	正 常
26	1	0	0	0.012	0.0112	正 常
27	0	0	1	0.012	0.0121	正 常
28	0	0	0	0.014	0.0124	正 常
29	1	0	0	0.016	0.0162	正 常
30	0	0	0	0.014	0.0134	正 常
31	0	0	1	0.014	0.0118	正 常
32	0	0	0	0.017	0.0130	正 常

续表 6-3

序 号	标 样	仪器状态	体系要求	国外值	国内值	结 论
33	0	0	0	0.008	0.012	正 常
34	0	0	0	0.015	0.0138	正 常
35	1	0	1	0.012	0.0094	正 常
36	0	0	0	0.006	0.012	正 常
37	1	0	0	0.003	0.014	正 常
38	0	0	1	0.017	0.0017	不正常

(1) BP 神经网络。设 P 为训练集,T 为目标向量,隐含元为 71,输出元为 2,则代码为:

```
>> P = P';T = T';
>> net = newff(minmax(P),[71,2]);
>> net.trainParam.epochs = 500;
>> net = train(net,P,T)
```

其训练误差图见图 6-7。

设 PT 为测试数据,则:

```
>> PT = PT';
>> Y = sim(net,PT)      % 进行仿真测试
Y =
    -0.0019    -0.8715    0.7426
     1.0000     1.0000    0.4853
```

得到的结果与[0 1,0 1,1 0]非常接近,因此可以用于差错预测,虽然训练误差很小,但还是不够非常精确。

(2) RBF 神经网络。设 P 为训练集,T 为目标向量,PT 为测试集分布常数为 1.2,本例与上例不同的是,将原先位于训练集的国内结果转移到目标向量,是目标向量除判断差错与否的同时预测国内结果,以表 6-3 的第 36、38 行样本为测试数据集,则代码为:

```
>> P = P';T = T';
>> spread = 1.2;
>> net = newrbe(P,T,spread);
>> y = sim(net,PT)
y =
    0.0336     1.1555
    0.9664    -1.2555
    0.0118     0.0231
```

本例说明,第 36 行、38 行的测试结果为:第 36 行的差错判断与[0 1](正常)非常接近,预测国内结果为 0.0118,与原始结果 0.012 也非常接近;第 38 行的差错判断与[1 0](不正常)非常接近,预测国内结果为 0.0231,与原始结果 0.0017 大相径庭,经过对该样品重新进

行复验,得结果为 0.017,训练完的网络成功预测了结果差错,而且还给出了正确的参考数字,该数字与原先结果差了一个数量级,但与复验的数据在同一个数量级。

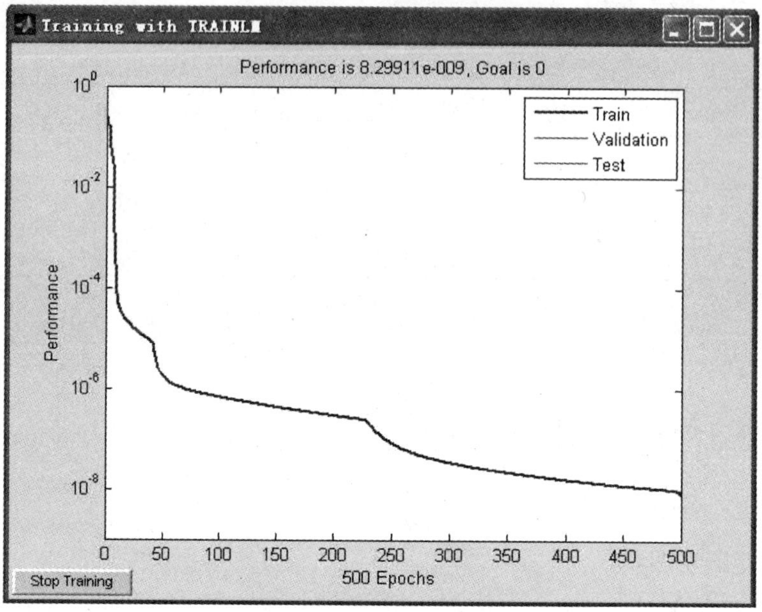

图 6-7　训练误差图

（3）LVQ 神经网络。这里尝试一下利用 LVQ 神经网络得描述识别进行预测,LVQ 网络的优点是不需要将输入向量进行归一化、正交化处理,只需直接计算输入向量与竞争层之间的距离。设 P 为训练集,T 为目标集,其中 1 代表正常,2 代表不正常。代码为:

```
%输入训练训练 P 和类别 T,然后将 T 变为 C
>> P = P';
>> C = T;
>> C = C';
%将类别向量 C 再次转换为目标向量 T
>> T = ind2vec(C);
%绘制输入向量
>> plotvec(P,C,'*')
%网络创建,竞争元为 5,80%为正常,20%为不正常
>>hold on;
>> net = newlvq(minmax(P),5,[0.8 0.2]);
%求网络竞争层的初始权值
>> w1 = net.IW{1};
%绘制输入向量和权值向量图
>> plot(w1(1,1),w1(1,2),'+r');
>>hold off;
%网络训练
>> net.trainParam.epochs = 100;
```

```
>> net = init(net);
>> net = train(net,P,T)
TRAINR,Epoch 0/100
TRAINR,Epoch 25/100
TRAINR,Epoch 50/100
TRAINR,Epoch 75/100
TRAINR,Epoch 100/100
TRAINR,Maximum epoch reached.
```

%训练结果,训练误差图见图 6-8。

```
net =
    Neural Network object:
    architecture:
        numInputs:1
        numLayers:2
    biasConnect:[0;0]
    inputConnect:[1;0]
    layerConnect:[0 0;1 0]
    outputConnect:[0 1]
    targetConnect:[0 1]
        numOutputs:1(read - only)
        numTargets:1(read - only)
    numInputDelays:0(read - only)
    numLayerDelays:0(read - only)
    subobject structures:
        inputs:{1x1 cell} of inputs
        layers:{2x1 cell} of layers
        outputs:{1x2 cell} containing 1 output
        targets:{1x2 cell} containing 1 target
        biases:{2x1 cell} containing no biases
      inputWeights:{2x1 cell} containing 1 input weight
      layerWeights:{2x2 cell} containing 1 layer weight
    functions:
        adaptFcn:'trains'
        gradientFcn:'calcgrad'
            initFcn:'initlay'
        performFcn:'mse'
            trainFcn:'trainr'
    parameters:
        adaptParam:.passes
    gradientParam:(none)
        initParam:(none)
    performParam:(none)
        trainParam:.epochs,.goal,.show,.time
```

```
        weight and bias values:
                          IW:{2x1 cell} containing 1 input weight matrix
                          LW:{2x2 cell} containing 1 layer weight matrix
                          b:{2x1 cell} containing no bias vectors
        other:
           userdata:(user information)
>> PT = PT';%设 PT 为测试集并进行转置
%绘制输入向量和训练后的权值向量(见图 6-9)
>> plotvec(P,C,'*r');
>> hold on;
>> plotvec(net.IW{1}',vec2ind(net.LW{2}),'+');
>> hold off;
>> y = sim(net,PT);
>> yc = vec2ind(y)
yc  =
     1     1     2
```

从结果看,网络仿真预测即模式识别是比较成功的。

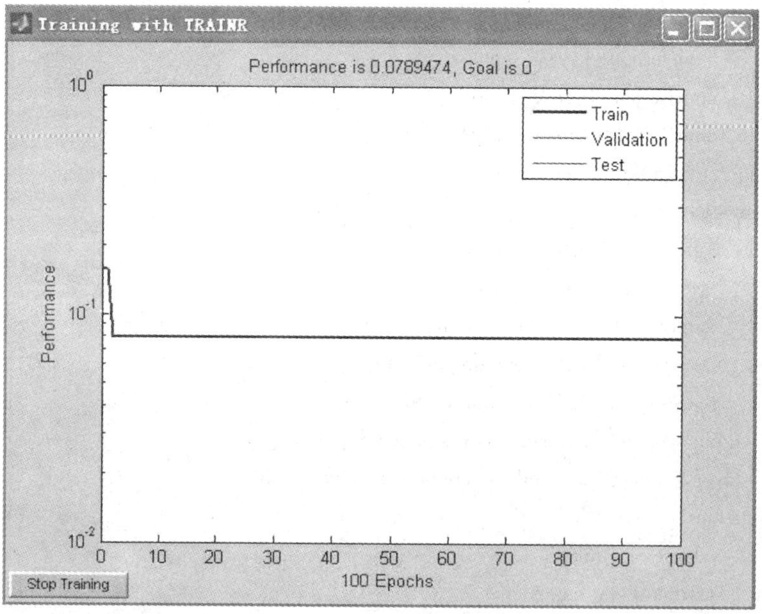

图 6-8 训练误差图

6.2.4 小波神经网络预测铁矿石品质特性

预测也是小波神经网络(WNN)的重要应用,为了避免在铁矿石检验中产生偏差,可以对测试进行过程中的相关要素进行控制,但构成偏差源是相当复杂的,这种偏差的可能性如果用人工判断需要极其丰富的经验,而且即使经验丰富的专家也会有判断失误的时候,利用小波人工神经网络的预测可以建立辅助专家系统数据库。用小波神经网络技术分析其质量波动情况，并对未知矿种进行特性分类，为买卖双方提供改进生产质量的建议。小波神经网络还能应用在检测方法及数据有效性研究，如不同检测方法及结果数据等效性验证方法学研究、不同检出限数据的处理、异常值处理、未检出数据的处理等。

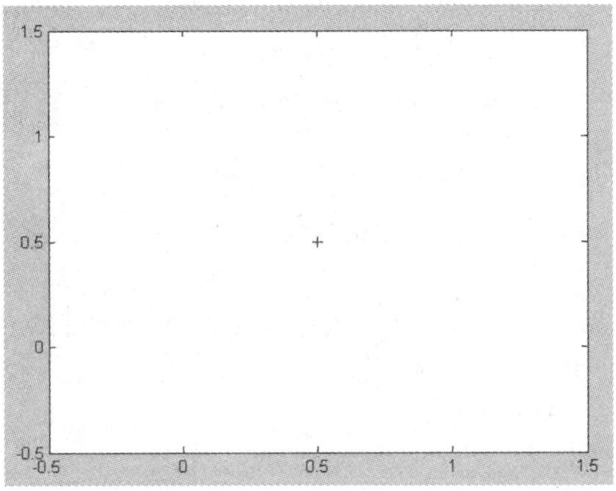

图 6-9　输入向量和训练后的权值向量图

6.2.4.1　*原理*

小波与神经网络的结合有两种形式：(1)松散型，即小波分析作为神经网络的前置处理手段，为神经网络提供输入特征向量；(2)紧密型，小波和神经网络直接结合，即小波函数和尺度函数形成神经元。利用小波人工神经网络进行预测需要经过以下几个步骤：(1)问题描述；(2)网络设计；(3)网络测试；(4)给出程序；(5)设计总结。

小波神经网络是基于小波分析的具有神经元网络思想的模型，它采用非线性小波基取代常用的非线性 Sigmoid 函数。小波神经网络的输出公式如下：

$$y = g^*\left(\sum_{i=1}^{n} W_j \psi_{s,i,j}(x_j)\right) \tag{6-18}$$

式中，函数 g^* 为 Sigmoid 函数或线性函数；W_j 为小波层与输出层之间的连接权值；$\psi_{s,i,j}$ 为小波变换函数；x_j 为第 j 个输入量。

由于小波网络是将小波分析理论引入到神经网络中而形成的一种前馈网络，它较常规神经网络有如下优点：(1)网络结构的确定有一定的理论指导(借助小波分析理论)；(2)网络中的某些参数可以借助信号的一些物理含义来确定(如平移和伸缩参数，可根据信号时频特性确定)；(3)网络权值学习算法较常规神经网络简单，并且误差函数关于权值是一个凸函数，不存在局部极小点，收敛速度较快。小波神经网络由于把神经网络的自学习特性和小波的局部特性结合起来，具有自适应分辨性和良好的容错能力，适合于对非线性系统进行预测。它继承了传统预测控制方法的优点，克服了其中的一些缺陷，使预测性能得到改善。

6.2.4.2　*小波神经网络实例*

以 6.2.1.2 节的铁矿石全铁检测为例，采用松散型小波神经网络模型，将 6.2.1.2 节的 db 小波变换得到的合同值、国外值消噪后的重构时间序列曲线中的倒数 21 ~ 2 个数据作为下一步 BP 网的输入集，将合同值、国内值消噪后的重构时间序列曲线的倒数 21 ~ 2 个数据作为目标向量，预测 2008 年 12 月最后批次进口铁矿石的全铁品位，样本集为滚动式，即要预测最新的结果，其训练集一直采用倒数 21 ~2 个数据，随着新样本的不断生成，不断抛弃老样本，滚动样本集越大，网络的预测精度越高。Matlab 代码为：

```
%设 P 为输入集,p 为数据归一化后的输入集;T 为目标集,t 为数据归一化后的目标集
>> for i=1:2;
p(i,:)=(P(i,:)-min(P(i,:)))/(max(P(i,:))-min(P(i,:)));
end
>> for i=1:2;
t(i,:)=(T(i,:)-min(T(i,:)))/(max(T(i,:))-min(T(i,:)));
end;
%建立 BP 网络,隐含层为 5 神经元,输出为 2 个神经元,传递函数、学习函数为默认
>> net=newff(minmax(p),[5,2]);
>> net.trainParam.epochs=100;
>> net=train(net,p,t)
%训练结果见图 6-10
TRAINLM-calcjx,Epoch 0/100,MSE 0.316513/0,Gradient 1.14774/1e-010
TRAINLM-calcjx,Epoch 25/100,MSE 1.7194e-008/0,Gradient 2.43408e-005/1e-010
TRAINLM-calcjx,Epoch 50/100,MSE 4.63394e-009/0,Gradient 2.16614e-005/1e-010
TRAINLM-calcjx,Epoch 75/100,MSE 1.86615e-009/0,Gradient 6.08574e-006/1e-010
TRAINLM-calcjx,Epoch 100/100,MSE 1.22939e-009/0,Gradient 3.38211e-006/1e-010
TRAINLM,Maximum epoch reached,performance goal was not met.
```

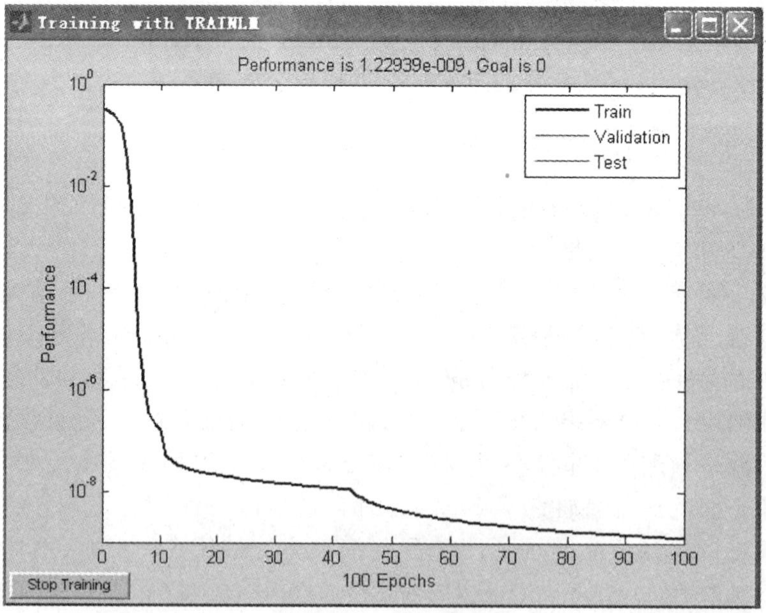

图 6-10 训练误差图

```
%进行系统测试仿真,测试数据集为 PT,pt 为归一化后的测试数据集,数据组成为上述重构时间序列曲线中倒数 20~1 个数据作为下一步 BP 网的输入集
```

Y = sim(net,pt)

得到20组数据,将数据进行反归一化,最后一组数据的测试结果与实际数据比较很接近。因此,按照小波分析手段进行预测只是通过曲线趋势估测,而将小波分析后的数据输入BP网络,可以进一步预测比较准确的结果,通过这种技术手段有利于检验人员判断实际结果的准确性,避免差错的产生。而且预测结果要比单一的BP网络得出的结论要好,同样100步循环训练的误差结果也要比单一BP、LVQ等网络低。

参考文献

[1] 应海松,等.铁矿石检验系列丛书:铁矿石取制样及物理检验[M].北京:冶金工业出版社,2007.
[2] 王松青,等.铁矿石与钢材的质量检验[M].北京:冶金工业出版社,2007.
[3] 许东,吴铮.基于MATLAB 6.X的系统分析与设计:神经网络[M].2版.北京:电子工业出版社,2007.
[4] 葛哲学,孙志强.神经网络理论与MATLAB R2007实现[M].西安:西安电子科技大学出版社,2002.
[5] 飞思科技产品研发中心.MATLAB 6.5辅助小波分析与应用[M].北京:电子工业出版社,2003.
[6] 飞思科技产品研发中心.小波分析理论与MATLAB 7实现[M].北京:电子工业出版社,2005.
[7] 许超,等.预测控制技术及应用发展综述[J].化工自动化及仪表,2002,29(3):1~10.
[8] 李东侠.基于神经网络的广义预测控制综述[J].常州工学院学报,2005,3:12~15.
[9] 邢蕾.基于小波分析时间序列预测技术进展[J].吉林金融研究,2009,4:70~71.
[10] 刘威,等.小波变换在时间序列信号长程预测中的应用[J].黑龙江工程学院学报(自然科学版),2006,2:75~78.

7 神经网络在铁矿检测实验室管理及质量控制的应用

本章利用神经网络建立数学模式用于铁矿实验室管理及质量控制。神经网络在各行各业应用非常广泛，它已经成为人工智能领域研究的重要的手段之一。前几章主要介绍了神经网络在数据处理中的应用，用以解决聚类分析、模式识别、去噪等，本章尝试神经网络在软科学领域的应用，如体系管理、绩效考核、安全防范等。

7.1 神经网络在实验室质量体系管理的应用

铁矿检测实验室是为铁矿石贸易的利益相关各方提供检测服务的专业实验室，铁矿检测实验室依靠其完善的组织结构、高效的质量管理和可靠的技术能力为钢铁企业提供检测、出具检测报告。加强实验室质量管理并持续改进和提高实验室的工作质量、技术能力，对促进我国钢铁经济的健康发展具有十分重要的意义❶。

7.1.1 实验室认可基本原则

7.1.1.1 基本情况介绍

我国实验室质量体系认可的依据采用 CNAS—CL01“检测和校准实验室能力认可准则本准则”，该依据是等同采用国际标准 ISO/IEC 17025：2005“检测和校准实验室能力的通用要求”，该准则包含了检测和校准实验室为证明其按管理体系运行、具有技术能力并能提供正确的技术结果所必须满足的所有要求。同时，准则还包含了 ISO9001 中与实验室管理体系所覆盖的检测和校准服务有关的所有要求，因此，符合该准则的检测和校准实验室，也是依据 ISO 9001 运作的。中国合格评定国家认可委员会（CNAS）使用该准则作为对检测和校准实验室能力进行认可的基础。为支持特定领域的认可活动，CNAS 还根据不同领域的专业特点，制定了一系列的特定领域应用说明，对该准则的通用要求进行必要的补充说明和解释。申请 CNAS 认可的实验室应同时满足该准则以及相应领域的应用说明。

7.1.1.2 实验室体系认可及管理范围

实验室认可准则规定了实验室进行检测和/或校准的能力（包括抽样能力）的通用要求。这些检测和校准包括应用标准方法、非标准方法和实验室制定的方法进行的检测和校准。该准则适用于所有从事检测和/或校准的组织，包括诸如第一方、第二方和第三方实验室，以及将检测和/或校准作为检查和产品认证工作一部分的实验室。当实验室不从事准则所包括的一种或多种活动时，可不采用本准则中相关条款的要求。准则是 CNAS 对检测和校准实验室能力进行认可的依据，也可为实验室建立质量、行政和技术运作的管理体系，以

❶ 本项目参与人为应海松、余清。

及为实验室的客户、法定管理机构对实验室的能力进行确认或承认提供指南。准则不包含实验室运作中应符合的法规和安全要求。如果检测和校准实验室遵守本准则的要求,其针对检测和校准所运作的质量管理体系也就满足了 ISO 9001 的要求。

7.1.1.3 实验室体系管理内容

实验室体系管理内容可分为管理要求和技术要求两部分。

(1) 管理要求。准则规定了管理要求有 15 个要素,分别为:组织、管理体系、文件控制、要求/标书和合同的评审、检测和校准的分包、服务和供应品的采购、服务客户、投诉、不符合检测和/或校准工作的控制、改进、纠正措施、预防措施、记录的控制、内部审核、管理评审。

(2) 技术要求。准则规定了技术要求有十个要素,分别为:总则、人员、设施和环境条件、检测和校准方法及方法的确认、设备、测量溯源性、抽样、检测和校准物品的处置、检测和校准结果质量的保证、结果报告。

7.1.2 神经网络应用于实验室质量控制

在本书第 6 章关于检验结果差错评估已经涉及部分实验室质量控制,如参考小波分析与神经网络技术得出的结果,再兼顾其他因素,建立铁矿石检验的复验量化依据等,本小节选择铁矿石质量体系运行过程中相关的 25 个要素的某几个要素,分析评估实验室质量体系运行的有效性。

7.1.2.1 服务和供应品的采购及合格供应商的评估

准则规定实验室应有选择和购买对检测和/或校准质量有影响的服务和供应品的政策和程序及有与检测和校准有关的试剂和消耗材料的购买、接收和存储的程序。实验室应确保所购买的、影响检测和/或校准质量的供应品、试剂和消耗材料,只有在经检查或以其他方式验证了符合有关检测和/或校准方法中规定的标准规范或要求之后才投入使用。所使用的服务和供应品应符合规定的要求。应保存所采取的符合性检查活动的记录。影响实验室输出质量的物品的采购文件,应包含描述所购服务和供应品的资料。这些采购文件在发出之前,其技术内容应经过审查和批准。实验室应对影响检测和校准质量的重要消耗品、供应品和服务的供应商进行评价,并保存这些评价的记录和获批准的供应商名单。因此实验室需要定期对供应商是否合格进行评估。

实验室管理中所采集的样本数据可以是定性数据,也可以是定量数据,对应实验室合格外供而言,定量数据比较容易直接采取,如所采购的试剂/器皿价格、退货率、供货周期、优惠率、应急反应程度、企业注册资金、采购人员数等,在实际应用中只是将这些不同量纲的数据进行归一化处理即可。但定性数据则相对不好掌握,如诚信度、配合度、信息沟通状态、组织机构状态、企业资质、人员素质等,这里可以采取两种方法,一种为定性指标只有两种选择,如诚信度,可将诚信度好以 1 代替,诚信度差以 0 代替;另一种则有多种选择,如配合度,配合度好以 1 代替,配合度一般以 0.5 代替,配合度差以 0 代替,有些指标如信息沟通状态,可以将每件采购物品沟通的次数来替代,下面列举某铁矿石检测实验室合格供应商的有效性评估。

表 7-1 为实验室供应商是否合格的一些主要影响因素和合格与否的参数表,表中的影响因素 a、b、c、d、e、f、g、h、i、j、k、l、m、n 分别为试剂/器皿价格、退货率、供货周期、优惠率、应急反应程度、企业注册资金、采购人员数、诚信度、配合度、信息沟通状态、组织机构状态、企

业资质、人员素质、是否为合格供应商，试剂以最典型的常用试剂盐酸为代表。盐酸价格以500 mL/瓶(AR)为基准，退货率以每年所退批次计算，供货周期为自通知日起至到货日，优惠率指折扣率，应急反应程度指紧急采购时的到货天数，企业注册资金为万元，采购人员数指专业采购营销人员，诚信度为有无销售假冒残次产品(以0、1表示)，配合度指对实验室人员提出的要求的满足程度(以0、1表示)，信息沟通状态(沟通频繁为1，一般为0.5，没有沟通为0)，组织机构状态指是否取得工商注册(以0、1表示)，企业资质指有否实行ISO9000管理(以0、1表示)，人员素质指营销人员的专业水平(以0、1表示)，是否为合格供应商以+表示合格，-表示不合格。

将前9个样本作为训练集，建立BP神经网络，隐含元为9×2+1=19，输出元为2个，输出合格以[1 0]表示，输出不合格以[0 1]表示。将最后一组数据作为测试集。首先利用样本集对网络进行训练，输入信号向前传播到隐结点，通过传递函数tansig、logsig、purelin，采用反向传播算法训练函数trainlim对网络进行训练，具体Matlab的代码如下：

表 7–1 供应商参数

序号	a	b	c	d	e	f	g	h	i	j	k	l	m	n
1	7.2	0	15	1	1	50	3	1	1	1	1	0	0	+
2	7.2	1	30	0.9	2	45	2	1	1	0.5	1	0	0	+
3	13.2	10	30	1	10	45	1	0	0	0	1	0	0	-
4	12.3	0	15	1	2	90	5	1	1	0	1	1	1	+
5	12.3	0	15	1	2	80	4	1	1	0	1	1	1	+
6	6.8	0	15	1	1	45	3	1	1	1	1	0	0	+
7	8.4	1	20	0.8	2	45	2	1	1	0.5	1	0	1	+
8	6.2	0	30	1	10	45	1	0	0	0.5	0	0	1	-
9	7.2	1	15	0.9	2	45	2	1	1	0.5	1	0	0	+
10	10.4	0	15	0.9	2	90	5	1	1	0	1	1	0	+

%设P为训练集，T为目标向量，PT为测试集，p为数据归一化后的P，pt为数据归一化后的PT

%进行数据归一化

```
>> for i = 1:9;
p(i,:) = (P(i,:) - min(P(i,:)))/(max(P(i,:)) - min(P(i,:)))
end
>> for i = 1:1;
pt(i,:) = (PT(i,:) - min(PT(i,:)))/(max(PT(i,:)) - min(PT(i,:)))
end
```

网络建立，传递函数、学习函数均为默认

```
net = newff(minmax(p),[19,2]);
%训练循环次数(100)、显示次数(25)、误差目标均为默认(0)
net = train(net,p,T)
```

```
>> Y = sim(net,pt)
Y =
      1.0000
     -0.3861
```

得到的测试结果与[1 0]一致,说明表7-1的第10家供应商为合格供应商。判断供应商是否合格除必须满足体系准则要求外,其他需要实验室管理人员凭经验判断,有些管理人员判断其是否合格以其一两个变量为依据,因此考虑的影响因素欠综合。利用神经网络可以将有检验管理人员的经验作为训练的教师,利用BP网络的训练结果,可以让新接触该工作的人员正确判断合格供应商是否处于合格地位。训练次数不到10次就达到恒定,本例中的误差曲线最低达到的虽只有0.389,但从结果看已经满足要求。误差曲线见图7-1。

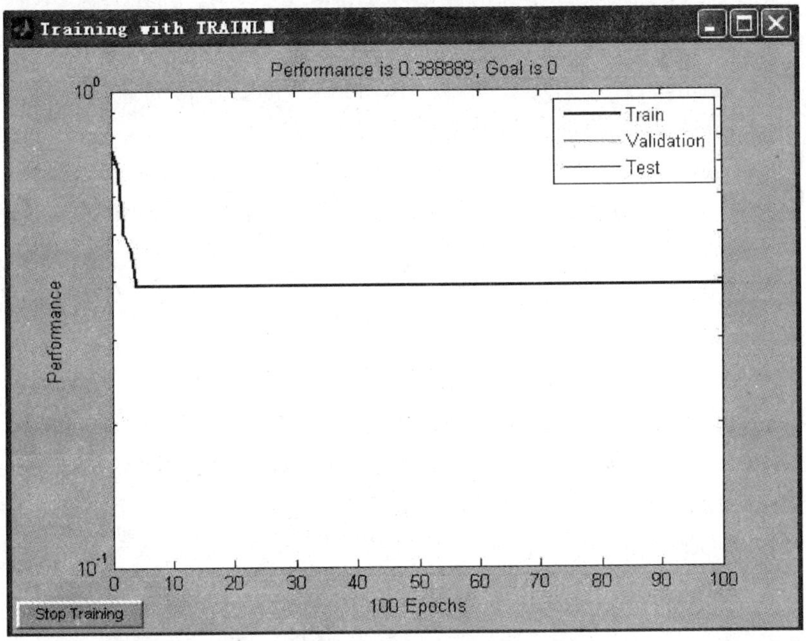

图7-1 误差曲线

7.1.2.2 内审和管理评审

A 原理

内部审核指实验室应根据预定的日程表和程序,定期地对其活动进行内部审核,以验证其运作持续符合管理体系和准则的要求。内部审核计划应涉及管理体系的全部要素,包括检测和/或校准活动。质量负责人按照日程表的要求和管理层的需要策划和组织内部审核。审核应由经过培训和具备资格的人员来执行,只要资源允许,审核人员应独立于被审核的活动。内部审核的周期通常应当为一年。当审核中发现的问题导致对运作的有效性,或对实验室检测和/或校准结果的正确性或有效性产生怀疑时,实验室应及时采取纠正措施。如果调查表明实验室的结果可能已受影响,应书面通知客户。审核活动的领域、审核发现的情况和因此采取的纠正措施,应予以记录。跟踪审核活动应验证和记录纠正措施的实施情况及有效性。

管理评审指实验室的最高管理者应根据预定的日程表和程序,定期地对实验室的管理体系和检测和/或校准活动进行评审,以确保其持续适用和有效,并进行必要的变更或改进。评审应考虑到:(1) 政策和程序的适用性;(2) 管理和监督人员的报告;(3) 近期内部审核的结果;(4) 纠正措施和预防措施;(5) 由外部机构进行的评审;(6) 实验室间比对或能力验证的结果;(7) 工作量和工作类型的变化;(8) 客户反馈;(9) 投诉;(10) 改进的建议;(11) 其他相关因素,如质量控制活动、资源以及员工培训。评审结果应当输入实验室策划系统,并包括下年度的目的、目标和活动计划。管理评审的典型周期为 12 个月。应记录管理评审中的发现和由此采取的措施。管理者应确保这些措施在适当和约定的时限内得到实施。

B 问题描述

鉴于以上要求,神经网络也可用于实验室内审和管理评审,以管理评审为例说明神经网络的应用。可以将上述 11 项内容的全部或几项作为神经网络的输入层,评估质量体系运行的状态,即属于持续有效,有隐患,还是已经无效了,以便实验室管理层能参考并做出相应的决策。

由于评审应考虑的内容多为定性,因此需要将这些内容进行分析,确定合适的数字表达方式。政策和程序的适用性指质量体系符合相关准则要求或同时满足实际工作需求,满足或不满足的修改后能满足的以 1 表示,均不能满足的以 0 表示;管理和监督人员的报告中无问题项的或有问题项的可改正以 1 表示,不能改正以 0 表示;近期内部审核的结果无不符合项的或有不符合项的可整改以 1 表示,不能整改以 0 表示;有纠正措施和预防措施以 1 表示,无纠正措施和预防措施以 0 表示;由外部机构进行的评审无不符合项的或有不符合项的可整改以 1 表示,不能整改以 0 表示;实验室间比对或能力验证的结果良好以 1 表示,有可疑值以 0.5 表示,有偏离值以 0 表示;工作量和工作类型无变换变化以 1 表示,无变换以 0 表示;客户反馈有问题的以 0 表示,无反馈或无问题的以 1 表示;有投诉及有改进的建议以 0 表示,无投诉以 1 表示;有质量控制活动且结果良好以 1 表示,反之以 0 表示;资源充足以 1 表示,反之以 0 表示;有正常员工培训以 1 表示,反之以 0 表示。输出结果中体系维持以[1 1]表示,体系进行整改以[0 1] 表示,放弃原系统,重新建立新体系[1 0] 表示。

C 管理评审示例

如某铁矿检测实验室的一次管理评审,目的要求是:通过管理评审,对管理体系是否达到现行质量目标做出评价,对管理体系与实验室内外在变化的适应性做出评价,确定是否修改政策与程序,使管理体系更有效地运行。为确保实验室管理体系持续适用和有效,对实验室管理体系进行必要的持续改进,实验室专门组织相关管理人员进行管理体系会议评审。管理评审按照年初计划,输入项为当前政策的适用性、管理体系文件的有效性和管理体系运行有效性、组织机构和岗位职责分工、实验室工作量和工作类型的变化、前次管理评审后续措施的实施验证情况、近期内部评审及不符合项整改的情况、人员培训、能力验证和期间核查情况、仪器设备的使用情况、仪器设备的周期检定情况、服务和供应的采购验证情况、质量控制情况、质量方针和目标评价及实施落实情况报告、下一年度的质量目标和活动计划以及一些改进的建议、监督活动情况报告和岗位职责分工情况等,达到对实验室进行了系统的评审,对质量方针、目标和管理体系的总体效果做出了确切描述等输出项。

a 评审结果

评审结果如下:

(1) 管理体系运行概况。实验室的管理体系的运行与保持符合 ISO/IEC17025:2005 标准、实验室管理体系文件及相关法律法规的要求,可以实现实验室质量方针及质量目标,顾客对服务满意,无投诉事件及质量事故发生,持续改进有效。从管理体系的要求来看,实验室已经形成了既能满足标准要求,又能满足实际管理需要的有效实施的文件化管理体系。

(2)管理评审结论。管理评审涉及体系覆盖范围的所有岗位,内容体现了对管理体系持续改进的要求。按照管理评审计划的安排,形成结论为:实验室管理体系的适宜性、充分性和有效性正在得到贯彻与实施;质量方针、目标符合策划的要求;对于建立和保持的实验室管理体系资源配置的合理,且具有持续改进的能力;未产生需进行纠正和预防事项,经审核组审核予以通过,可以作为本实验室体系适宜性、充分性和有效性的证据。

b 高层管理人员意见

质量负责人、技术负责人汇报了有关情况,主任、副主任、各岗位人员提出了相关意见,总结如下:

(1)现行管理体系文件符合 ISO/IEC17025:2005 的要求,具有持续适用性和有效性。年度两次内审共发现观察项 2 项,均已关闭并形成相应的纠正和预防措施,结果有效。

(2)实验室工作人员站在第三方公正立场,严格按照 CNAS 认可的检验标准,客观、公正、准确、及时地为客户提供服务,资源能够满足需要,人员技术能力得到确认,操作规范,维护了客户合法权益。

(3)年度 CNAS 复评审所发现的 5 个不符合项都已关闭,纠正措施、预防措施有效。

(4)年度无客户投诉及不合格测试情况发生。对客户进行了走访并发放了征求意见表,了解客户对我们的需求。经了解,客户对实验室的服务感到非常满意。

(5)年度铁矿检测中心的工作类型和工作量无大的变化。

(6)为对测试质量进行控制,参加了 ISO/TC102/SC2/SG9 组织的铁矿石国际实验室间质量控制活动,每 2 个月一次,所检测项目覆盖了中心通过 CNAS 认可的所有项目,收到了良好效果。另外,又参加了兄弟局间的技术比对活动,其结果均在实验室间误差范围内,结果令人满意。

根据对政策和程序适用性的研讨、管理和监督人员的报告的评估、内部审核的结果及纠正及预防措施的实施情况、质量活动和技术活动与管理体系的符合情况、实验室内外部环境的变化等情况,以及实验室发展战略等对管理体系运行的有效性和适用性来看,实验室在各方面均能达到标准要求,需注意的关键是积极寻找改进区域,采取改进预防措施,以进一步提高实验室的管理水平,为客户提供更加优质的服务。

c 持续改进目标

在今后的体系运行与保持中,应引起注意的问题主要有:

(1)纠正和预防措施的实施,是保证工作质量、消除不合格发生的有效途径。因此,各岗位在实际工作中,对处理管理体系审核、检验工作中发生的质量事故、顾客抱怨、投诉及其他需要采取纠正和预防措施的情况时,应及时并积极地采取相应的纠正和预防措施,以促进体系的有效改进;

(2)通过对标准的贯彻实施来促进管理体系与实际工作的有效融合,结合建立学习型组织的实施来加强对标准的学习和理解,将管理体系的理念逐步融入日常检验检疫工作中,用现代的管理方法指导我们的实际工作,通过建立一个学习型的组织来实现持续改进。

D 网络设计

根据以往的管理评审数据,将以往管理评审的最终结果作为训练目标,建立训练样本集,将上述铁矿实验室的管理评审结论转换为数字,见表7-2。

表7-2 训练数据集

序号	a	b	c	d	e	f	g	h	i	j	k	l	结论
1	1	1	1	1	1	0.5	1	1	1	1	1	1	维持
2	1	1	1	1	1	1	1	1	1	1	1	1	维持
3	0	1	1	1	1	1	1	1	1	1	1	1	放弃
4	1	1	1	1	1	0	1	1	1	1	1	1	整改
5	1	1	1	1	1	0.5	1	1	0	1	1	1	整改
6	1	1	0	1	1	0.5	1	1	1	1	1	1	放弃
测试	1	1	1	1	1	1	1	1	1	1	1	1	

采用BP神经网络,隐含元为$6\times2+1=13$,输出元为2个,通过传递函数tansig、purelin,采用反向传播算法训练函数trainlim对网络进行训练,具体Matlab的代码如下:

```
%设P为训练集,T为目标向量,PT为测试集,进行数据转置
>> P=P';T=T';PT=PT';
>> net=newff(minmax(P),[13,2],{'tansig''purelin'},'trainlim');
>> net=train(net,P,T)
```

训练误差见图7-2。

```
>> Y=sim(net,PT)
Y=
    1.0000
    0.9999
```

结论与维持[1 1]一致,即本次管理评审结论为体系持续有效。

如果需要在图7-2中增加测试曲线,可以利用神经网络的GUI功能设定,见图7-3。可见测试曲线与训练曲线相当吻合。但同一个训练样本进行不同次的训练,其训练曲线和结果会有所不同(如图7-2和图7-3所示),但总体趋势趋同,因此需要及时将训练结果进行保存,以便下一次使用时引用。

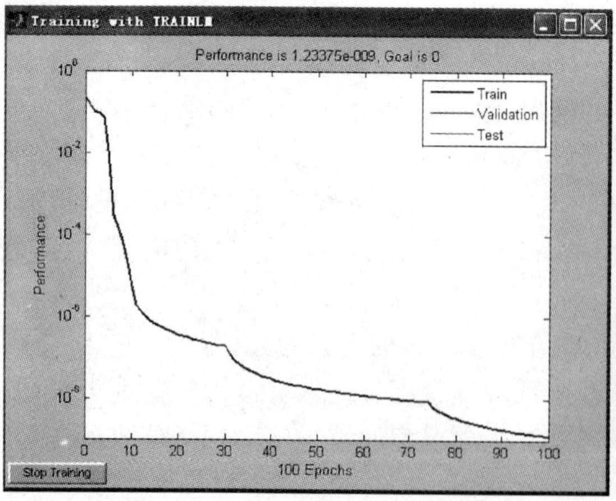

图7-2 训练误差曲线

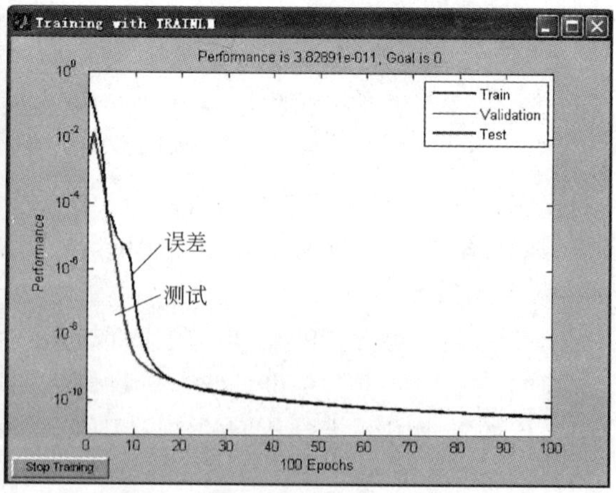

图7-3 含测试的训练误差曲线

7.1.2.3 设备采购与管理

A 设备采购有关规定

本例介绍政府采购中的神经网络应用。一般政府采购采用以下方式:(1) 公开招标;(2) 邀请招标;(3) 竞争性谈判;(4) 单一来源采购;(5) 询价;(6) 国务院政府采购监督管理部门认定的其他采购方式。公开招标应作为政府采购的主要采购方式。实验室采购仪器设备应当采用公开招标方式的,其具体数额标准,属于中央预算的政府采购项目,由国务院规定;属于地方预算的政府采购项目,由省、自治区、直辖市人民政府规定;因特殊情况需要采用公开招标以外的采购方式的,应当在采购活动开始前获得设区的市、自治州以上人民政府采购监督管理部门的批准。采购人不得将应当以公开招标方式采购的货物或者服务化整为零或者以其他任何方式规避公开招标采购。

符合下列情形之一的货物或者服务,可以采用邀请招标方式采购:(1) 具有特殊性,只能从有限范围的供应商处采购的;(2) 采用公开招标方式的费用占政府采购项目总价值的比例过大的。

符合下列情形之一的货物或者服务,可以采用竞争性谈判方式采购:(1) 招标后没有供应商投标或者没有合格标的或者重新招标未能成立的;(2) 技术复杂或者性质特殊,不能确定详细规格或者具体要求的;(3) 采用招标所需时间不能满足用户紧急需要的;(4) 不能事先计算出价格总额的。

符合下列情形之一的货物或者服务,可以采用单一来源方式采购:(1) 只能从唯一供应商处采购的;(2) 发生了不可预见的紧急情况不能从其他供应商处采购的;(3) 必须保证原有采购项目一致性或者服务配套的要求,需要继续从原供应商处添购,且添购资金总额不超过原合同采购金额百分之十的。

采购的货物规格、标准统一、现货货源充足且价格变化幅度小的政府采购项目,可以采用询价方式采购。

政府采购具体程序为:(1) 负有编制部门预算职责的部门在编制下一财政年度部门预算时,应当将该财政年度政府采购的项目及资金预算列出,报本级财政部门汇总。部门预算的审批,按预算管理权限和程序进行;(2) 货物或者服务项目采取邀请招标方式采购的,采购人应当从符合相应资格条件的供应商中,通过随机方式选择三家以上的供应商,并向其发出投标邀请书;(3) 货物和服务项目实行招标方式采购的,自招标文件开始发出之日起至投标人提交投标文件截止之日止,不得少于二十日。

在招标采购中,出现下列情形之一的,应予废标:(1) 符合专业条件的供应商或者对招标文件作实质响应的供应商不足三家的;(2) 出现影响采购公正的违法、违规行为的;(3) 投标人的报价均超过了采购预算,采购人不能支付的;(4) 因重大变故,采购任务取消的。废标后,采购人应当将废标理由通知所有投标人。另外,废标后,除采购任务取消情形外,应当重新组织招标;需要采取其他方式采购的,应当在采购活动开始前获得设区的市、自治州以上人民政府采购监督管理部门或者政府有关部门批准。

采用竞争性谈判方式采购的,应当遵循下列程序:(1) 成立谈判小组。谈判小组由采购人的代表和有关专家共三人以上的单数组成,其中专家的人数不得少于成员总数的三分之二;(2) 制定谈判文件。谈判文件应当明确谈判程序、谈判内容、合同草案的条款以及评定成交的标准等事项;(3) 确定邀请参加谈判的供应商名单。谈判小组从符合相应资格条件的供应商名单中确定不少于三家的供应商参加谈判，并向其提供谈判文件；(4) 谈判。谈判小组所有成员集中与单一供应商分别进行谈判。在谈判中，谈判的任何一方不得透露与谈判有关的其他供应商的技术资料、价格和其他信息。谈判文件有实质性变动的，谈判小组应当以书面形式通知所有参加谈判的供应商；(5) 确定成交供应商。谈判结束后，谈判小组应当要求所有参加谈判的供应商在规定时间内进行最后报价，采购人从谈判小组提出的成交候选人中根据符合采购需求、质量和服务相等且报价最低的原则确定成交供应商，并将结果通知所有参加谈判的未成交的供应商。

采取单一来源方式采购的，采购人与供应商应当遵循本法规定的原则，在保证采购项目质量和双方商定合理价格的基础上进行采购。采取询价方式采购的，应当遵循下列程序：(1) 成立询价小组。询价小组由采购人的代表和有关专家共三人以上的单数组成，其中专家的人数不得少于成员总数的三分之二。询价小组应当对采购项目的价格构成和评定成交的标准等事项作出规定。(2) 确定被询价的供应商名单。询价小组根据采购需求，从符合相应资格条件的供应商名单中确定不少于三家的供应商，并向其发出询价通知书让其报价。(3) 询价。询价小组要求被询价的供应商一次报出不得更改的价格。(4) 确定成交供应商。采购人根据符合采购需求、质量和服务相等且报价最低的原则确定成交供应商，并将结果通知所有被询价的未成交的供应商。

B 问题描述

在实验室仪器设备招标过程中，邀请招标的被邀方比较难把握，因为任何一家被邀方都不愿意被被邀标方拒绝，而邀标方为了减少评标成本，一般会对被邀标对应进行筛选，尽可能减少被邀方数目，但往往取舍没有标准，受邀标方人为因素影响严重，甚至会招致被拒或被未受邀请方的投诉。

以某铁矿检验实验室的实验室装修设计招标为例，说明神经网络在该领域的应用。在前期沟通过程中，有15家单位有参与竞标的意向，但如果全部邀请15家单位参加，则不仅需要实验室人员投入大量的精力，也会造成未中标的邀标方浪费大量的资源。首先设计神经网络的样本参数，利用人工神经网络自组织竞争方法，挑选出三家以上的邀标对象。分别对这15家单位的基本情况进行分析，选出：邀标对象的注册资金；公司经营范围，全部以1代表，部分以0代表；是总包公司还是能承担工程兼设计(有的公司仅仅承担设计，工程以OEM形式分包)，工程兼设计以1代表，只是总包以0代表；前期沟通好以1表示，不好以0表示；已经完成的成功项目数；有诚信的以1表示，有欺骗行为以0表示；有否行贿记录，有以0表示，没有以1表示。将这15家单位的情况列于表7-3的数据集。

表7-3 数据集

序 号	a	b	c	d	e	f	g
1	200	1	1	1	15	1	1
2	450	1	0	1	13	1	1
3	210	1	1	1	2	1	1
4	350	1	1	1	0	1	1
5	200	0	1	1	5	1	1
6	320	0	1	0	0	1	1

续表 7-3

序　号	a	b	c	d	e	f	g
7	420	0	1	1	0	1	1
8	250	1	1	0	0	1	1
9	280	1	1	0	0	1	1
10	200	1	1	0	0	1	1
11	250	1	1	0	0	1	1
12	260	1	1	0	0	1	1
13	310	1	1	0	0	1	1
14	310	1	1	0	0	1	1
15	200	1	1	0	0	1	1

C　模式识别

采用自组织竞争网络，循环训练200次，需要区分三类，即分别为邀标对象、候选邀标对象及非邀标对象，代码如下：

```
%将样本数据归一化
>> for i = 1:15;
p(i,:) = (P(i,:) - min(P(i,:)))/(max(P(i,:)) - min(P(i,:)));
end
>> p = p';
>> net = newc(minmax(p),3,0.1);
>> net = init(net);
>> net.trainParam.epochs = 200;
>> net = train(net,p);
%为了解网络训练的效果,可以对训练数据集进行仿真测试
>> Y = sim(net,p)
Y =
    (1,1)        1
    (1,2)        1
    (3,3)        1
    (3,4)        1
    (1,5)        1
    (3,6)        1
    (3,7)        1
    (3,8)        1
    (3,9)        1
    (3,10)       1
    (3,11)       1
    (3,12)       1
    (3,13)       1
    (3,14)       1
```

```
    (3,15)          1
>> Yc = vec2ind(Y)
Yc =
     1    1    3    3    1    3    3    3    3    3    3    3    3    3    3
```

即序号 1、2、5 可以作为邀标对象,没有辨别出第二类,其余均被拒绝邀标。按照训练结果,如果还有另外单位有参与意向,可以再次将其公司基本情况作为输入参数进行仿真测试,网络会自动给予归类。

7.1.2.4 试验校正物及标准参考物料的评估

A 原理

实验室用于检测和/或校准物品的运输、接收、处置、保护、存储、保留和/或清理的程序及为保护检测和/或校准物品的完整性以及实验室与客户利益所需的条款,实验室具有检测和/或校准物品的标识系统,以确保物品及记录不会产生混淆。实验室有程序和适当的设施避免检测或校准物品在存储、处置和准备过程中发生退化、丢失或损坏。实验室的检测或校准物品或其一部分需要进行安全保护,以确保该物品或其有关部分的状态和完整性。在检测之后要重新投入使用的测试物,需特别注意确保物品的处置、检测或存储/等待过程中不被破坏或损伤。因此,对实验校准物的评估相当重要,它直接影响检测结果的正确与否。

B 问题描述

铁矿石标准参考物质在铁矿石检测中所起作用非常重要,在铁矿石全铁滴定需要标样进行参照,在仪器分析时也可作为校正曲线。以全铁滴定为例,在对铁矿石全铁进行滴定时,需要随样品同时检测与所测样品相同含量范围及相似矿物组成标样,以验证样品检测的准确性。但在检测过程中,也时有发现有个别标样的定值存在偏差,干扰了样品的检测。相关检测数据见表 7-4。

表 7-4 数据集

序号	标准值	检测值 1	检测值 2	检测值 3	检测值 4	滴定剂	温度	结论
1	65.76	65.77	65.78	65.82	65.69	1	20	正常
2	62.65	62.91	62.95	62.98	62.91	1	35	正常
3	68.77	68.41	68.50	68.32	68.45	1	5	正常
4	65.22	65.56	65.62	65.53	65.61	0	20	正常
5	62.40	62.45	65.50	65.39	65.49	1	35	异常
6	58.71	58.41	58.33	58.32	58.45	1	20	异常
测试	64.37	64.01	63.98	63.97	64.05	1	20	异常

数据集构成为标样的标准值、4 次连续检测值、滴定剂是否偏差(无偏差以 1 表示,有偏差以 0 表示)、环境温度。

C 网络建立与模拟

建立 BP 网络,隐含元为 13,输出元为 2,循环训练 100 次,将目标[1 0]表示正常无偏差,将[0 1]表示异常有偏差。设 P 为训练集,T 为目标向量,PT 为测试集,p 为归一化的训练集,pt 为归一化后的测试集。Matlab 代码为:

```
>> for i=1:6;
p(i,:)=(P(i,:)-min(P(i,:)))/(max(P(i,:))-min(P(i,:)));
end
>> for i=1:1;
pt(i,:)=(PT(i,:)-min(PT(i,:)))/(max(PT(i,:))-min(PT(i,:)));
end
>> p=p';pt=pt';T=T';
>> net=newff(minmax(p),[13,2],{'tansig''purelin'},'trainlim');
>> net=train(net,p,T)
>> Y=sim(net,pt)
Y=
    -0.3139
     0.9976
```

测试结果与[0 1]接近,即异常有偏差,该标样应该不能作为标准物参考使用。图7-4所示100次的循环训练,其误差已经非常低了。

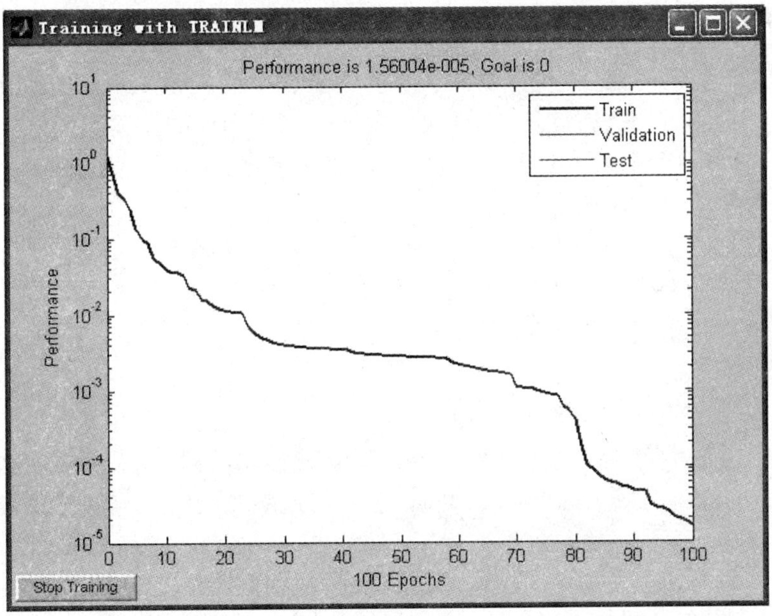

图7-4 训练误差曲线

7.1.2.5 测试方法的确认

A 原理

实验室应使用适合的方法和程序进行所有检测和/或校准,所有与实验室工作有关的指导书、标准、手册和参考资料应保持现行有效,对检测和校准方法的偏离,仅应在该偏离已被文件规定、经技术判断、授权和客户接受的情况下才允许发生。如果国际的、区域的或国家的标准,或其他公认的规范已包含了如何进行检测和/或校准的简明和充分信息,并且这些标准是以可被实验室操作人员作为公开文件使用的方式书写时,则不需再进行补充或改写为内部程序。对方法中的可选择步骤,可能有必要制定附加细则或补充文件。

实验室应采用满足客户需求并适用于所进行的检测和/或校准的方法,应优先使用以国际、区域或国家标准发布的方法。实验室应确保使用标准的最新有效版本,必要时应采用附加细则对标准加以补充,以确保应用的一致性。当客户未指定所用方法时,实验室应从国际、区域或国家标准中发布的,或由知名的技术组织或有关科学书籍和期刊公布的,或由设备制造商指定的方法中选择合适的方法。实验室制定的或采用的方法如能满足预期用途并经过确认,也可使用。所选用的方法应通知客户。在引入检测或校准之前,实验室应证实能够正确地运用这些标准方法。如果标准方法发生了变化,应重新进行证实。当认为客户建议的方法不适合或已过期时,实验室应通知客户。

应指定具有足够资源的有资格的人员制定实验室自己的方法,非标准方法的使用应遵守与客户达成的协议,且应包括对客户要求的清晰说明以及检测和/或校准的目的。所制定的方法在使用前应经适当的确认。对新的检测和/或校准方法,在进行检测和/或校准之前应当制定程序。程序中至少应该包含下列信息:(1) 适当的标识;(2) 范围;(3) 被检测或校准物品类型的描述;(4) 被测定的参数或量和范围;(5) 仪器和设备,包括技术性能要求;(6) 所需的参考标准和标准物质(参考物质);(7) 要求的环境条件和所需的稳定周期;(8) 程序的描述。

方法的确认是通过检查并提供客观证据,以证实某一特定预期用途的特定要求得到满足。实验室应对非标准方法、实验室设计(制定)的方法、超出其预定范围使用的标准方法、扩充和修改过的标准方法进行确认,以证实该方法适用于预期的用途。确认应尽可能全面,以满足预定用途或应用领域的需要。实验室应记录所获得的结果、使用的确认程序以及该方法是否适合预期用途的声明。

用于确定某方法性能的技术应当是下列之一,或是其组合:

(1) 使用参考标准或标准物质(参考物质)进行校准;

(2) 与其他方法所得的结果进行比较;

(3) 实验室间比对;

(4) 对影响结果的因素作系统性评审;

(5) 根据对方法的理论原理和实践经验的科学理解,对所得结果不确定度进行的评定。

当对已确认的非标准方法做某些改动时,应当将这些改动的影响制订成文件,适当时应当重新进行确认。

按预期用途进行评价所确认的方法得到的值的范围和准确度,应与客户的需求紧密相关。这些值诸如:结果的不确定度、检出限、方法的选择性、线性、重复性限和/或复现性限、抵御外来影响的稳健度和/或抵御来自样品(或测试物)基体干扰的交互灵敏度。确认包括对要求的详细说明、对方法特性量的测定、对利用该方法能满足要求的核查以及对有效性的声明。在方法制订过程中,需进行定期的评审,以证实客户的需求仍能得到满足。要求中的认可变更需要对方法制订计划进行调整时,应当得到批准和授权。确认通常是成本、风险和技术可行性之间的一种平衡。许多情况下,由于缺乏信息、数值(如准确度、检出限、选择性、线性、重复性、复现性、稳健度和交互灵敏度)的范围和不确定度只能以简化的方式给出。

校准实验室或进行自校准的检测实验室,对所有的校准和各种校准类型都应具有并应用评定测量不确定度的程序。检测实验室应具有并应用评定测量不确定度的程序。某些情况下,检测方法的性质会妨碍对测量不确定度进行严密的计量学和统计学上的有效计算。

这种情况下,实验室至少应努力找出不确定度的所有分量且做出合理评定,并确保结果的报告方式不会对不确定度造成错觉。合理的评定应依据对方法特性的理解和测量范围,并利用诸如过去的经验和确认的数据。

B 问题描述

鉴于上述原理,实验室所使用的标准、方法必须经过确认,才能使用。同时,也按照上述确定某方法性能的技术,可采用标样校准、与其他方法比较、实验室间比对进行方法确认,尤其是对某些标准的超范围使用,以铁矿石中高 Mn 含量检测为例,说明方法确认问题。国家出入境检验检疫局于 1999 年 12 月 30 日发布的"进出口铁矿石中铁、硅、钙、锰、铝、钛、镁和磷的测定波长色散 X 荧光光谱法"行业标准,锰的推荐检测范围为 0.0015% ~0.77%,但近几年来,国内有些钢铁公司开始从巴西 CVRD 公司批量进口高锰粉铁矿,该品种铁矿锰含量一般在 2% ~4% 之间,因此上述标准已不能满足检测工作的需要。由于高含量锰的铁矿标准物质非常稀少,因此使用曲线外推法使铁矿石—X 荧光光谱法—锰含量测定的应用范围上限扩展到 5%,以满足进口高锰铁矿检验的需要。因此 Mn 含量检测超范围应用必须对方法进行验证和确认。

因高含量锰的铁矿标准物质非常稀少,所以采用增入加样法(相同元素内标法)建立合适的标准物质系列,方法结果在于 ICP 的结果比对,进行方式确认。数据集见表 7-5。

表 7-5 数据集

项 目	1	2	3	4	5	6	7	8
XRF 检测值	0.028	0.684	1.358	1.576	2.474	3.156	3.550	4.810
ICP 测定值	0.027	0.690	1.023	1.566	2.470	3.153	3.553	4.798
目 标	无偏差	无偏差	有偏差	无偏差	无偏差	无偏差	无偏差	无偏差

设定 7 个样品,以 ICP 检测值为依据验证 XRF 检测值的可靠性,将前 6 个样本作为训练集,第 7 个样本作为测试集。将目标无偏差以[1 0]替代,有偏差以[0 1]替代。

C 网络建立

采用 BP 网,隐含层 5 个经元,输出 2 个经元,P 为训练集,T 为项目向量,PT 为测试集,代码为:

```
>> net = newff(minmax(P),[5,2],{'tansig''purelin'},'trainlim');
>> net.trainParam.epochs = 100;
% 其余参数为默认,进行训练,训练误差见图 7-5
>>  net = train(net,P,T)
TRAINLM - calcjx, Epoch 0/100, MSE 2.14661/0, Gradient 0.945375/1e - 010
TRAINLM - calcjx, Epoch 1/100, MSE 0.5/0, Gradient 0/1e - 010
TRAINLM, Minimum gradient reached, performance goal was not met.
>>  y = sim(net,PT)
y =
     1
    -1
```

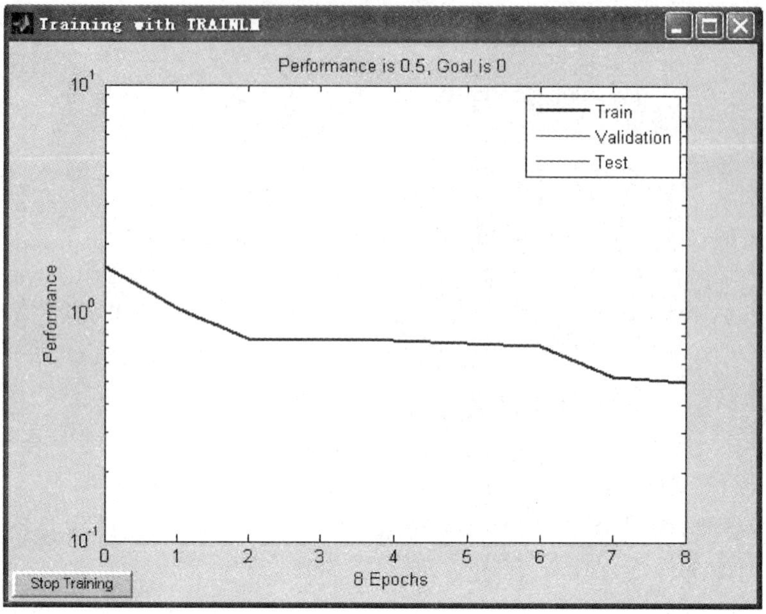

图 7-5 训练误差曲线

网络有一定的容错性，由于训练样本较少，且数据未进行归一化，因此训练精度不高，训练速度快，只经过 8 次循环就达到精度最低，但最后的仿真测试还是得出了与预期结果一致的结论，如果 Mn 的浓度范围再延伸下去，一直得出有偏差的结论为止，则达到浓度延伸的上限。

7.1.2.6 改进、纠正措施、预防措施的有效性

A 原理

实验室在实施质量方针和质量目标时，应用审核结果、数据分析、纠正措施和预防措施以及管理评审来持续改进管理体系的有效性。

实验室制定了有关体系文件，以便在识别出不符合工作和对管理体系或技术运作中的政策和程序的偏离后实施纠正措施。可以通过如不符合工作的控制、内部或外部审核、管理评审、客户的反馈或员工的观察等工作来发现问题，进行原因分析。纠正措施程序可从确定问题根本原因的调查开始，原因分析是纠正措施程序中最关键有时也是最困难的部分，因为根本原因通常并不明显，因此需要仔细分析产生问题的所有潜在原因，潜在原因可包括：客户要求、样品、样品规格、方法和程序、员工的技能和培训、消耗品、设备及其校准。需要采取纠正措施时，实验室对潜在的各项纠正措施进行识别，并选择和实施最可能消除问题和防止问题再次发生的措施。纠正措施应与问题的严重程度和风险大小相适应，并将纠正措施调查所要求的任何变更制订成文件且加以实施。同时，需对纠正措施进行监控，以确保所采取的纠正措施是有效的。当发现实验室不符合其政策和程序，或有怀疑时，实验室应尽快对相关活动区域进行附加审核。附加审核常在纠正措施实施后进行，以确定纠正措施的有效性。仅在识别出问题严重或对业务有危害时，才有必要进行附加审核。

实验室应识别潜在不符合的原因和所需的改进，无论是技术方面的还是相关管理体系方面。当识别出改进机会，或需采取预防措施时，应制定、执行和监控这些措施计划，以减少

类似不符合情况发生的可能性并借机改进。预防措施程序包括措施的启动和控制，该措施是事先主动识别并加以改进机会的过程，而不是对已发现问题或投诉的反应。除对运作程序进行评审之外，预防措施还可能涉及包括趋势和风险分析结果以及能力验证结果在内的数据分析。

B 问题描述

根据上述原理，以预防措施为例说明神经网络的应用。在铁矿石检测和管理过程中，当检测经常发生复验、能力验证和实验室比对测试有偏差或结果可疑、在流程管理中有管理漏洞或程序控制不严密、在客户反馈意见中对工作质量有建设性意见等，就需要管理人员作出评估，制定相应的预防措施，及早预防不符合项和差错的产生。如果以上影响因素时常出现，虽然通过及时整改能避免不符合项和差错的出现，但不采取相应的预防措施，则相同隐患会不断出现，总有一天会因疏忽而出现问题。根据以往出现相关因素频次和制定预防措施杜绝了问题的出现，和未及时制定相应措施而最终导致不符合项的产生的经验，作为训练数据，然后对某一时段的发生的问题的频次进行仿真测试，达到构建的网络能为预防措施的制定提供参考。训练集见表 7-6。

表 7-6 训练集

序 号	复验次数	水平测试离群出现次数	流程隐患风险	建议条数	是否制定预防措施
1	5	1	1	2	是
2	0	0	0	0	否
3	2	0	0	1	否
4	28	0	0	0	是
5	5	1	0	0	否
6	0	0	1	0	是
7	1	0	0	1	否
8	10	2	0	0	否
9	3	2	0	1	否
10	3	1	1	0	否

每一序次代表一段时间内相关问题出现的定量频次和是否存在问题的定性判断，复验次数、水平测试或比对试验离群值出现频次、建议意见条数为定量频次，流程风险为定性判断，1 代表有风险，0 代表无风险，是否需要制定预防措施，是以[1 0]表示，否为[0 1]表示。

C 网络建立

采用 BP 网，将表 7-6 前 8 个数据作为训练集，第 9、10 个数据作为测试集。因此隐含元为 17 个，输出元为 2 个。P 为训练集，p 为数据归一化后的训练集，PT 为测试集，pt 为数据归一化后的测试集，T 为目标向量 Matlab 代码为：

```
% 数据归一化
>> for i = 1:8;
p(i,:) = (P(i,:) - min(P(i,:)))/(max(P(i,:)) - min(P(i,:)));
end
```

```
>> for i = 1:2;
pt(i,:) = (PT(i,:) - min(PT(i,:)))/(max(PT(i,:)) - min(PT(i,:)));
end
>> net = newff(minmax(p),[17,2],{'tansig''purelin'},'trainlim');
>> net.trainParam.epochs = 100;
% 其余参数为默认,进行训练,训练误差见图 7-6
>> net = train(net,p,T)
>> Y = sim(net,pt)
Y =
     1.0000    1.0000
    -1.0000   -1.0000
```

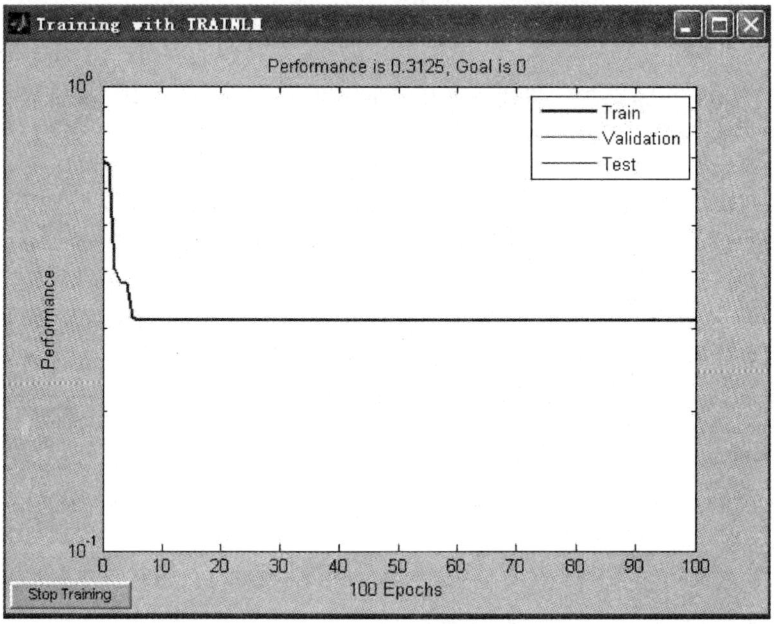

图 7-6　训练误差曲线

测试结果均为否,即无需制定预防措施,由于样本集较少,因此训练误差也不高,训练不到 10 次就达到误差最低。

7.1.3 数学建模

7.1.3.1 Matlab 标准 BP 神经网络的代码

因为 BP 网络的权值初始化都是随即生成,所以每次运行的状态可能不一样。如果初始化的权值有利于训练,那么可能很快能结束训练。代码为:

```
clear all
clc
figure
randn("state",sum(100 * clock))
num1 =5; % 隐节点数
```

```
num2 = 10000; % 最大迭代次数
a1 = 0.02; % 期望误差
a2 = 0.05; % 学习率
test = randn(1,5) * 0.5; % 随即生成 5 个测试值
in = -1:.1:1; % 训练值
expout = [ -.9602 -.5770 -.0729 .3771 .6405 .6600 .4609 .1336 -.2013 -.4344 -
.5000 -.3930 -.1647 .0988 .3072 .3960 .3449 .1816 -.0312 -.2189 -.3201];
% 上面是指定期望输出
% expout = 0.3 * randn(1,21); % 随机产生一组期望输出值,不过效果不好
plot(in,expout,"+");
title("训练向量");
xlabel("in");
ylabel("expout");
output = bpnet(in,expout,num1,num2,a1,a2,test)
test
% 读入训练数据和测试数据
Input = [];
Output = [];
str = {'Test','Check'};
Data = textread([str{1},'.txt']);
% 读训练数据
Input = Data(:,1:end-1);
% 取数据表的前五列(主从成分)
Output = Data(:,end);
% 取数据表的最后一列(输出值)
Data = textread([str{2},'.txt']);
% 读测试数据
CheckIn = Data(:,1:end-1);
% 取数据表的前五列(主从成分)
CheckOut = Data(:,end);
% 取数据表的最后一列(输出值)
Input = Input';
Output = Output';
CheckIn = CheckIn';
CheckOut = CheckOut';
% 矩阵赚置
[Input,minp,maxp,Output,mint,maxt] = premnmx(Input,Output);
% 标准化数据
% 神经网络参数设置
% 可以修正处
Para.Goal = 0.0001;
% 网络训练目标误差
Para.Epochs = 800;
```

```
% 网络训练代数
Para. LearnRate = 0. 1;
% 网络学习速率
Para. Show = 5;
% 网络训练显示间隔
Para. InRange = repmat([ -1 1 ], size(Input,1),1);
% 网络的输入变量区间
Para. Neurons = [ size(Input,1) * 2 + 1 1];
% 网络后两层神经元配置
Para. TransferFcn = {'logsig' 'purelin'};
% 各层的阈值函数
Para. TrainFcn = 'trainlm';
% 网络训练函数赋值
% traingd ：梯度下降后向传播法
% traingda ：自适应学习速率的梯度下降法
% traingdm ：带动量的梯度下降法
% traingdx ：
% 带动量,自适应学习速率的梯度下降法
Para. LearnFcn = 'learngdm';
% 网络学习函数
Para. PerformFcn = 'sse';
% 网络的误差函数
Para. InNum = size(Input,1);
% 输入量维数
Para. IWNum = Para. InNum * Para. Neurons(1);
% 输入权重个数
Para. LWNum = prod(Para. Neurons);
% 层权重个数
Para. BiasNum = sum(Para. Neurons);
% 偏置个数
Net = newff(Para. InRange,Para. Neurons,Para. TransferFcn,…
Para. TrainFcn,Para. LearnFcn,Para. PerformFcn);
% 建立网络
Net. trainParam. show = Para. Show;
% 训练显示间隔赋值
Net. trainParam. goal = Para. Goal;
% 训练目标误差赋值
Net. trainParam. lr = Para. LearnRate;
% 网络学习速率赋值
Net. trainParam. epochs = Para. Epochs;
% 训练代数赋值
Net. trainParam. lr = Para. LearnRate;
Net. performFcn = Para. PerformFcn;
```

```
% 误差函数赋值
% 调试
Out1 = sim(Net,Input);
% 仿真刚建立的网络
Sse1 = sse(Output - Out1);
% 刚建立的网络误差
[Net TR] = train(Net,Input,Output);
% 训练网络并返回
Out3 = sim(Net,Input);
% 对学习训练后的网络仿真
```

7.1.3.2 BP神经网络算法

严格按照BP网络计算公式来设计的一个matlab程序,对BP网络进行了优化设计,源代码为:

```
clear all
clc
inputNums = 3; %输入层节点
outputNums = 3; %输出层节点
hideNums = 10; %隐层节点数
maxcount = 20000; %最大迭代次数
samplenum = 3; %一个计数器,无意义
precision = 0.001; %预设精度
yyy = 1.3; %yyy是帮助网络加速走出平坦区
alpha = 0.01; %学习率设定值
a = 0.5; %BP优化算法的一个设定值,对上组训练的调整值按比例修改
error = zeros(1,maxcount + 1); %error数组初始化;目的是预分配内存空间
errorp = zeros(1,samplenum); %同上
v = rand(inputNums,hideNums); %3*10;v初始化为一个3*10的随机归一矩阵; v表示
输入层到隐层的权值
deltv = zeros(inputNums,hideNums); %3*10;内存空间预分配
dv = zeros(inputNums,hideNums); %3*10;
w = rand(hideNums,outputNums); %10*3;同V
deltw = zeros(hideNums,outputNums);%10*3
dw = zeros(hideNums,outputNums); %10*3
samplelist = [0.1323,0.323, -0.132;0.321,0.2434,0.456; -0.6546, -0.3242,0.3255];
%3*3;指定输入值3*3(实为3个向量)
expectlist = [0.5435,0.422, -0.642;0.1,0.562,0.5675; -0.6464, -0.756,0.11]; %3*
3;期望输出值3*3(实为3个向量),有导师的监督学习
count = 1;
while (count <= maxcount) %结束条件1迭代20000次
c = 1;
while (c <= samplenum)
for k = 1:outputNums
```

```
d(k) = expectlist(c,k); % 获得期望输出的向量,d(1:3)表示一个期望向量内的值
end
for i = 1:inputNums
x(i) = samplelist(c,i); % 获得输入的向量(数据),x(1:3)表示一个训练向量
end
% Forward();
for j = 1:hideNums
net = 0.0;
for i = 1:inputNums
net = net + x(i) * v(i,j);% 输入层到隐层的加权和∑X(i)V(i)
end
y(j) = 1/(1 + exp(-net)); % 输出层处理 f(x) = 1/(1 + exp(-x))单极性 sigmiod 函数
end
for k = 1:outputNums
net = 0.0;
for j = 1:hideNums
net = net + y(j) * w(j,k);
end
if count >= 2&&error(count) - error(count + 1) <= 0.0001
o(k) = 1/(1 + exp(-net)/yyy); % 平坦区加大学习率
else o(k) = 1/(1 + exp(-net)); % 同上
end
end
% BpError(c)反馈/修改;
errortmp = 0.0;
for k = 1:outputNums
errortmp = errortmp + (d(k) - o(k))^2; % 第一组训练后的误差计算
end
errorp(c) = 0.5 * errortmp; % 误差 E = ∑(d(k) - o(k))^2 * 1/2
% end
% Backward();
for k = 1:outputNums
yitao(k) = (d(k) - o(k)) * o(k) * (1 - o(k)); % 输入层误差偏导
end
for j = 1:hideNums
tem = 0.0;
for k = 1:outputNums
tem = tem + yitao(k) * w(j,k); % 为了求隐层偏导,而计算的∑
end
yitay(j) = tem * y(j) * (1 - y(j)); % 隐层偏导
end
% 调整各层权值
for j = 1:hideNums
```

```
for k = 1:outputNums
deltw(j,k) = alpha * yitao(k) * y(j); % 权值 w 的调整量 deltw(已乘学习率)
w(j,k) = w(j,k) + deltw(j,k) + a * dw(j,k);% 权值调整,这里的 dw = dletw(t - 1),实际是对 BP 算法的一个迭代
dw(j,k) = deltw(j,k); % 改进措施——增加动量项目的是提高训练速度
end
end
for i = 1:inputNums
for j = 1:hideNums
deltv(i,j) = alpha * yitay(j) * x(i); % 同上 deltw
v(i,j) = v(i,j) + deltv(i,j) + a * dv(i,j);
dv(i,j) = deltv(i,j);
end
end
c = c + 1;
end% 第二个 while 结束;表示一次 BP 训练结束
double tmp;
tmp = 0.0; 字串 8
for i = 1:samplenum
tmp = tmp + errorp(i) * errorp(i);% 误差求和
end
tmp = tmp/c;
error(count) = sqrt(tmp);% 误差求均方根,即精度
if (error(count) < precision)% 另一个结束条件
break;
end
count = count + 1;% 训练次数加 1
end % 第一个 while 结束
error(maxcount + 1) = error(maxcount);
p = 1:count;
pp = p/50;
plot(pp,error(p),"-"); % 显示误差
% 简单的 BP 神经网络集成,使用时直接调用 bpnet 就行
% 输入的是 p—作为训练值的输入
% t—也是网络的期望输出结果
% ynum—设定隐层点数,一般取 3 ~ 20;
% maxnum—如果训练一直达不到期望误差之内,那么 BP 迭代的次数,一般设为 5000
% ex—期望误差,就是当训练小于这个误差后结束迭代,一般目标值设为 0.01
% lr—学习率,一般设为 0.01
% pp—使用 p - t 虚拟好的 BP 网络来分类计算的向量,也就是嵌入二值水印的大组系数进行训练然后得到二值序列
% ww—输出结果
% 注:ynum,maxnum,ex,lr 均是一个值;而 p,t,pp,ww 均可以为向量
```

% 比如 p 是 m∗n 的 n 维行向量,t 那么为 m∗k 的 k 维行向量,pp 为 o∗i 的 i 维行向量,ww 为 o∗ k 的 k 维行向量

%p,t 作为网络训练输入,pp 作为训练好的网络输入计算,最后的 ww 作为 pp 经过训练好的 BP 训练后的输出

```
function ww = bpnet( p,t,ynum,maxnum,ex,lr,pp)
plot( p,t,"+");
title("训练向量");
xlabel("P");
ylabel("t");
[ w1,b1,w2,b2] = initff( p,ynum,"tansig",t,"purelin"); %初始化含一个隐层的 BP 网络
zhen = 25; %每迭代多少次更新显示
biglr = 1.1; %学习慢时学习率(用于跳出平坦区)
litlr = 0.7; %学习快时学习率(梯度下降过快时)
a = 0.7 %动量项 a 大小(ΔW(t) = lr∗X∗ん + a∗ΔW(t-1))
tp = [ zhen maxnum ex lr biglr litlr a 1.04]; %trainbpx
[ w1,b1,w2,b2,ep,tr] = trainbpx( w1,b1,"tansig",w2,b2,"purelin",p, t,tp);
ww = simuff( pp,w1,b1,"tansig",w2,b2,"purelin"); %ww 就是调用结果
```

7.2 神经网络实验室安全状态评判能力分析

7.2.1 网络设计及数据准备

实验室安全涉及的因素非常复杂,具体可分为 7 个方面,即实验室人身安全、火灾爆炸、取制样实验室安全、化学品使用安全、气瓶高压气体使用安全、射线与辐射安全、仪器设备使用安全。本节采用神经网络分析、评估、预测来实现实验室安全状态的管理。

7.2.1.1 实验室安全问题分析

A 实验室人身安全

对应铁矿检测实验室而言,主要可分为人身外伤、烧伤、中毒。人身外伤在铁矿石检验各个环节都有可能发生,如割伤、碰伤、跌落等,详细的人身外伤及一般施救介绍可见本丛书《铁矿石取制样和物理检验》、《铁矿石检验实验室质量控制体系》。铁矿石实验室的化学分析、仪器分析、物理检验都需要使用高温设备,因此烧烫伤也是常见的实验室伤害。实验室试剂、气体多数带有毒性,有些还具有剧毒性,有毒物质可以通过人体的器官进入人的体内,如口服摄入、皮肤接触、鼻子吸入,轻则过敏、皮肤刺激、身体不适,重则致癌、致畸、昏迷和死亡,对于试剂及有毒试剂的管理,一般实验室都有专门的程序,进行专人和专用容器管理。

B 火灾爆炸

实验室许多试剂、气体具有易燃易爆性,如有机溶剂、强氧化剂等,火灾和爆炸是实验室重点防范的对象,除实验室的建设需要符合防火防爆规范外,如实验室通风等,在实验室的现场也需要配置防火防爆的设备,对易燃易爆试剂和设备的管理须有专门的程序。

C 取制样实验室安全

铁矿石检测实验室与其他分析化学实验室有一个不同的地方是具有专门的取制样实验室,专业铁矿石检测实验室所配置的机械取制样设施,是一套价值上千万元的成套大型设

备，它符合一切机电一体化大型自动化设备的共同特性，正因为取制样实验室安全具有这种特殊性，在实验室安全防范方面既有一般分析化学实验室需要遵守的规则，又要遵循一般工矿企业、码头生产的规章规程。其防范内容包括：粉尘、噪声与次声、振动、电击、机械伤害、高空作业，这部分内容的细节可详见本丛书《铁矿石取制样和物理检验》。

D 化学品使用安全

对于实验室化学品的安全管理主要涉及试剂、药品、易耗品的运输与储存、使用，以及化学品废弃物的安全处理。实验室一般制定有专门的防范程序，这部分内容的细节可详见本丛书《铁矿石检验实验室质量控制体系》。

E 气瓶高压气体使用安全

铁矿实验室的化学分析及物理测试多台仪器需要用到高压气体，这些气体包括易燃、易爆、助燃、助爆、有毒有害、惰性等类型的气体，高压气瓶包括高压和液化气瓶，在取制样及化学分析环节还有压缩空气。对气瓶高压气体的使用必须符合国家相关的法律法规及实验室安全规定，尤其在运输、存储、充装要格外小心。

F 射线与辐射安全

铁矿检测实验室涉及射线与辐射安全有放射源、X 射线、激光、高频电磁、红外、紫外、微波等。有些实验室使用小型能谱仪、中子水分测定仪或穆斯堡尔仪就需要有严格的放射源保护规定，涉及 X 射线的仪器有 X 荧光光谱仪和 X 衍射仪，涉及高频电磁的仪器有红外高频碳硫仪和 X 荧光样品前处理高频熔融仪，红外主要有近、中、远红外光谱仪(包括傅里叶)及红外烘箱、消解炉、水分测定仪加热器等，紫外有紫外可见光分光光谱仪，微波主要有微波消解炉，激光主要指有些实验室配备的与 ICPMS 联用的激光烧蚀器。

G 仪器设备使用安全

铁矿实验室使用的仪器设备除前面提到的大型取制样设施及取样、制样、粒度筛分等设备外，化学分析的设备主要分为大型精密仪器和小型检验器具两类，大型精密仪器有发射光谱类、吸收光谱类、色谱类、质谱类、物性检测类、热处理类、显微镜类、物理检测类、辅助类、前处理类等。实验室一般对这些仪器按类别制定安全防护规程，有些甚至对各大型精密仪器单独制定安全防范规程。

7.2.1.2 网络设计

实验室安全也是实验室年底目标考核的一些重要内容，其指导思想为建立实验室总体安全操作规范，包括各测试室、各仪器设备、各涉及安全的过程环节的各种安全操作规程，然后确定安全指标，安全活动的结果以考核目标完成的程度来评价，考核的方式采用定时定期的实验室安全检查，因此神经网络的涉及可将安全检查发现的问题作为输入，将安全检查的结果作为输出，因此可以进行网络训练，最后达到预测本年度的安全状况，整改和防范，达到预防安全事故的发生的目的。

根据上述实验室安全所涉及的因素，为帮助理解安全管理的检测数据筛选与采集，可首先建立神经网络的安全管理模式，神经网络安全管理模式见图 7-7。从模式图可看出，通过对以往安全检查的数据进行筛选，同时选择有代表性的数据，通过考核小组的考核结果对样本进行训练，最后通过对当年度的安全指标的监控，计算当年的实验室安全状态，确定安全状态等级，根据神经网络计算的结果，实验室可以制定安全整改措施，避免安全事故的发生。

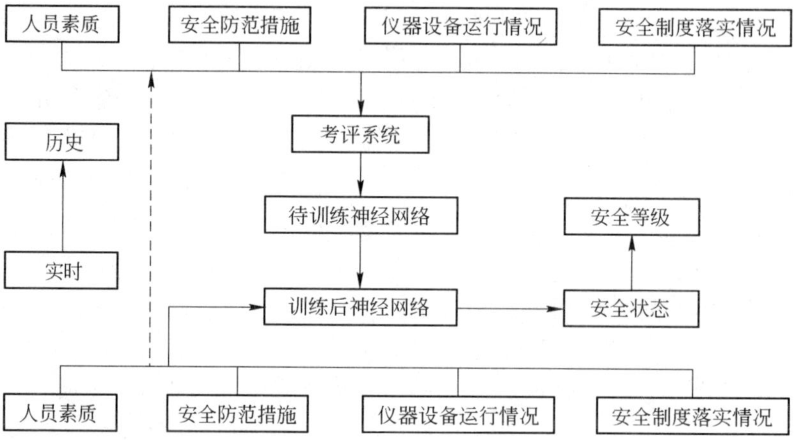

图 7-7 神经网络安全管理模式

神经网络采用 BP 网,网络的隐含经元为 9,输出经元为 1,由于本例 BP 神经网络没有特殊要求,因此传递函数、学习函数、学习速率、MSE、训练误差目标都可采用默认,训练循环显示和训练循环次数按需设定。

7.2.1.3 数据准备

按照考核小组的研究结果,确认人员素质、是否制定安全防范措施、仪器设备的运行情况、安全防范措施落实情况为反应安全特征状态的指标并作为网络输入结点,安全状态为输出结点,以输出数字的大小作为评定安全等级的依据,等级划分具体标准见表 7-7。输出等级的阈值在[0,1]之间。

表 7-7 安全等级分类

等级分类	安 全	较安全	一 般	较危险	危 险
取值范围	1～0.8	0.8～0.6	0.6～0.4	0.4～0.2	0.2～0

人员素质确认可以采用人事综合考评,如将实验室人员的年终考评成绩的平均数作为人员素质的参数;是否制定安全防范措施,由于实验室安全防范措施内容多,因此可将安全措施的制定率作为参数;仪器设备的运行情况可以采用仪器设备使用日常记录的故障率,即应开机时间与故障发生的时间比例,然后采用各仪器设备故障率的平均值(综合仪器发生故障的临界数据和差错的关系);安全防范措施落实情况可以采用检查考核发现的违反防范措施的比例,如发现次数与人数的比值,训练及测试集数据见表 7-8。

表 7-8 训练及测试集

年 份	2004	2005	2006	2007	2008	2009
人员素质	0.89	0.85	0.75	0.75	0.85	0.85
措 施	0.98	0.90	0.75	0.90	0.93	0.99
设备运行	0.001	0.003	0.004	0.02	0.001	0.001
制定落实	0.001	0.002	0.006	0.2	0.004	0.001
目 标	0.9	0.85	0.75	0.6	0.85	0.9

7.2.2 安全等级判断

7.2.2.1 训练及仿真测试

设 P 为训练集,即从 2004～2008 年度安全考核结果;T 为目标向量,也就是安全状态;PT 为措施集,即 2009 年需要预测的参考结果。代码为:

```
>> net = newff(minmax(P),[9,1]);
>> net = train(net,P,T)
%得训练误差曲线,见图 7-8
TRAINLM - calcjx, Epoch 0/100, MSE 2.17507/0, Gradient 2.21758/1e -010
TRAINLM - calcjx, Epoch 25/100, MSE 0.00140055/0, Gradient 0.00310664/1e -010
TRAINLM - calcjx, Epoch 50/100, MSE 1.15647e -021/0, Gradient 6.86878e -012/1e -010
TRAINLM, Minimum gradient reached, performance goal was not met.
net =
    Neural Network object:
    architecture:
           numInputs: 1
           numLayers: 2
         biasConnect: [1; 1]
        inputConnect: [1; 0]
        layerConnect: [0 0; 1 0]
       outputConnect: [0 1]
       targetConnect: [0 1]
          numOutputs: 1  (read - only)
          numTargets: 1  (read - only)
      numInputDelays: 0  (read - only)
      numLayerDelays: 0  (read - only)
    subobject structures:
              inputs: {1x1 cell} of inputs
              layers: {2x1 cell} of layers
             outputs: {1x2 cell} containing 1 output
             targets: {1x2 cell} containing 1 target
              biases: {2x1 cell} containing 2 biases
        inputWeights: {2x1 cell} containing 1 input weight
        layerWeights: {2x2 cell} containing 1 layer weight
    functions:
            adaptFcn: 'trains'
         gradientFcn: 'calcjx'
             initFcn: 'initlay'
          performFcn: 'mse'
            trainFcn: 'trainlm'
    parameters:
          adaptParam: .passes
```

```
        gradientParam: (none)
            initParam: (none)
          performParam: (none)
            trainParam: .epochs, .goal, .max_fail, .mem_reduc,
                        .min_grad, .mu, .mu_dec, .mu_inc,
                        .mu_max, .show, .time
    weight and bias values:
                    IW: {2x1 cell} containing 1 input weight matrix
                    LW: {2x2 cell} containing 1 layer weight matrix
                     b: {2x1 cell} containing 2 bias vectors
    other:
              userdata: (user information)
%将训练集进行一次系统仿真
>> Y = sim(net,P)
Y =
    0.9000    0.8500    0.7500    0.6000    0.8500
%系统仿真结果与表7-8的目标一致,说明训练结果与实际吻合非常好
%对2009年的安全状态进行仿真
>> Y1 = sim(net,PT)
Y1 =
    0.8679
```

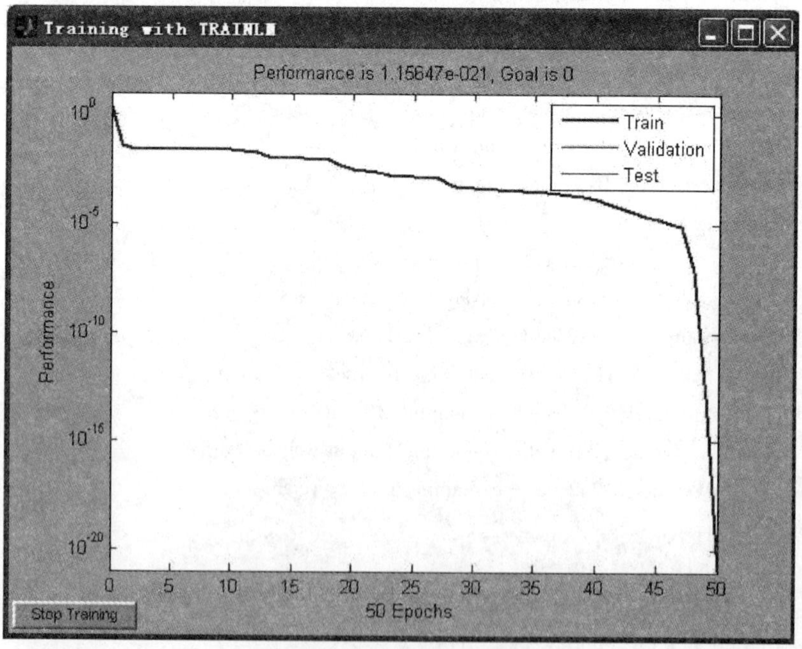

图7-8 训练误差曲线

因此,仿真得到的结果与实际非常接近,得分范围均为"安全"。

7.2.2.2 危险源辨识

同样方法还可以对有效安全的危险源进行辨识，危险源可以分为静态危险源和动态危险源，静态危险源为系统中客观存在的各种危险物质，而动态危险源为正常存在条件下遭到破坏的各种硬件和软件保障系统故障。

可以对实验室各个子系统进行危险源辨识，如对铁矿石球团矿还原性测试过程的危险源进行辨析。通过分析球团矿还原性测试过程的分析，对危险源进行分量辨析，得出辨析结果见表7-9，这些辨析结果可专家评估，也可采用其他辨析方法评估。

表7-9 训练样本集

序 号	危险源名称	事故发生率	财产损失率	人身伤害率	辨析结果
1	气体供应	0.12	0.11	0.13	是
2	电力系统	0.01	0.01	0.02	否
3	加热装置	0.15	0.12	0.12	是
4	计量装置	0	0.01	0	否
5	报警装置	0.12	0.12	0.41	是
6	冷却系统	0.01	0.06	0.02	否
7	预干燥	0.01	0.01	0.12	是

具体方法为将表7-9中的事故发生率、财产损失率、人身伤害率为网络输入，将辨析结果作为目标输出，建立BP神经网络并进行训练，然后可将新发现的疑似危险源通过训练完毕的网络进行评估，也可以将表7-9中的危险源对不同时间采集的参数进行重新辨析。

7.3 神经网络在实验室绩效考核的应用

7.3.1 绩效评价的基本情况介绍

7.3.1.1 绩效评价概念

绩效考核是指用系统的方法、原理，评定、测量员工在职务上的工作行为和工作效果。机构可通过这样的方式给员工的工作业绩做出一个正确的评价，让其明白绩效还有改变提高的余地，让其总结经验寻找差距，取得更好的绩效，同时也为按劳付酬提供量化依据；对于员工不能负责的绩效，例如工作分配、工作条件等，主管要研究是否可以通过改变来提高员工的绩效。从考核制度的建立、考核标准的制定、员工的自我评估、主管与员工的面谈、考核结果的反馈、员工的申诉以及员工职业发展规划的制订等处处都要强调员工的参与、员工的发展、员工的利益。绩效考核可为机构和员工都带来实惠[1]。

7.3.1.2 绩效考核的目的和用途

下面以检验检疫系统的实验室为例，说明实验室绩效考核的目的和用途。

（1）调动员工的积极性，改善员工的工作表现，以达到机构的总体工作目标；

（2）提高员工的满意度，发掘员工的潜力，帮助员工成功与发展；

（3）公平合理地进行员工的岗位调整、奖惩、薪资调整等，并作为聘任的依据；

[1] 本项目参与人员为应海松、鲍仙彪。

(4) 增进主管与员工之间的相互了解和沟通。

7.3.1.3 绩效考核的原则与标准

A 绩效考核的原则

考核要求客观公正,主管对所属员工的工作评价应尽可能用数字化指标来衡量工作成果及进步成长状况,不可凭主观感觉或印象来考核,对同一岗位的员工要使用同一考核标准,避免造成不公平现象,考核结果要反馈给员工。

B 绩效考核内容与量化标准

从铁矿检测实验室的实际情况出发,可从出勤情况、劳动纪律及表现、岗位业绩和关键事件等4个方面对员工进行量化考核。绩效考核类型可分为月度考核、半年度考核和年度考核,时间可在当月月底和下月月初,考核的对象为全体员工。

7.3.1.4 绩效考核程序

程序如下:

(1) 各部门成立考核小组,部门主管任组长,吸收2名以上员工为组员。

(2) 在与主管沟通后,员工须根据自己的岗位要求和实际工作情况制定自己的月度、半年和全年工作计划。

(3) 月度考核。考核小组在每月底,根据本办法和各岗位职位说明书要求,对每位员工的月度工作进行绩效考核,填写月份绩效考核表。管理层复核考核结果,并实施相应措施。

(4) 半年度考核。实验室综合部门于每年6月下旬发放半年度绩效考核表,考核小组须在6月底前完成考核,填写半年度绩效考核表。管理层复核考核结果,并实施相应措施。

(5) 全年度考核。实验室综合部门于每年12月下旬发放年度考核表,考核小组须在12月底完成考核,填写年度考核表。中心管理层复核考核结果,并实施相应措施。

(6) 面谈。在实施考核过程中,考核小组应与员工就考核内容、标准、给分情况进行面谈,交流意见使评估工作沿着公正、公开、友好、积极的方向进行。

7.3.1.5 绩效考核结果的反馈与运用

A 结果的反馈

绩效考核结果核定后,考核组将考核结果通知员工本人。对考核结果不满意者可在3天内向实验室综合部门提出异议,由综合部门与部门主管或管理层复核协调,复核结果即为最后核定结果。

B 结果的运用

主管与员工应针对考核中未达绩效的部分查找原因,制定相应的改进措施计划。主管有责任为员工实施绩效改进计划提供帮助,并跟踪改进效果。根据考核结果,管理层将对被考核人员采取相应措施,如进行培训、调整岗位、奖金待遇、绩效奖励和职称聘任等。

C 绩效考核结果存档

考核结果由实验室综合部门存入员工个人档案。

D 奖励

实验室综合部门将依据月度考核、半年度考核和全年度考核结果计算和发放相应的绩效奖。绩效奖发放公式为:

$$\text{绩效奖} = \text{核定奖金} \times \text{绩效考核得分}/100$$

7.3.1.6 考核

A 考核者训练

考核人员应理解考核的意义、步骤、方法,公正地实施考核程序。

B 考核人员在考核时的注意事项

考核段以外时间的情况均不考虑在内,不可抗因素不作为评分依据。考核人员应正确理解绩效考核内容和量化标准,不得以自己的想象或主观感觉为依据。被考核人员在考核时间段内的所有奖惩情况均须记入考核评语内,作为考核的参考依据。实验室综合部门或管理层应监督整个考核过程,必要时核查考核结果。

7.3.1.7 极限情况的处理

当员工不能履行岗位职责时应给出极限限制。例如,病事假每月超过 a 天、旷工超过 b 天的员工,取消当月绩效奖;病事假半年累积超过 c 天、旷工累积超过 d 天的员工,取消半年度绩效奖;病事假年累积超过 e 天、旷工超过 f 天的员工,取消年度绩效奖。当遇实验室业务、资源或管理方式变化需修改考核内容和量化标准时须经管理层批准。

7.3.2 铁矿石检测实验室绩效指标设计

7.3.2.1 理由

检验检疫系统的铁矿石检测实验室属于为进出口检验检疫执法服务的技术保障部门,因此它是社会公益性非赢利组织,其运作经费由财政拨付。近几年,因为一些口岸检验检疫机构业务量上升迅速,导致国家财政预算拨给严重不足,因此一些实验室也适当受理一些社会委托检验,以弥补运作经费的不足。但正是因为公益性组织的非赢利性,组织也会暴露一些问题,如工作效率低、业务开拓能力差、创新能力不足、员工主动性差等。与赢利性组织相比,公益性组织的绩效评估具有:评估机制多元、评估对象特殊、评估过程复杂、评估体系开放、评估效用公益。原先的评估方法存在主观片面性、评估指标难以量化等问题。

7.3.2.2 岗位特点分析

评估指标的设计必须考虑到科学性、可操作性、通用性,要既全面,又精简。分析铁矿石检测实验室的工作内容和工作岗位特点,设定合适的参数指标,使样本既不会太多而产生冗余,造成模型复杂和增加评估难度,也不会太少,使模型受偶然因素影响。

专业铁矿石检测实验室的内设岗位可分为行政管理岗位和业务执行岗位,而业务执行岗位还可分为检测岗位和质量体系管理岗位,承担检测岗位和质量体系管理岗位的人员可以穿插。以某铁矿石检测实验室为例,该实验室年检验铁矿石批次 550 批,数量计 4000 万吨,主要检验项目为取制样、水分、粒度、球团矿物理性能、成分分析、单证管理,次要检验项目有矿物鉴定、委托检验、交叉验证;质量体系管理岗位有质量负责人、技术负责人、质量负责人代理人、技术负责人代理人、样品管理、文件管理、设备管理、安全管理、有毒有害物质管理、贵重器皿管理员、物资与试剂管理、监督。

A 行政管理人员

负责设置实验室组织结构,任命行政管理人员副职、质量负责人、技术负责人,制定实验室发展规划。组织建立实验室质量体系,制定质量方针和目标,决策资源配置,批准、发布质量手册,主持管理评审。主持制订工作计划,组织实验室人员严格按质量文件要求进行检验,保证检验工作的独立性和检验结果的公正性、准确性。接受和答复委托人提出的申诉。

审定培训计划、仪器设备的购置和报废计划，审核上报的报告和报表。行政管理人员副职协助正职完成实验室的各项管理工作，具体负责质量保证体系的运行。实验室正职不在时，代替正职主持中心工作。

B 质量体系管理人员

a 质量负责人

质量负责人负责组织建立汇总实验室质量体系，组织编制质量手册，组织并保证实验室质量体系的贯彻和有效实施。组织实验室质量体系内部审核，组织实施纠正和预防措施，负责筹备并参加管理评审。落实实验室年度质量工作计划，批准、发布与管理要求相关的程序文件。协助行政管理人员监督指导检验人员，正确执行检验标准、操作规程及有关规章制度。负责撰写有关进口铁矿石质量分析。负责处理检验质量及实验事故。

b 技术负责人

技术负责人负责并保障实验室测试工作质量所需的技术支持和资源配置。批准、发布与技术管理相关的程序文件，参加管理评审。负责实验室的技术工作，主持解决检验工作中的重要技术问题。掌握国内外有关检验技术发展方向和动态，制定实验室检验技术的发展计划，主持或指导检验技术的科研与革新。制定实验室人员的业务技术培训计划并组织实施，负责仪器操作证的考核和发放工作。负责组织实验室水平测试、对比实验、技术验证、复验、对外技术交流等方案的制订与实施。负责新开验商品或项目的调研、条件准备、测试练习工作，起草承检新商品或项目申请报告。负责编制实验室仪器设备的购置计划。负责督促检查仪器设备和计量器具的计量检定工作。审核检验证稿。

c 质量负责人代理人和技术负责人代理人

实验室分别配置质量负责人代理人和技术负责人代理人，主要协助质量负责人和技术负责人工作，在质量负责人或技术负责人不在时，分别代替其工作。

d 样品管理

负责接收留存样品，仔细查看样品标签，按类别、序号登记入库并整齐地摆放在样品存放处。保持样品保留处整洁、干燥等良好环境。及时处理超过保存期限的样品，并做好记录。协助安全卫生管理员处理好废弃样品。

e 文件管理

认真负责做好实验室各种文件、资料、检验记录的发放、保管、保存、借阅、销毁等工作，并登记入册，编写各类台账。负责收集与检验工作有关的国内外检验标准、方法和产品标准。掌握标准制定、修订情况。实验室或外来人员查、借或调阅各种文件资料时应严格按照规定程序办妥手续。严格按照档案管理要求整理、保管文件、资料。

f 设备管理

负责提出实验室仪器设备维护保养、修理计划，并做好记录。按照各种仪器设备计量检定内容（包括非强制检定设备、器具）、周期，及时与职能部门联系，按时送检。负责提出实验室仪器设备的调入、调出手续。提出仪器设备报废申请并及时予以清理，在记录中予以注销。按照仪器设备的性能状态，加贴相关标志。参加新购置的仪器设备的安装调试，编写操作规程。协助文件管理员做好仪器设备档案管理工作。负责建立实验室仪器设备的计量检定台账。检查、监督实验室的计量仪器、使用情况。协助质量负责人处理试验事故。

g 安全管理

负责监督检查实验室内外环境整洁，组织卫生大扫除，确保检测环境处于良好的状态。与环保部门保持联系，按有关规定负责处理各种检验产生的废弃物品。负责监督检查实验室各部门的水、气、电及仪器设备的安全管理工作。协助质量负责人处理试验事故。

h 有毒有害物质管理

负责实验室有毒有害物质管理，对购置的有毒有害物质及时做好使用登记，监督检验人员按相关规定使用。实验室专设两人兼职和专用保险箱进行管理。

i 贵重器皿管理员

负责实验室贵重器皿管理，对购置的贵重器皿及时做好使用登记，监督检验人员按相关规定使用，定时定期对贵重器皿进行检查。实验室专设两人兼职和专用保险箱进行管理。

j 物资与试剂管理

负责制订各种办公用品、劳保用品、化学试剂、标准物质、检验器具以及耗品等的月度和年度购置计划。对于购置的物品及时做好验收、入库、领用、发放等工作。当在检验中产生异常结果时，协助做好查验化学试剂性能的工作。与有关部门一起做好化学试剂供应商（或生产厂家）的调研、鉴定和评估工作。协助安全卫生员做好废弃物品的处理。

k 监督

监督检验人员是否按照标准进行取样、制样、检验、拟稿等检验过程。监督检验人员是否按质量手册和程序文件及作业指导书规定进行操作。监督工作人员是否违反工作纪律。监督检验环境、仪器设备、试剂是否满足测试要求。

C 业务执行人员

a 取制样、水分、粒度

确定具体取制样方案，取制样前按规定做好各项准备工作。根据不同货物品种，严格按取样方法操作，确保样品的代表性。取样时应注意室外雨水及卸货单位的喷淋水情况，应及时做好雨量及喷淋水记录，并对所测水分作必要修正。做好详细的取制样原始记录。在取制样过程中，遇有设备故障，应组织排除。

b 球团矿物理性能

负责球团矿抗压强度、还原性、转鼓指数、膨胀系数、堆密度、孔隙率、比表面积测试。

c 成分分析

做好分析测试的各项准备工作，按标准规定程序认真测试。检测时做好原始记录，检测完毕要进行自核和复核，出具检验结果。遇有检验不合格或数据异常情况，要进行“五查”（查样品、查方法步骤、查试剂、查仪器、查环境），必要时复验样品。检验结束后，要切断电源，关好水、电、气、门窗，以防发生意外事故。负责所保管仪器设备的使用和维护保养工作。按专业特点和检验频次可将检验项目按仪器分类。

（1）化学分析：负责合同评审、全铁测定、灼烧减量测定、亚铁测定；

（2）X 荧光：负责硅、铝、锰、钛、钙、镁、钒、钴、镍等检测；

（3）原子吸收和原子荧光：负责钾、钙、钠、镁、铅、锌、铜、砷、锑、铋检测；

（4）红外碳硫：负责碳、硫检测。

d 次要检验项目

此类项目目前为非常规性项目，检测频次少，主要为 X 衍射、矿相鉴定、ICP、ICPMS、热重分析，用于矿物鉴定、委托检验、交叉验证，待业务量上升后可进行调整。

e 单证管理

实验室单证管理指实验室各岗位出具的检测报告管理、汇总、输机、拟稿、校核、审核。

(1) 拟稿岗位：负责检测报告管理、汇总、输机、拟稿；

(2) 校核岗位：对拟稿人拟制的证稿内容数据与所附单证、文件、检测报告的一致性、相符性、准确性进行校核，必要时要重新演算各岗位出具报告数据的正确性。

(3) 审核人员：也就是实验室授权签字人，授权签字人必须熟悉签字范围内有关检验标准、检验方法和审核程序，了解签字范围内仪器设备维护保养和定期检定的规定，能对检验结果做出中肯的评价，对检验证书和报告的可靠性和完整性负责。授权签字人可监督、指导授权签字范围内试验人员的试验工作，审核授权签字范围内的试验过程文件。

7.3.2.3 指标体系设计

绩效考核指标分为定量考核和定性考核两种，同时可结合单位制定的其他考核办法。实验室绩效考核暂不考虑成本核算。

A 定量考核

定量考核主要包括岗位职责规定的工作、体系管理工作、科研工作、信息工作、岗位业绩、考勤、劳动纪律、额外工作等。

a 检测业务量

由于铁矿石检测实验室涉及工作分工的工种不多，可以采用工作量定义和岗位打包，领的包越多工作量就越多，上不封顶，量力而行。

(1) 行政管理岗位：行政管理岗位为 1 个工作量单位。

(2) 检测岗位：球团矿物理性能岗位 A 角为 0.8 个工作量单位，B 角为 0.1 个工作量单位；化学分析 A 角为 0.8 个工作量单位，B 角为 0.1 个工作量单位；X 荧光 A 角为 0.8 个工作量单位，B 角为 0.1 个工作量单位；原子吸收和原子荧光 A 角为 0.8 个工作量单位，B 角为 0.1 个工作量单位；红外碳硫 A 角为 0.4 个工作量单位，B 角为 0.05 个工作量单位；X 衍射、矿相鉴定、ICP、ICPMS、热重分析 A 角为 0.2 个工作量单位，B 角为 0.1 个工作量单位。

(3) 单证管理岗位：拟稿 A 角为 0.2 个工作量单位，B 角为 0.04 个工作量单位；校核 0.1 个工作量单位，设多个 A 角；审核 A 角为 0.2 个工作量单位，B 角为 0.1 个工作量单位。

(4) 取制样岗位：取制样岗位自成一体，设定 6 人为一班，4 班二运转，24 h 工作制，12 h 一班，每人每班 1 个工作量单位，加班另计。

b 体系管理工作

质量负责人、技术负责人分别为 0.4 个工作量单位；质量负责人代理人、技术负责人代理人分别为 0.1 个工作量单位；物资与试剂管理、样品管理、文件管理、设备管理员分别为 0.2 个工作量单位；安全管理、有毒有害物质管理、监督、贵重器皿管理员分别为 0.1 个工作量单位。

c 课题研究工作

根据科技职能部门的年度考核结果为依据。

d 信息宣传工作

根据职能部门的年度考核结果为依据。

e 考勤

根据实际考勤记录。

f 额外工作定量

单位年度工作目标分解；实验室确定重点工作；领导安排的工作；新开验项目，有标准的按标准检验，无标准的以提交作业指导书(SOP)为准。

B 定性考核

a 工作态度

根据领导群众评议。

b 行为准则履行

根据领导群众评议。

c 责任意识

根据领导群众评议。

d 安全

根据职能部门、实验室内部检查记录。

e 卫生

根据职能部门、实验室内部检查记录。

f 额外工作定性

单位年度工作目标分解；实验室确定重点工作；领导安排的工作。

7.3.2.4 分值设定与计算方法

A 分值设定

定量考核占总分 90%，定性考核占总分 10%。

B 定量考核

定量考核各项考核内容采用百分制的计分方法设定分值，各项考核得分按如下权重计算：

(1) 1 个工作量单位分值为 100 分，占定量总分的 85%。分值由两部分组成：一为每位员工根据自己承担的工作量单位，结合其他实验室成员的工作量单位，数据进行标准化处理，使之归一到[0,100]之间；二为个人产生的委托业务金额与实验室委托业务总金额相比，再进行标准化处理，使之归一到[0,100]之间。将一、二项相加，再次数据标准化，使之归一到[0,100]之间。

(2) 科研工作分值 100 分，占定量总分的 5%。分值由科技职能部分统计的个人科研计分与全体实验室人员科技总计分之比，然后进行数据标准化处理，使之归一到[0,100]之间。

(3) 信息宣传工作分值 100 分，占定量总分的 2%。分值由办公室统计的个人信息宣传计分与个人信息宣传目标考核分之比，然后进行数据标准化处理，使之归一到[0,100]之间。

(4) 考勤分值 100 分，占定量总分的 2%。分值由实际缺勤率，然后进行数据标准化处理，使之归一到[0,100]之间。

(5) 额外工作定量分值 100 分，占定量总分的 6%。每完成一项重点工作，主持人计 1 分，参加者计 0.5 分；每完成一项领导安排的工作，主持人计 0.3 分，参加者计 0.1 分；新开验项目，无标准的，主持人计 1 分，参加者计 0.5 分，有标准的，主持人计 0.3 分，参加者计

0.1 分。分值为个人得分与实验室总分之比，再将数据标准化处理，使之归一到[0,100]之间。

C 定性考核

分值由职能部门、实验室考核办法为依据。以扣分方式，将落实到个人的扣分与实验室总扣分之比，再将数据标准化处理，使之归一到[0,100]之间，设未扣分者为100分，然后由扣分转换为加分。

D 计算方法

按照上述定量考核和定量考核两大项内容所占比例加权计算，得出各部门年度绩效管理考核总分。

个人绩效管理考核总分 =（检测业务量 ×85% + 科研工作 ×5% + 额外工作定量 ×6% + 考勤 ×2% + 信息宣传工作 ×2%）×70% + 定性考核分 ×30%。

7.3.3 基于BP神经网络的绩效评价

7.3.3.1 神经网络设计

由于上述个人绩效管理考核计分十分复杂，因此可以将上述精细计算得出的得分作为神经网络的目标数据集，然后将上述计算分量进行简约，建立神经网络的训练数据集。训练集参数选择见表7-10。将工作量以年进口铁矿石批次代替，以科技管理部门计分代替科技分量，将委托检验金额和完成任务率作为额外工作，以出勤率代表考勤，信息得分代表信息宣传，以目标管理考核扣分作为定性，可将原先需要计算几十个数据分量的参数简约到6个。

表7-10 简约后的样本集范例

姓 名	工作量	科 研	额外工作	考 勤	信 息	定 性	得 分
员工1	a_1	b_1	c_1	d_1	e_1	f_1	g_1
员工2	a_2	b_2	c_2	d_2	e_2	f_2	g_2
⋮							
员工 n	a_n	b_n	c_n	d_n	e_n	f_n	g_n

采用BP网，隐含元为13，输出元为1，传递函数为tansig、logsig、purelin，采用反向传播算法训练函数trainlim，网络训练前需要将数据进行归一化，训练完成后进行网络测试，测试结果应为[0,1]之间的值。如果员工没有进行大范围的工作量调整，则一次训练结果可以多次使用。

7.3.3.2 神经网络评价步骤

步骤如下：

（1）训练目标值设定。按照7.3.2节精确计算每位员工的绩效考核分数。

（2）输入样本。输入绩效评估样本，每个样本包括经过标准化处理的基础参数值和对应的期望输出值。

（3）计算样本点的输出误差：

$$E_p = \frac{1}{2}\sum_j (t_{pj} - o_{pj})^2 \tag{7-1}$$

式中，p 表示第 p 个样本点；t_{pj} 为神经元在第 p 个样本点下的理想输出——期望绩优度；o_{pj} 为

神经元 u_j 在第 p 个样本点下的实际输出——实际绩优度；E_p 为第 p 个样本点下的输出误差。

$$o_{pj}=f(net_{pj}) \tag{7-2}$$

式中，net_{pj}为神经元在第 p 个样本点下的输入；f 为非线性、可微、非递减函数，一般取 S 型函数，即

$$f(x)=\frac{1}{1+e^{-x}} \tag{7-3}$$

$$net_{pj} = \sum_i \omega_{ji}o_{pj} \tag{7-4}$$

式中，o_{pj}为输入神经元 u_i 在第 p 个样本点下的输入——经标准化处理的基础指标；ω_{ji}为从神经元 u_i 到神经元 u_j 的连接权值。若 E 小于给定的收敛值，转步骤(5)，否则转步骤(4)。

(4) 从输出层开始按下列公式调整权值，并转步骤(4)

$$\Delta\omega_{ji}(n+1)=\eta\zeta_{pj}o_{pj}+\alpha\Delta\omega_{ji}(n) \tag{7-5}$$

式中，$\Delta\omega_{ji}(n+1)$为每次权值的调整值；α 为一个确定的绩效评价 BP 神经网络过去学习效果的常数，$0<\alpha<1$；$\Delta\omega_{ji}(n)$为上一学习周期的权值修正值；$\alpha\Delta\omega_{ji}(n)$为一个动量项，反映网络过去学习的影响，能加速绩效评价 BP 神经网络的学习过程；η 为学习速率常数，$0<\eta<1$，为在第 p 个样本点下神经元 u_j 输出端的误差。

对输出神经元，有

$$\zeta_{pj}=o_{pj}(1-o_{pj})(t_{pj}-o_{pj}) \tag{7-6}$$

对隐含神经元，有

$$\zeta_{pj} = o_{pj}(1-o_{pj})\sum_k \zeta_{pk}\omega_{kj} \tag{7-7}$$

式中，ω_{kj}为神经元 u_j 相连到输出神经元的连接权值。

至此，BP 神经网络学习结束，得到一训练好的网络。

(5) 确定评价指标的权重。绩效评价指标和 BP 模型存在一一对应关系，由此可以确定各指标的权重，明确绩效的主要影响因素，为实验室绩效的控制提供主要依据。

7.4 风险管理及预警评估的应用

随着检验检疫工作职能的转变，风险管理及预警评估越来越成为对出入境检验检疫管理的重要手段。国家质检总局目前正在整合全国检验检疫系统内的进口铁矿石质量数据库，并加紧建设进口铁矿石实时预警系统，以最大程度维护国家利益。同时，检验检疫作为国家出入境货物的法定管理机构，承担着日益繁重的监管任务，但是目前我国检验检疫的人力、物力、财力投入无法满足监管业务量不断增长的需要。通过风险分析，对监管对象进行分类管理，可以突出监管重点，合理配置有限的人力、物力，从而实现有限资源的最佳配置。利用数据库的信息，可以根据不同用途建立在线和离线两种评估方式。在线评估指利用大型进口铁矿石质量信息平台的数据库存储的信息，利用嵌入相关的软件通过互联网发布或交互平台，在线输出预警评估结果，这部分在本系列丛书的《铁矿石商品的检验管理》一书有所涉及；离线评估同样利用大型进口铁矿石质量信息平台的数据库存储的信息，利用先进的技术建立相关固定模型或特殊的临时模型对数据进行分析评估，得出的结论通过相关报告载体在媒体发布，如采用不同的神经网络模型，可进行不同目的的应用。

7.4.1 进口铁矿石风险影响因子的识别

通过分析进口铁矿石国内外检验值、合同约定等品质信息和价格、数重量等商务信息出现的异常值、预计偏离值、变化值,及其对环境、健康等因素的影响,得出风险存在的概率,从而确定进口铁矿石分类管理及其风险预警的等级。进行风险评估及预警首先要对风险影响因子进行识别,本节仅考虑基于离线评估的风险影响因子进行识别,进口铁矿石风险影响因子的构成见表 7-11。

表 7-11 进口铁矿石风险影响因子的构成

一级分类	二级分类	影响因子作用
品质信息	品　种	原料配比变化对品种结构的影响
	化学成分	各化学成分变化的影响,尤其是全铁品位,也包括国外检验机构的诚信、收货人的损失和收益
	物理试验	水分、粒度及物理性能,尤其是水分、粒度,包括明水
	矿物结果	矿物成分对分析测试的矿物效应
重量信息	数重量趋势	数重量趋势对总体需求的影响
	短　重	数量亏吨对收货人的损失
商务信息	价格走势	单价的变化对收益的影响
	合同项目变化	对新矿种的不确定性
其　他	非铁矿类物质检出率	贸易诚信与对我国环境、人身健康的影响
	不同品种混装	港口作业事故及野蛮装卸
	码头堆存	虚假需求

表 7-11 描述的进口铁矿石风险影响因子的构成,其中重要的有品质信息中的成分、粒度、水分,重量信息中的短重,涉及固态废物的非矿物类物质的检出。目的是为了评估进口铁矿石质量的下降、明的和暗的数量短缺、国外检验机构的诚信、国外供货商的能力与贸易诚信等对我国钢铁行业利益的影响。同时,对风险高的供货商和国外检验机构进行重点监控,甚至进行通报,进口铁矿石口岸法定监管机构可以利用风险影响因子的变化有效监管品质和数量,对于问题船次的铁矿石发布警示通报,杜绝有害物质进入我国境内。由于大型进口铁矿石质量信息平台的数据库由过去各检验检疫局分散存放、格式不一、无法共享的铁矿石品质信息变为集中,利用数据库和风险测量方法、数据分析工具,不仅能从宏观方面,而且能从微观对进口铁矿石质量进行分析,对检验检疫的风险管理起到决策支持作用。利用统一的铁矿石信息平台,可以方便地提取出一套全面的风险分析参考指标,具体的数据库结构详见本丛书之一《铁矿石商品检验管理》。

7.4.2 风险评估的神经网络建立

7.4.2.1 问题描述

选择相关风险影响因子作为样本数据,根据以往记录的实际结果作为目标向量,评估国外检验机构的诚信状况。随着进口铁矿石在国内需求量的增加,铁矿石供不应求,有些供货商利用我国一些进口商怕得罪供货商的心理,通过国外检验机构的弄虚作假,恶意扣卡货款。一般铁矿石国际贸易的支付惯例为,供货方备好货并装船,装船过程中由国外检验机构实施检验,收货方须将国外检验机构实施检验的数重量和品质折算成预货值的90% ~95%预先支付给供货方,货到国内卸货口岸卸货后,由该口岸法定检验机构对卸货过程中的货物进行与装货港同样的数重量、品质检验,将检验结果折算成的货款作为最终货值,将最终货值与预货值的90%或95%的差额作为供货、收货方多退少补的结算。由此,就发生供货方授意国外检验机构故意出具虚高价值的数重量和品质结果,使得即使是装货港签发的发票值的90%或95%已经高于卸货港实际货值,原本高出实际价值的部分可以通过贸易结算可退还给收货方,但往往发货方故意赖账,而收货方又鉴于国际诉讼的成本和惧怕供货方断绝货源,不敢打国际官司,因此国内企业损失巨大。样本数据的来源可从全国进口铁矿石质量数据库获得,训练目标可从实际发生的不诚信供货方和国外检验机构调查名单得到。

7.4.2.2 风险管理和预警评估网络设计

A 基于有教师学习的风险等级确认

口岸检验机构通过对国外铁矿公司和国外装货港检验公司及供货方的全面情况进行评估,核定供货方及检验公司的信誉程度,设置A、B、C、D等4个管理类别,以便实施不同的管理措施。网络采用BP神经网络,样本集输入从数据库选取,如品质合同值、国外值、国内值、装卸两港数重量差异等,训练期望值为针对所需样本调查结果,即信誉程度A、B、C、D,分别以[1 0 0 0]、[0 1 0 0]、[0 0 1 0]、[0 0 0 1]替代,数据进行归一化。隐含元为:样本维数×2+1,输出元为4。传递函数为tansig、logsig、purelin,采用反向传播算法训练函数trainlim,学习速率以0.01 ~0.1为宜,训练完成后的模型可供设计风险评估使用。同样,本例也可选择其他风险影响因子,用于评估其他的指标风险评估。

B 基于阈值的风险确认

利用上述全国进口铁矿石质量数据库,选取相应的样本集,对所选样本集的警示阈值进行精确计算,得出对应于不同阈值的警示级别,如不发警报、一级警报、二级警报等。一般采用BP网络,隐含元为:样本维数×2+1,输出元为1。

7.4.3 基于SOM网络的企业分类管理

7.4.3.1 问题描述

对进出口企业进行分类管理也是检验检疫管理新模式的一种,其目的是为引导企业树立质量主体责任意识,加强企业自律,督促企业建立健全质量和诚信管理体系,加强和规范企业分类管理,提高检验检疫执法把关和监督管理的质量和效率,对于不同的钢铁企业和代理企业,可根据它们的资信情况划分一定的类别,进行不同的监管方式。

7.4.3.2 数据采集

主要任务是收集企业的各种资信情况、各环节检验人员的评价,如企业的注册资金、人员素质、检验费交付情况、年进口货物的批次等。有些数据可直接从已有的数据库采集,有些需要与各部门人员交流产生的数据,数据采集尽可能广泛,才能全面地准确把握企业特征。

7.4.3.3 数据预处理

数据预处理主要是因为在数据采集阶段采集到的数据可能会存在着大量的冗余,也可能存在着数据不准确、不完整、不一致,甚至有些数据可能根本就不适合,因此必须对这些数据进行预处理,数据预处理主要是通过对这些数据的浏览、验证、选择、集成、转换等过程,提高数据质量,降低数据维数,形成适合数据挖掘的数据集合。

7.4.3.4　网络建立

采用自组织特征映射(SOM)网络,输入变量的选择通常有静态数据和动态数据。静态数据指的是通常不会经常改变的数据,包括企业的基本资信。动态数据指的是经常或定期改变的数据,如检验费拖欠、提供假单证等等。利用数据准备阶段形成的数据集输入已经建立的SOM网络进行网络训练,将训练结果的聚类赋予一定的意义。将聚类的企业根据所赋的定义分别设计不同的监管方式。

7.4.3.5　模型的使用

一旦模型确定后,即可以应用于检验检疫监管活动中。通过基于SOM的企业分类模型在当前企业数据中发现企业的分类,可解决企业分类和信用评估方面的问题,分类结果可以用来作为分类管理类别划分的依据。信用评估是利用SOM模型对企业的一些不诚信行为进行监测,SOM模型可以建立正常信用度模型,当数据输入时,SOM模型会对异常的企业信息发出异常警告。企业的一些行为变化,如提供假单证、检验费拖欠等,客户分类模型可以及时辨别,同时作出类别降格而加大监控力度的决定,有些甚至将它们列入黑名单严加监控。

7.5　神经网络在实验室其他方面的应用

7.5.1　人力资源管理的应用

7.5.1.1　问题描述

本小节简单介绍神经网络在实验室干部选拔的应用,干部选拔多数单位采用组织推荐、民主推荐和竞争上岗,虽然都是公开选拔的方式,但三种方式还是各有千秋,组织推荐多少带有点领导意愿,民主推荐似乎取决于群众关系,竞争上岗似乎最硬,但它对应试能力强的人有利,况且竞争上岗多采用结构化面试的体操打分制,往往同一个考官在对考生的评分前后很难做到尺度一致,造成打分人为因素影响大。能否有一种综合考虑的方法?神经网络就能解决此问题。

7.5.1.2　网络设计

以以往某一批参加竞争上岗,走向领导岗位的干部为考察对象,对他们就职工作几年后的成绩进行考评,也可以借助于年终考评,得出优秀、称职、基本称职、不称职四个考核等次。然后,调取这些干部当时的竞争上岗成绩及当时参竞时总体评价,总体评价可分为知识背景、业务能力、个人素质、学习能力4个一级指标,其中知识背景又可分为学历符合程度、专业符合程度、外语能力3个二级指标,业务能力可细分为业务技术水平、项目熟悉程度、获奖情况3个二级指标,个人素质可细分为应变能力、表达能力、人际能力、团队合作能力4个二级指标,这样就构成了一个指标层次结构。分别将二级指标进行评估,得出一级指标参数,将4个一级指标参数和当时竞争上岗考核成绩共同作为网络训练样本集,以任职一段时间后的考评作为学习教师,对网络进行训练。可采用BP网,隐含层为11,输出元为4,期望值优秀以[0 0 0 1]表示,称职以[0 0 1 0]表示,基本称职以[0 1 0 0]表示,不称职以[1 0 0 0]表示。传递函数为tansig、logsig、purelin,采用反向传播算法训练函数trainlim,网络训练前需要将数据进行归一化。

训练完成后的网络可以用于今后的干部选拔,即下一次竞争上岗,可以直接将竞争上岗考核成绩及知识背景、业务能力、个人素质、学习能力4个指标共同作为综合考核内容,经过已训练的神经网络计算,可得出优秀、称职、基本称职、不称职,将这些结果提交上级机构审核。

7.5.2 科研创新评估的应用

7.5.2.1 问题描述

为了合理利用科研资源,需要对实验室申请立项的科研项目进行评审,传统评价方法主要有层次分析法、经济计量模型法、专家评审法(又称“德尔菲法”)、博克思-詹金斯法、组合预测法、问卷调查法、模糊逻辑法和灰决策等方法。传统评价方法简单易行,但也存在一些致命的弱点:第一,缺乏对历史数据的分析和利用;第二,专家知识没有积累;第三,评价工作量大且结果置信度不高;第四,各评价指标的权重值主观给定,导致评价结果的真实性较差。采用神经网络法可以大大优化科研立项评估方法。

7.5.2.2 网络设计

评价指标与目标设计。在进行项目评价之前,必须先建立一套完整的评价指标体系,指标体系由基本指标、评议指标和效能指标三部分组成。评价目标是项目管理者关注的重点,也是决策的依据。一般为:(1) 项目的科学价值和质量;(2) 研究方向是否与本单位发展紧密相关,对本单位是否关系重大;(3) 研究结果的应用性、适用性、经济意义;(4) 研究内容是否涉及科学空白、前沿性、创新性;(5) 研究目标的确定性;(6) 项目的组织和管理计划是否周密。一般评价目标多数采用(1)和(2)作为评价目标。样本数据来源于已有的项目、专家知识和调查数据。网络可以采用BP网,也可以采用BP网与其他算法联用,如进化算法、遗传算法、模糊算法等。

7.5.3 基本建设的应用

7.5.3.1 问题描述

基建管理是一门综合性很强的工作,即具有很强的政策性、科学性、时效性和社会性,牵扯部门多,周期长等特点,涉及到国家的方针政策、法律法规,涉及到工程技术、材料科学、经济管理、公共关系学等方面的知识,还涉及到施工现场的组织、协调、监督、廉政建设等管理工作,每一项工程的建设都是一个复杂的系统工程,基本建设自身的规律性要求其必须反映其规律的程序进行。对基建项目管理是实验室建设管理的重要组成部分,是对基本建设程序进行科学化管理,保证工程质量,缩短建设工期,千方百计降低工程造价,提高投资效益。但实现这些目标需要有科学的手段和方法,神经网络理论与方法提供了良好的实现平台。利用神经网络可以对从项目的投资决策开始到项目结束的全过程重要环节进行计划、组织、指挥、协调、控制和评价。

7.5.3.2 神经网络的应用

应用如下:

(1) 招、投标工作的科学化。如7.1节就介绍了设计网络在招、投标工作的应用。

(2) 采购的认质认价工作的合理化。材料采购市场化是搞好市场经济条件下基建管理的物质基础，今天瞬息万变的建材市场，要求基建采购人员及时掌握建材市场信息，熟悉市场行情，增强竞争意识，通过多方比较，为工程招标投标提供材料市场价，购置物美价廉的建筑材料，尽可能节约基建投资。可以建立神经网络的基建项目材料、设备采购认质认价模型，对认质认价的范围、确定原则、认质认价参加人员、报价单位的确定、报价认价的程序、实施与监督进行辅助决策。

(3) 施工项目的有效控制。施工项目控制的好坏直接影响工程质量、工期、投资控制和施工安全，工程质量的优劣、建设周期的长短、工程造价的高低以及投资效益能否充分发挥都与施工管理工作的好坏有直接的关系。也可以采用神经网络进行安全管理、工期控制和施工质量辅助评估。

参考文献

[1] 应海松，等.铁矿石检验系列丛书：铁矿石取制样及物理检验[M].北京：冶金工业出版社，2007.

[2] 王松青，等.铁矿石与钢材的质量检验[M]. 北京：冶金工业出版社，2007.

[3] 许东，吴铮.基于 MATLAB 6. X 的系统分析与设计——神经网络[M].2 版. 北京：电子工业出版社，2007.

[4] 葛哲学，孙志强.神经网络理论与 MATLAB R2007 实现[M]. 西安：西安电子科技大学出版社，2002.

[5] 飞思科技产品研发中心.MATLAB 6.5 辅助小波分析与应用[M]. 北京：电子工业出版社，2003.

[6] 飞思科技产品研发中心.小波分析理论与 MATLAB 7 实现[M]. 北京：电子工业出版社，2005.

[7] 程屿菲，等.BP 网络在企业管理中的应用研究[J].武汉理工大学学报(信息与管理工程版)，2004，8：139～142.

[8] 苑春苗，等.基于 BP 神经网络的安全管理模式研究[J].矿冶安全与环保，2007，6：71～73.

[9] 吴立荣，等.基于模糊评判人工神经网络的重大危险源辨识研究[J].安全与环境学报，2006，6：135～137.

[10] 蒋晓光，等.绩效考核在检验检疫实验室中的应用[J].现代测试与实验室管理，2005，5：33～35.

[11] 刘龙，等.基于模糊神经网络的非营利组织绩效评估[J].衡水学院学报，2006，12：32～34.

[12] 许月恒，等.基于 BP 神经网络的营销绩效评价的研究[J].山西理工大学学报(自然科学版)，2008，3：100～103.

[13] 中国合格评定国家认可委员会.CNAS—CL01“检测和校准实验室能力认可准则”.北京：国家认证认可监督委员会，2006.

[14] http://www.smatrix.org/bbs/simple/index.php?t5132.html

[15] http://www.smatrix.org/bbs/simple/index.php?t5003.html

[16] http://www.smatrix.org/bbs/simple/index.php?t5129.html

8 相关软件介绍

本章主要介绍基于 Matlab 的小波分析和神经网络的实现。在历史上，小波分析和神经网络的实现，原先是基于各种专用软件包或利用第二代、第三代计算机语言，如 FORTRAN、C、C++ 等，但这些语言都很专业，研究小波或神经网络的技术人员需要专业计算机软件工程师的协助，或者技术人员除熟悉业务和数学外，再掌握计算机语言编程，才能解决问题。只有到了 Matlab 的出现，才解放了工程技术人员的“双手”，使得他们能集中精力应对需要研究的业务问题，仅将实现问题解决的 Matlab 作为一种工具。本章仅对 Matlab 作简单介绍，读者可以借助于专门的书籍进行深入学习。

8.1 Matlab 的特点介绍

8.1.1 Matlab 产生的背景

Matlab 诞生于 20 世纪 70 年代，它是 MathWorks 公司开发的一种主要用于数值计算及可视化图形处理的工程语言，它将数值分析、矩阵运算、图形图像处理、信号处理、仿真等各种功能集成在交互式计算机环境中，为科学研究、工程应用和仿真提供了一种功能强大、效率高的编程工具。Matlab 语言不同于其他高级语言，它被称为第四代计算机语言，Matlab 语言使人从繁琐的程序代码中解放出来。它丰富的函数无需开发者重复编程，Matlab 允许用数学形式编写程序，因此比 FORTRAN、C 语言更加接近我们书写计算公式的思维方式。Matlab 的名字由 Matrix（矩阵）和 Laboratory（实验室）两词的 3 个字母组合而成，由美国新墨西哥大学计算机系主任 Cleve Moler 博士在讲线性代数的过程中，构思为学生设计的一组用 FORTRAN 编写的初级 Matlab。1984 年，J. Little、Cleve Moler 和 S. Bangert 合作成立 MathWorks 公司，专门从事 Matlab 的开发，并将其推向了市场。之后，随着计算机及其操作系统的发展，MathWorks 公司一直在推出新的 Matlab 功能模块，如数据图视功能、Simulink、符号计算工具包、与外部进行直接数据交换的组件，从 1993 年的 3.0 版本到 2008 年的 Matlab R2008a，其所含功能模块越来越强大。

8.1.2 Matlab 的主要特点

由于 Matlab 具有上述优点，因此为数学分析、算法开发、应用程序开发提供了一个良好的环境。

（1）科学计算。Matlab 有 500 多种数学、统计和工程函数，可使使用者立即实现强大的数学计算功能。

（2）可视化工具。Matlab 提供了功能强大的、交互式二维、三维绘图功能，可绘制彩色图形。可视化工具包括:曲面渲染、线框图、伪彩图、光源、三维等高线、图像显示、动画、体积可视化等。利用 Handle Graphics 还可创建自己的图形用户界面。

(3) 第 4 代语言。Matlab 包含的函数库也是一种高级的编程语言,可利用这些函数开发自己的程序。这些所有的工具箱函数,都是用 M 文件编写的。

(4) 开放可扩展。M 文件是 Matlab 的程序,可以查看源代码。开放的系统设计使我们能检查算法正确与否,修改已有的函数,或加入新部件,甚至是自编的部件。

(5) 多领域工具箱和模块组。Matlab 为各工程领域及科学提供了特殊的应用支持,这些工具箱和模块组可以组合使用,可扩展性强。

另外,MathWorks 公司还开发了一个庞大的系统家族,主要是 Matlab 家族和 Simulink 家族,只要用户有兴趣,自己也可以开发各种工具箱和模块组,因此 Matlab 为用户提供了一个强大的系统平台。相关 Matlab 产品的模块见表 8-1。

表 8-1 相关 Matlab 产品的模块

类 别	模块名称	类 别	模块名称
基础工具	MATLAB MATLAB Report Generator Simulink Simulink Performance Tool Simulink Report Generator Stateflow Stateflow Coder Real – Time Workshop	控 制	Control System Fuzzy Logic Fixed-Point Blockset System Identification LMI Control Model Predictive Mu – Synthesis Nonlinear Control Design Blockset Robust Control
数学 & 金融	Curve fitting Database Toolbox Financial Derivatives Datafeed Toolbox Extended Symbolic Math Financial Financial Time Series Fixcd-Income Toolbox GARCH Toolbox Optimization Partial Differential Equation Symbolic Math Splinc Statistics Neural NetWork Bioinformatrics Toolbox	信号处理/ 图像处理/ 通信系统开发	CDMA Reference Blockset Communications Blockset Communications Toolbox SPC Blockset Image Acquisition Toolbox Signal Processing Toolbox Image Processing Toolbox Filter Design Toolbox Wavelet Toolbox Link for ModelSim
实时目标系统	Real-Time Workshop Embedded Coder EmTrg for Infineon C166 Microcon-trollers MATLABLink for Code Composer Studio Embedded Target for Motorola HCl2 Embedded Target for Motorola MPC555 Embedded Target for OSEK/VDX Embedded Target for TI C6000 DSP Real-Time Windows Target xPC Target Embedded Option xPC Target Embedded Target for 11 C2000 DSP	测试测量	Data Aequisition Toolbox Instrument Control

续表 8-1

类别	模块名称	类别	模块名称
其他	Aerospace Blockset Model Based Calibratinn Toolbox Mapping SimMechanics SimPowerSystems Virtual Reality Toolbox Dials & Gauges	应用接口	MATLAB Compiler MATLABCOM Builder MATLABExcel Builder Excel Link MATLABRuntime Server MATLABWeb Server

8.1.3 Matlab的基本操作

A 数组和矩阵

Matlab的数值计算是以数组为基本单元的,而Matlab数据类型的最大特点是每一种类型都以数组为基础。Matlab的数据类型主要有:逻辑、数值、字符串、矩阵、元胞、Java、函数句柄、稀疏以及结构等类型,其中数值型又有单精度型、双精度型以及整数型。而整数类型里面也分无符号型(uint8、uint16、uint32、uint64)和符号类型(int8、int16、int32、int64)两种。在Matlab中,所有的数据都是以数组或矩阵的形式保存的。

a 数值型数据

数值类型包括整数型(带符号和无符号)和浮点数(单精度和双精度)两种。整数型在Matlab中有4种符号类型和4种无符号类型数据。符号类型可以表示正数、负数和零,但是它表示的数值范围比无符号类型要小;相反,无符号类型只能表示非负数。浮点型在Matlab中用双精度或单精度来表示浮点类型的数据,默认为双精度。复数由两个独立部分组成:实部和虚部。在Matlab中,用特别的值inf、-inf和NaN分别表示正无穷大、负无穷大和不确定值。数据类型的显示函数为whos,它可以显示变量的类型、大小、占用空间以及属性值,在Matlab中还提供了其他函数来检验数据的类型,如表8-2所示。

表8-2 常见数据类型识别函数

命令	操作
Whos x	显示x的数据类型
xType = class(x);	把x的数据类型赋值给标量
Isnumeric(x)	确定x是否为数值类型
isa(x,'integer'),isa(x,'uint64'),isa(x,'floaf'),isa(x,'double'),isa(x,'single')	确定x是否为特别的数值类型(如任一整型、无符号64-bit整型、任意浮点型、双精度型、单精度型等)
isreal(x)	确定x是否为实数或复数类型
isnan(x)	确定x是否为非数
isinf(x)	确定x是否为无穷数
isfinite(x)	确定x是否为有限数

b 字符类型

在Matlab中,字符串指的是一个统一编码的字符排列。字符串用一个向量或字符来表示,字符串存储为字符数组,每个元素占用一个ASCII字符,对于存储长度不一的字符串和包含多个串的数组最好使用元胞类型数组。

c 逻辑类型

逻辑数组类型是用数字 0 和 1 分别来表示逻辑假和逻辑真，逻辑类型的数据不一定是标量，Matlab 也一样支持逻辑型数组，而且逻辑型的二维数组可能是稀疏的。

d 元胞类型

元胞类型和结构类型是 Matlab 中比较特殊的数据类型，元胞数组提供了不同类型数据的存储机制。元胞数组的每一个元素称为一个 Cell，每一个 Cell 自己本身又是一个数组。元胞类型组可以储存任意类型和任意维度的数组。用户可以通过与矩阵和数组中同样的矩阵索引的方法来存取数据，但表示方法有所不同，如用 A{1,2} 来表示存取元胞数组的第 2 行、第 3 列的元胞。

e 结构类型

结构是包含已命名“数据容器”或域的数组。结构类型数组中的域可以包含任何类型的数据。正如标准的数组一样，结构继承了数组的有向性特点，用户可以构建任何有效类型的大小和形状的结构数组，包括多维结构类型数组。

B 绘图技术

a 普通二维图

Matlab 中提供了一些非常实用的基本二维绘图函数，帮助用户绘制一连串的向量资料，见表 8-3。

表 8-3 基本二维绘图函数

函数名称	用法	函数名称	用法
plot	二维曲线图	area	面积图
polar	二维极坐标图	pie	扇形图
loglog	双轴对数坐标图	scatter	散点图
semilogx	x 轴对数刻度二维绘图	hist	柱形图
semilogy	y 轴对数刻度二维绘图	errorbar	误差图
bar	垂直条形图	stem	火柴杆图
barb	水平条形图	feather	羽毛图
quiver	向量图	commet	彗星图
rose	玫瑰花图	contour	等值线图
stairs	阶梯图	compass	罗盘图

在二维曲线绘图指令中，最基本的指令是 plot，其他许多特殊绘图指令都是以它为基础而形成的。作为绘制线性坐标平面图形的函数 plot，对于不同的输入参数，该函数用不同的形式可以实现不同的功能，见表 8-4。

表 8-4 plot 函数调用格式

调用格式	说明
plot(x,y)	绘制具有同长度 n 的向量组(x,y)的图形。其中 x 为[1,2,3,…,n]；y 可以是长度为 n 的实数向量，也可以是 n 行的实数矩阵，每列绘制一条曲线；如果 y 是一个复向量，则绘制实部曲线和虚部曲线

续表 8-4

调用格式	说明
plot(x1,y1,…)	绘制多个同长度向量组(x,y)的图形。如果其中某对 x、y 是矩阵，则按 x、y 匹配的方向配对绘制曲线
plot(x1,yl,S.…)	同 plot(x1,y1,…)，但每一组向量由参数 S 确定曲线的线和颜色，可以同时使用 3 个或 2 个参数
plot(…,'ProName','ProVal'….)	对所有用 plot 函数创建的图形进行属性设置
h = plot(…)	返回函数 plot 绘制曲线的句柄属性值，每一条曲线给出一个属性值向量

例：

```
>> x = linspace(0,2 * pi); % linspace 用以指定在特定范围内均匀取点
>> y = sin(x);
>> plot(x,y,x,(y-2),'rd');
```

该命令调用格式如最后一个命令表示画两组数据，'rd'是对后一组曲线的属性更改，为红色菱形。

b 三维图

Matlab 三维绘图函数见表 8-5。

表 8-5 三维绘图函数

函数名称	用法	函数名称	用法
plot3	三维曲线图	fill3	三维填充多边形图
stem3	三维离散序列图	contoul	等高线图
sphere	三维立体圆球图	cylinder	圆柱体图
slice	立体切片图	trimesh	三角网目图
quiver	向量图	mesh	网目图
surf	表面图	waterfall	瀑布图

三维图的调用格式与二维图基本一致，只是增加了 z 轴。以网目图为例，绘制三维网目图。

```
>> [x,y,z] = peaks % 返回 Matlab 三维曲面数据
>> mesh(x,y,z)
```

得图 8-1。

C Simulink 仿真

Simulink 是一种图形化仿真工具包，能够进行动态系统建模、仿真和综合分析，可以处理线性和非线性系统，离散、连续和混合系统，以及单任务和多任务系统，并在同一系统中支持不同的变化速率。

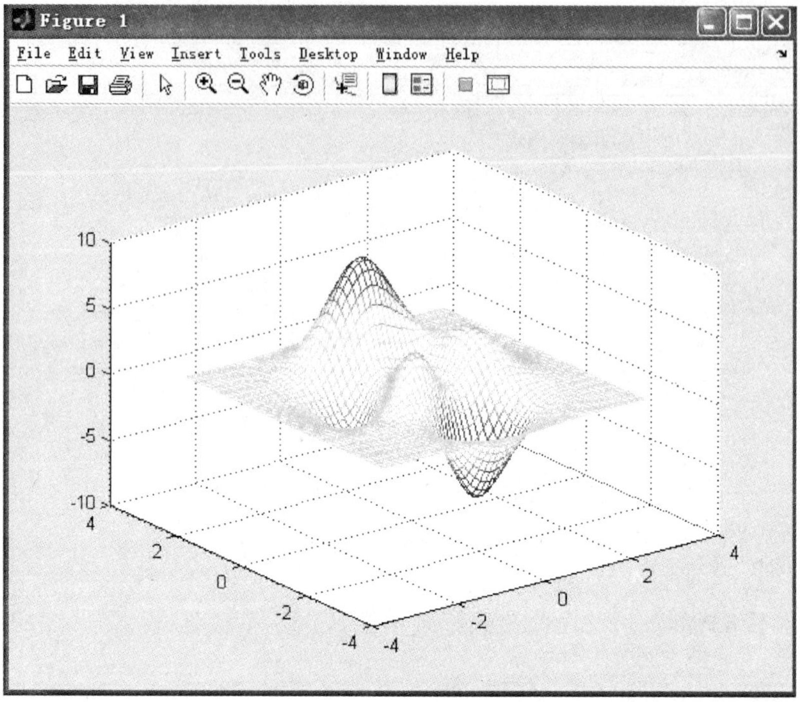

图 8-1 三维网目图

a 交互式仿真工具

Simulink 具有非常高的开放性,可以将模型通过框图形式表示出来,或者将已有的模型添加组合到一起,或将自己创建的模块添加到模型当中。Simulink 具有较高的交互性,允许随意修改模块参数。得到的结果可进行可视化显示。Simulink 是让用户在使用 Simulink 的同时能够感受到建模与仿真的乐趣。Simulink 提供了大量的模块,方便用户快速地建立动态系统模型,对模型中的连接数量和规模则无限制。

b 图形化动力系统建模工具

利用 Simulink 工具包可以不受线性系统模型的限制,能够建立更加真实的非线性系统,如在系统中考虑摩擦力、空气阻力、齿轮滑动等。它将计算机变成一个系统建模与分析的实验室,特别是对于那些无法做实验的系统更是如此。Simulink 提供了全面的模块库及工具箱(见图 8-2),使得模型的建立十分方便。对于模型的建立,可以采用不同顺序,也可以按照不同流程的方式。在建立好模型之后和运行仿真之前,必须对模型进行参数设置。仿真所需要的模型参数设置可以通过 Matlab 命令或者 Simulink 菜单进行。前者适合批处理多个仿真,而后者则直观方便。模块参数的设置方法是双击相应模块,在弹出对话框中进行参数设置。仿真完成后,可以使用 scope 或 XY Graph 等模块来显示结果,还可以直接将结果输出到 Matlab 的工作空间,然后利用各种图像处理函数来处理结果。Simulink 除了能够将数据导出到 Matlab 工作空间之外,还可以将 Matlab 工作空间中的数据导入到 Simulink 模型中。

c Simulink 的扩展功能

Simulink 是一个开放式结构体系,允许用户自己开发各种功能的模块,无限制地添加到

Simulink 环境中，以满足不同任务的要求。Simulink 还有专用的神经网络模块。

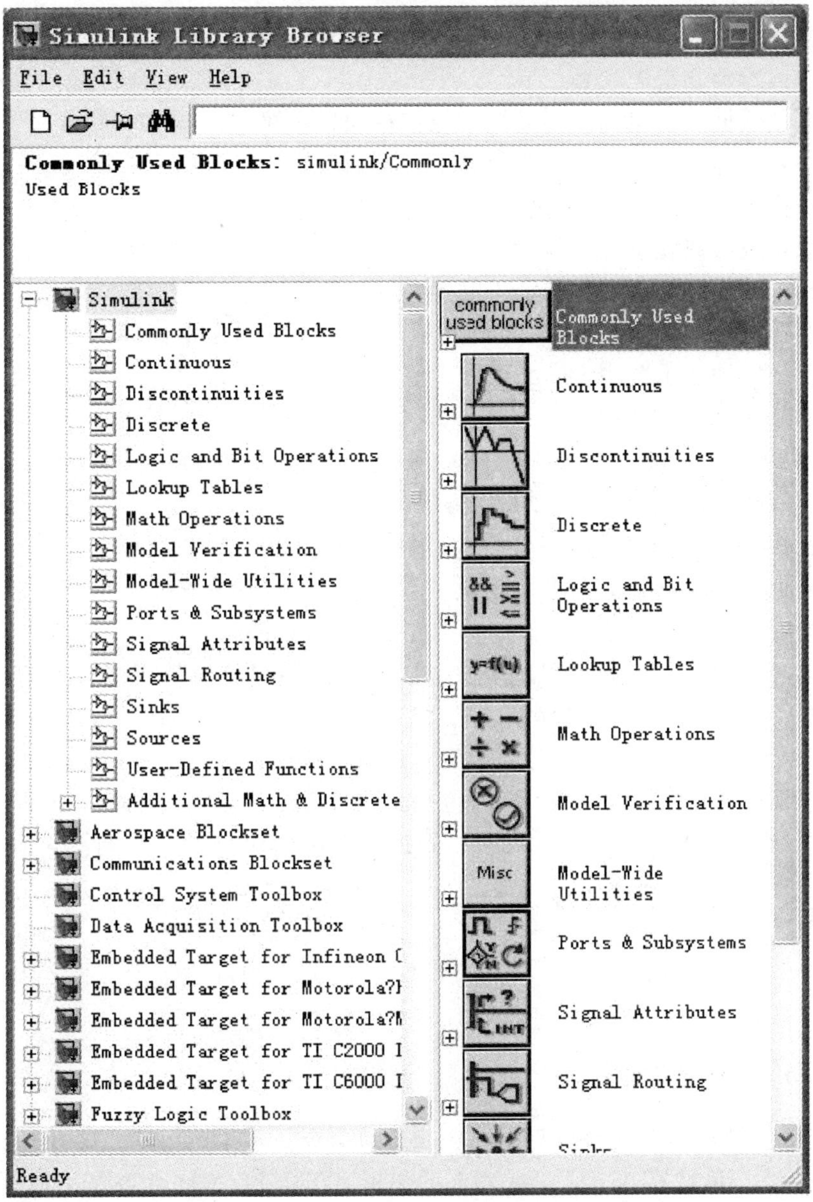

图 8-2 Simulink 模块库浏览器

D M 文件编程

Matlab 语言简练而高效，其程序文件为后缀为 .m 的文本文件，因此 Matlab 的程序文件通常称为 M 文件。由于 M 文件是文本文件，可以用各种文本编辑工具来对其进行创建和编辑。如 Windows 的记事本程序（Notepad），甚至 DOS 下的文本编辑程序 Edit 都可以编程编辑 M 文件，只要保存时后缀为 .m 即可。另外，Matlab 提供了专门的 M 文件编辑器，在菜单或工具栏中可以方便地打开 M 文件编辑器。此外，在 Matlab 的控制窗口直接输入 edit 命令可以打开 M 文件编辑器。M 文件分为两种：一种是脚本文件（Scripts File）；另外一种是函数文件(Function File)。两种文件的比较如下。

脚本文件特点为:

(1) 通常为一连串指令。

(2) 无输入参数和返回参数。

(3) 利用的数据和产生的中间结果都保存在 Matlab 的基本工作空间。

函数文件特点为:

(1) 在扩充 Matlab 函数库中使用。

(2) 可以接收参数和返回参数。

(3) 利用的数据和产生的中间结果都保存在函数本身独立的工作空间中。

由上面的比较可以看出,脚本文件的数据由于保存在 Matlab 基本工作空间中,所以容易与其他操作产生的变量混淆。

E 图形用户界面设计

图形用户界面(Graphical User Interfaces,GUI)是 Matlab 非常实用的功能。GUI 是一个包含了使用户能够执行交互式任务的设备或者组件图形显示。在执行这些任务时,用户可以不必在 Matlab 命令行输入脚本或者命令,用户也可不必知道任务到底是如何执行的详细情况。Matlab 也为用户设计图形界面提供了一个高效、方便的集成环境。在 Matlab 中,基本的图形对象主要包括坐标轴对象(Axes)、控件对象(Uicontrol)、下拉菜单对象(Uimenu)和内容式菜单对象(Uicontextmenu)。用户可以通过这些对象设计出界面友好、功能强大、操作简单的图形用户界面。GUI 组件主要有 menus、toolbars、push buttons、radiobuttons、list boxes 和 sliders 等。一个 GUI 可能是以列表形式显示数据,也可能是以绘图的形式,或者是以一组相关联组件的形式。每一个组件,包括 GUI 本身,都与一个或多个用户编写好的程序作为回调函数相关联。每一个回调函数的执行都是由用户的一个行为触发(如单击鼠标),选择菜单项或者是指针移过某个组件等。用户作为 GUI 的创建者编写出这些回调函数。GUI 编程一般把它作为事件驱动型编程。在事情驱动型编程中,回调函数的执行是受事件外部软件控制而不同步的。在 Matlab 的 GUI 中,这些事件常常把它当做用户与 GUI 交互的形式。

8.2 Matlab 小波变换工具箱

利用 Matlab 进行小波分析可以利用 Matlab 的命令行或 GUI 两种方式,建议读者使用 GUI 进行小波分析,虽然 GUI 方式某些功能的拓展有所限制,不如命令行来的全面,但命令行需要记住大量的命令及函数代码,也是比较麻烦的。

8.2.1 命令行方式

8.2.1.1 一维连续小波分析

一维连续小波分析函数为:cwt,格式为:

```
coefs = cwt(s,scale,'wname')
coefs = cwt(s,scale,'wname','plot')
```

式中,s 为待分析信号;scale 为连续小波变换的尺度向量;wname 为小波函数名;plot 指要求画出图形。

信号装载为:

```
>> load s
```

查看信号为:

```
>> whos
  Name      Size       Bytes     Class
  s         1 × 100    800       double array
```

8.2.1.2 一维连续复小波分析

如需要分析 cuspamax 的一维连续复小波,则:

```
>> load cuspamax
>> whos
  Name        Size      Bytes       Class
  caption     1 × 71    142         char array
  cuspamax    1 × 100   800         double array
>> caption
  caption =
  x = linspace(0,1,100);y = exp( -128 * (x-0.3).^2) -3 * (abs(x-0.7).^0.4);
c = cwt(cuspamax,1:2:64,'cgau4');
c = cwt(cuspamax,1:2:64,'cgau4','plot');
```

8.2.1.3 一维离散小波分析

信号装载与一维连续小波分析相同,一维离散小波分析 dwt 的格式为:

(1) 分解。

```
[cA1,cD1] = dwt(X,'wname')
[cA1,cD1] = dwt(X,Lo_D,Hi_D)
```

式中,X 为待分析信号;wname 为小波函数名;Lo_D,Hi_D 为分解滤波器;cA 和 cD 分别为返回低频和高频的系数向量,它们长度为 length(X)/2(为偶数),(length(X)/2 +1)/2(为奇数)。

(2) 重构低频和高频部分。

格式为:

```
A1 = upcoef('a','cA1','db1',1,1s);
D1 = upcoef('d','cD1','db1',1_s);
```

或

```
A1 = idwt(cA1,[],'db1',1,1s);
D1 = idwt([],cD1,'db1',1,1s);
```

upcoef 为一维系数的直接小波重构函数。

(3) 显示低频和高频部分。

```
subplot(1,2,1);plot(A1);title('name A1')
subplot(1,2,2);plot(D1);title('name D1')
```

(4) 小波逆变换恢复信号。

```
>> A0 = idwt(cA1,cD1,'db1',1s)
```

格式为:

```
X = idwt(cA,cD,'wname')            %重构小波函数
X = idwt(cA,cD,Lo_R,Hi_R)          %重构滤波器重构
X = idwt(cA,cD,'wname',L)          %重构小波函数
X = idwt(cA,cD,Lo_R,Hi_R,L)        %重构滤波器重构
```

(5) 多尺度一维分解。

```
>> [C,L] = wavedec(s,3,'db1');
```

格式为:

```
[C,L] = wavedec(X,N,'wname')
[C,L] = wavedec(X,N,Lo_D,Hi_D)
```

(6) 提出系数低频和高频部分。

如提取第三层的低频系数,则:

```
cA3 = appcoef(C,L,'db1',3)
```

格式为:

```
A = appcoef(C,L,'wname',N)
A = appcoef(C,L,'wname')
A = appcoef(C,L,Lo_R,Hi_R)
A = appcoef(C,L,Lo_R,Hi_R,N)
```

[C,L]为小波分解结构,N 为尺度。

(7) 重构第三层低频信号。

```
>> A3 = wrcoef('a',C,L,'db1',3)
```

格式为:

```
X = wrcoef('type',C,L,'wname',N)
X = wrcoef('type',C,L,Lo_R,Hi_R,N)
X = wrcoef('type',C,L,'wname')
X = wrcoef('type',C,L,Lo_R,Hi_R)
```

(8) 显示多尺度一维分解结构。

```
subplot(2,2,1);plot(A3);title('name A3')
subplot(2,2,2);plot(D1);title('name D1')
subplot(2,2,3);plot(D2);title('name D2')
```

```
subplot(2,2,4);plot(D3);title('name D3')
```

(9) 重构原始信号。

```
>> A0 = waverec(C,L,'db1');
```

格式为:

```
X = waverec(C,L,'name')
X = waverec(C,L,Lo_R,Hi_R)
```

(10) 信号去噪。

```
subplot(2,1,1);plot(s);title('original');axis off
subplot(2,1,2);plot(A3);title('name');axis off
```

8.2.1.4 二维离散小波分析

如需要分析 wbarb 的二维离散小波,则图像装载如上述一维的一致的操作方法。

(1) 图像显示。

格式为:

```
>> image(X);colormap(map);colorbar;
```

(2) 图像单尺度小波分解。

如采用 bior3.7 基小波:

```
[cA1,cH1,cV1,cD1] = dwt2(X,'bior3.7');
```

dwt2 为二维离散小波变换函数,格式为:

```
[cA,cH,cV,cD] = dwt2(X,'wname')
[cA,cH,cV,cD] = dwt2(X,Lo_D,Hi_D)
```

式中,X 为待分析信号;wname 为小波函数;Lo_D,Hi_D 为分解滤波器;cA、cH 为水平;cV 为垂直;cD 为对角线分别返回低频系数和高频系数向量。

(3) 从系数重构低频和高频部分。

从上步产生的 cA1、cH1、cV1、cD1 构造第一层低频和高频部分:

```
A1 = upcoef2('a',cA1,'bior3.7',1)
H1 = upcoef2('h',cH1,'bior3.7',1)
V1 = upcoef2('v',cV1,'bior3.7',1)
D1 = upcoef2('d',cD1,'bior3.7',1)
```

或

```
sx = size(X)
A1 = idwt2(cA1,[],[],[],'bior3.7',sx)
H1 = idwt2([],cH1,[],[],'bior3.7',sx)
V1 = idwt2([],[],cV1,[],'bior3.7',sx)
D1 = idwt2([],[],[],cD1,'bior3.7',sx)
```

（4）显示低频和高频部分。

如显示第一层的分解结果，则：

```
colormap(map);
subplot(2,2,1);image(wcodemat(A1,192));
title('Approximation A1');
subplot(2,2,2);image(wcodemat(H1,192));
title('Horizontal Detial H1');
subplot(2,2,3);image(wcodemat(V1,192));
title('Vertical Detial V1');
subplot(2,2,4);image(wcodemat(D1,192));
title('Diagonal Detail D1');
```

（5）由小波逆变换恢复的原图像信号。

```
>> Xsyn = idwt2(cA1,cH1,cV1,cD1,'bior3.7');
```

格式为：

```
X = idwt2(cA,cH,cV,cD,'wname')
X = idwt2(cA,cH,cV,cD,Lo_R,Hi_R)
X = idwt2(cA,cH,cV,cD,'wname',S)
X = idwt2(cA,cH,cV,cD,'wname',Lo_R,Hi_R,S)
```

（6）图像多尺度二维小波分解。

如采用 bior3.7 基小波：

```
>> [C,S] = wavedec2(X,2,'bior3.7');
```

其中 wavedec2 为二维多尺度小波分解函数，格式：

```
[C,S] = wavedec2(X,N,'wname')
[C,S] = wavedec2(X,N,Lo_D,Hi_D)
```

（7）提取系数的低频和高频部分。

从上一步的 C 中提取第二层低频系数，则：

```
>> cA2 = appcoef2(C,S,'bior3.7',2);
```

格式为：

```
A = appcoef2(C,S,'wname',N)
A = appcoef2(C,S,'wname')
A = appcoef2(C,S,Lo_R,Hi_R)
A = appcoef2(C,S,Lo_R,Hi_R,N)
```

同样，也可提取 1、2 层的高频系数，格式为：

```
cH2 = detcoef2('h',C,S,2);
cV2 = detcoef2('v',C,S,2);
```

```
cD2 = detcoef2('d',C,S,1);
cH1 = detcoef2('h',C,S,2);
cV1 = detcoef2('v',C,S,1);
cD1 = detcoef2('d',C,S,1);
```

或

```
[cH2,cV2,cD2] = detcoef2('all',C,S,2);
[cH1,cV1,cD1] = detcoef2('all',C,S,1);
```

(8) 重构第二层的低频信号。

```
>> A2 = wrcoef2('a',C,S,'bior3.7',2);
```

格式为:

```
X = wrcoef2('type',C,S,'wname',N)
X = wrcoef2('type',C,S,Lo_R,Hi_R,N)
X = wrcoef2('type',C,S,'wname')
X = wrcoef2('type',C,S,Lo_R,Hi_R,N)
```

(9) 重构第 1、2 层的高频信号。
格式为:

```
H2 = wrcoef2('h',C,S,2);
V2 = wrcoef2('v',C,S,2);
D2 = wrcoef2('d',C,S,1);
H1 = wrcoef2('h',C,S,2);
V1 = wrcoef2('v',C,S,1);
D1 = wrcoef2('d',C,S,1);
```

(10) 显示多尺度二维分解结果。

```
colormap(map);
subplot(2,4,1);image(wcodemat(A1,192));
title('Approximation A1');
subplot(2,4,2);image(wcodemat(H1,192));
title('Horizontal Detial H1');
subplot(2,4,3);image(wcodemat(V1,192));
title('Vertical Detial V1');
subplot(2,4,4);image(wcodemat(D1,192));
title('Diagonal Detail D1');
subplot(2,4,5);image(wcodemat(A2,192));
title('Approximation A2');
subplot(2,4,6);image(wcodemat(H2,192));
title('Horizontal Detial H2');
subplot(2,4,7);image(wcodemat(V2,192));
title('Vertical Detial V2');
```

```
subplot(2,4,8);image(wcodemat(D2,192));
title('Diagonal Detail D2');
```

(11) 重构原始图像信号。

```
>> X0 = waverec2(C,S,'bior3.7');
```

waverec2 指用指定的小波函数或重构小波滤波器在小波分解结构[C,S]上进行多尺度二维小波重构,格式为:

```
X = waverec2(C,S,'wname');
X = waverec2(C,S,Lo_R,Hi_R);
```

(12) 压缩图像。

```
>> [thr,sorh,keepapp] = ddencmp('cmp','wv',X);
>> [Xcomp,CXC,LXC,PERF0,PERFL2] = wdencmp('gbl',C,S,'bior3.7',2,thr,sorh,keepapp)
```

(13) 显示压缩后的图像。

```
>> colormap(map);
>> subplot(121);
>> image(X);
>> title('Original Image');
>> axis square;
>> subplot(122);
>> image(Xcomp);
>> title('Compressed Image');
>> axis square
```

8.2.1.5 其他小波分析

具体如下:

(1) 一维离散平稳小波分析。一维离散平稳小波分析的分解函数为 swt,合成函数为 iswt。

(2) 二维离散平稳小波分析。二维离散平稳小波分析的分解函数为 swt2,合成函数为 iswt2。

(3) 一维小波回归估计。对一维小波回归估计有专用工具,该专用工具为图形工具,可以针对等间隔或非等间隔采样的数据进行消噪。

(4) 一维小波密度估计。密度估计主要用于可靠性估计,如概率分布、瞬时可用性计算、评价故障时间计算等。

(5) 一维小波系数的自适应阈值处理。这种自适应阈值处理可以进行分层定义与时间有关的阈值限,以改进针对含有非平稳噪声时的消噪。

(6) 小波系数选取。有专门工具进行选取。

(7) 一维信号的延拓和截断。时常需要对信号进行延拓和截断,函数的格式为:

```
>> Y = wextend(TYPE,MODE,X,L,LOC)
>> Y = wextend(TYPE,MODE,X,L)
```

(8) 二维信号的延拓和截断。函数与(7)一样。

8.2.2 小波分析图形接口工具(GUI)

在 Matlab 打开小波工具箱的 GUI 界面有两种方式。第一种为直接在 Matlab 命令行打入 wavemenu;第二种为通过 Start→Toolboxes→Wavelet→Wavelet Toolboxes Main Menu,即可弹出如图 8-3 所示的界面。主菜单显示一维工具有 4 种,二维工具有 2 种,多尺度一维工具有 2 种,显示工具有 2 种,小波设计 1 种,一维专门工具 5 种,二维专门工具 3 种,延拓工具 2 种。

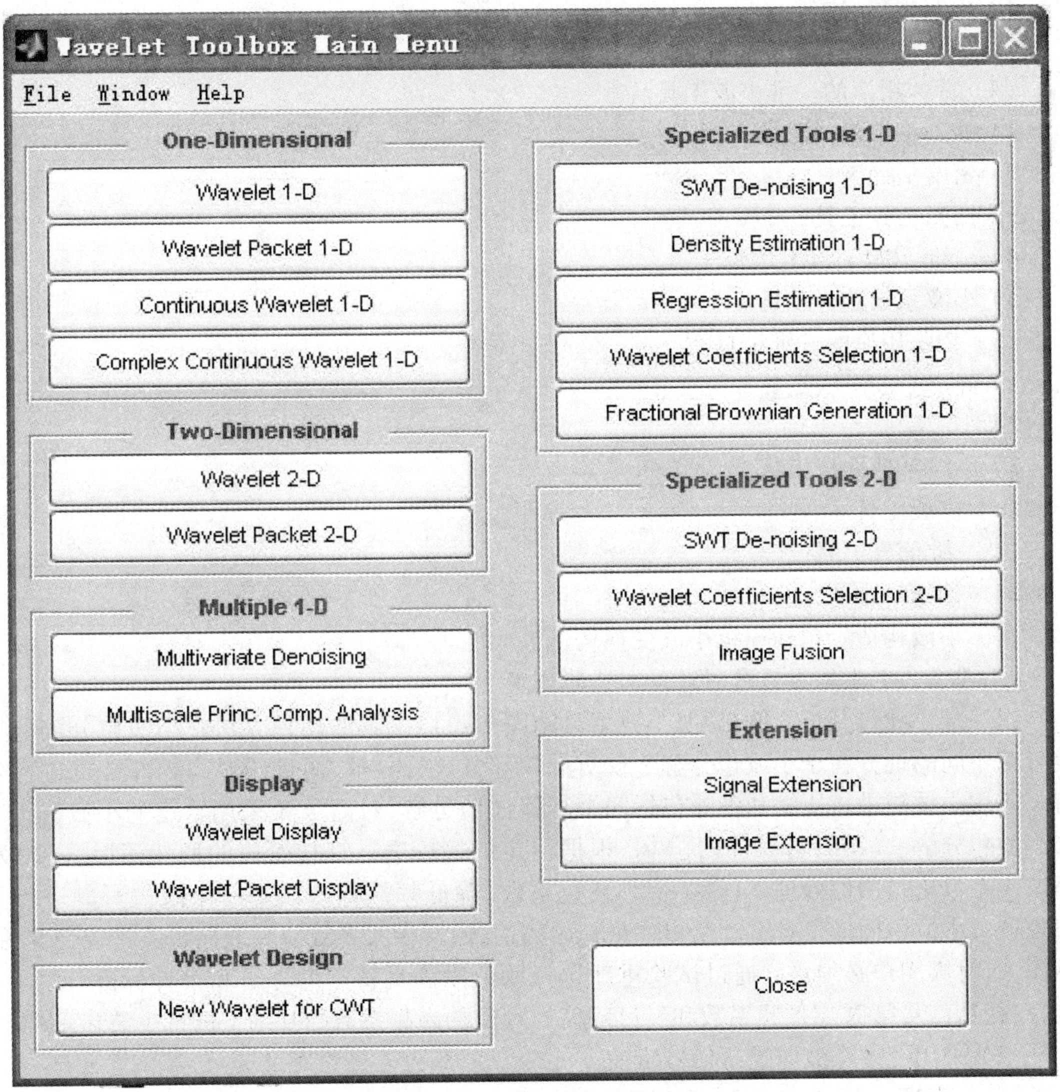

图 8-3 小波工具箱主菜单窗口

8.2.2.1 小波工具箱图形窗口的工具

具体如下:

(1) 一维小波分析工具。

1）一维小波变换；

2）一维小波包变换；

3）一维连续小波变换；

4）一维复小波变换。

（2）二维小波分析工具。

1）二维小波变换；

2）二维小波包变换。

（3）小波显示工具。

1）小波函数显示；

2）小波包函数显示。

（4）特殊用途的一维小波工具。

1）静态小波降噪工具；

2）密度估计工具；

3）回归估计工具；

4）一维 FBM 产生；

5）小波系数选择工具。

（5）特殊用途的二维工具类。

1）静态小波降噪工具；

2）小波融合；

3）小波系数选择工具。

（6）扩展工具。

1）一维信号扩展；

2）二维信号扩展。

（7）小波构造。包括连续小波变换构造。

8.2.2.2 小波工具箱图形窗口工具的使用

以一维小波包分析为例，说明小波工具箱图形窗口工具的使用方法。小波包分解与小波分解不同的地方在于小波包分解不仅对低频部分进行分解，而且还对高频部分也进行分解。应用小波包进行压缩和消噪包括四个步骤：(1)分解，对信号 X 采用给定的小波进行 N 层小波包分解。(2)计算最佳(优)树，根据给定的熵标准计算初始树的最佳子树。(3)对小波包系数进行阈值处理，对每一个小波包系数(除低频部分)，选择一个阈值对其进行阈值处理。小波包图形工具自动给出一个初始阈值，通常在大多数情况下该阈值是较合理的。然而，有时候用户必须自己通过试验重新选择阈值以满足特定的分析和设计标准。(4)重构，在初始信号第 N 层低频系数和经过阈值处理后的高频系数的基础上进行小波包重构。

（1）采用一维小波包进行信号压缩。

1）启动 Wavelet Packet 1 – D 工具。

2）装载信号。在主菜单中选择 File→Load Signal 菜单命令，选择 Matlab 安装目录下的 toolbox/wavelet/wavedemo 子目录中的 sumlichr. mat 文件。可以看出，一维小波包图形工具窗口与一维小波图形工具类似，左边是信号的显示区域，右边是对信号进行小波包分析的各种按钮和参数选择设置框。在左边的显示区域有 4 个图形区，即：右上角的 Analyzed Signal

显示原始信号波形;左上角的 Decomposition Tree 显示小波包分解树结构。右移上端的滚动条可以放大图形,左移滚动条则缩小图形;右移下端的滚动条可以将图形往右移,左移滚动条则可以将图形往左移。当对信号进行多层小波包分解后的树结构很复杂时,用户可以通过这两个滚动条方便地查看各个节点的细节。左下角的 Node Action Result 显示某个节点分析的结果;右下角的 Colored Coefficients for Terminal Nodes 显示信号小波包分解后系数的灰度图像。在一维小波包图形工具中,对一个信号是按照完整二叉树的方式来进行 n 层的小波包分解,这样终节点有 2^n 个。图形工具对第 n 层的 2^n 组分解系数以灰度图像的方式来显示其结果。在其下方还有一个标为 Scale of Colors from Min to Max 的颜色条,用来表示系数大小与颜色的对应关系。

3）分析信号。可在窗口的右边对信号分析进行合理的设置。小波包基函数 Wavelet 选择框选取 db2,分解层次 Level 取 4,Entropy(熵标准)选择框选取 threshold。然后在出现的阈值参数框里输入 1,单击“Analyze”按钮,该按钮执行的功能是对信号进行小波包分解,并将分解结果显示在窗口中。阈值熵标准类型有(这里设 E 代表熵,s 代表信号,s_j 代表信号 s 在一个正交小波包基上的投影系数):Shannon 熵、threshold 阈值熵、nor 范数熵、log energe 对数能量熵、sure 熵、user 用户熵。

4）计算最佳树。由于从小波包分解树中重构原始信号有许多可选的方法,所以在压缩信号之前我们先根据上面的熵标准计算出初始树的最佳子树。单击右上方“Best Tree”按钮,其功能就是在执行信号的小波包分解之后用 Entropy 选择框确定的熵标准计算出最佳的小波包分解树。在它上方还有一个“Initial Tree”按钮,其作用是进行一个信号的小波包分解的初始树并显示。

5）选择阈值进行信号压缩。右上方的“Compress”按钮功能是在信号小波包分解后对各层的高频系数进行阈值量化处理,然后再根据处理后的系数进行信号重构,从而达到对信号用小波包方法进行压缩的目的。进行阈值量化时,熵标准由 Entropy 选择框确定。在一维小波包图形工具中,只有全局阈值。单击“Compress”按钮,出现一维小波包压缩窗口。该窗口垂直方向的黄点线代表系统自动选取的一个阈值,这个值是在置零系数的百分比(图中随阈值增加而增加的蓝色曲线)和压缩后保留的信号能量百分比(图中随阈值增加而减小的紫色曲线)之间进行折中得到的。这意味着小波包分解后的所有小于该阈值的高频系数将被舍弃。

(2）采用一维小波包进行信号消噪。

1）装载信号。

2）分析信号。在小波包基函数 Wavelet 选择框选取 db2,分解层次 Level 取 4,Entropy(熵标准)选择框选取 sure,然后在出现的阈值参数框里输入阈值,再单击“Analyze”按钮对信号进行小波包分解。所得窗口右边有些选择框,即:Cut Tree at Level 选择框,可将小波包分解树剪切到某一层;Node Label 选择框,可用来选择节点标志方式,有 7 种表示方式;Node 选择框,此项用来对节点操作进行选择,有 7 种方式;Cfs 系数染色选择框,染色方式总的分为 FRQ 和 NAT 两类。

3）计算最佳树并完成消噪。首先单击“Best Tree”按钮,计算出最佳树使消噪处理更有效。然后再单击“De-noise”按钮,得消噪结果。

8.3 Matlab 神经网络工具箱

利用 Matlab 进行神经网络设计，也可以利用 Matlab 得命令行或 GUI 两种方式，对应神经网络来说，两种方法都非常有用。

8.3.1 命令行方式

基于 Matlab 的神经网络命令行方式要比 GUI 方式功能强大，命令行方式都基于神经网络工具箱的函数，下面是神经网络工具箱函数的分类。

8.3.1.1 网络创建函数

newp—创建感知器网络；
newlind—设计一线性层；
newlin—创建一线性层；
newff—创建一前馈 BP 网络；
newcf—创建一多层前馈 BP 网络；
newfftd—创建一前馈输入延迟 BP 网络；
newrb—设计一径向基网络；
newrbe—设计一严格的径向基网络；
newgrnn—设计一广义回归神经网络；
newpnn—设计一概率神经网络；
newc—创建一竞争层；
newsom—创建一自组织特征映射；
newhop—创建一 Hopfield 递归网络；
newelm—创建一 Elman 递归网络。

8.3.1.2 网络应用函数

sim—仿真一个神经网络；
init—初始化一个神经网络；
adapt—神经网络的自适应化；
train—训练一个神经网络。

8.3.1.3 权函数

dotprod—权函数的点积；
ddotprod—权函数点积的导数；
dist Euclidean—距离权函数；
normprod—规范点积权函数；
negdist Negative—距离权函数；
mandist Manhattan—距离权函数；
linkdist Link—距离权函数。

8.3.1.4 网络输入函数

netsum—网络输入函数的求和；
dnetsum—网络输入函数求和的导数。

8.3.1.5 传递函数

hardlim—硬限幅传递函数;
hardlims—对称硬限幅传递函数;
purelin—线性传递函数;
tansig—正切 S 型传递函数;
logsig—对数 S 型传递函数;
dpurelin—线性传递函数的导数;
dtansig—正切 S 型传递函数的导数;
dlogsig—对数 S 型传递函数的导数;
compet—竞争传递函数;
radbas—径向基传递函数;
satlins—对称饱和线性传递函数。

8.3.1.6 初始化函数

initlay—层与层之间的网络初始化函数;
initwb—阈值与权值的初始化函数;
initzero—零权/阈值的初始化函数;
initnw Nguyen_Widrow—层的初始化函数;
initcon Conscience—阈值的初始化函数;
midpoint—中点权值初始化函数。

8.3.1.7 性能分析函数

mae—均值绝对误差性能分析函数;
mse—均方差性能分析函数;
msereg—均方差 w/reg 性能分析函数;
dmse—均方差性能分析函数的导数;
dmsereg—均方差 w/reg 性能分析函数的导数。

8.3.1.8 学习函数

learnp—感知器学习函数;
learnpn—标准感知器学习函数;
learnwh—Widrow_Hoff 学习规则;
learngd—BP 学习规则;
learngdm—带动量项的 BP 学习规则;
learnk Kohonen—权学习函数;
learncon Conscience—阈值学习函数;
learnsom—自组织映射权学习函数。

8.3.1.9 自适应函数

adaptwb—网络权与阈值的自适应函数。

8.3.1.10 训练函数

trainwb—网络权与阈值的训练函数;
traingd—梯度下降的 BP 算法训练函数;

traingdm—梯度下降 w/动量的 BP 算法训练函数；

traingda—梯度下降 w/自适应 lr 的 BP 算法训练函数；

traingdx—梯度下降 w/动量和自适应 lr 的 BP 算法训练函数；

trainlm—Levenberg_Marquardt 的 BP 算法训练函数；

trainwbl—每个训练周期用一个权值矢量或偏差矢量的训练函数。

8.3.1.11 分析函数

maxlinlr—线性学习层的最大学习率；

errsurf—误差曲面。

8.3.1.12 绘图函数

plotes—绘制误差曲面；

plotep—绘制权和阈值在误差曲面上的位置；

plotsom—绘制自组织映射图。

8.3.1.13 符号变换函数

ind2vec—转换下标成为矢量；

vec2ind—转换矢量成为下标矢量。

8.3.1.14 拓扑函数

gridtop—网络层拓扑函数；

hextop—六角层拓扑函数；

randtop—随机层拓扑函数。

8.3.2 神经网络箱图形窗口工具的使用

与小波分析一样，图形用户界面（GUI）简洁、友好。虽然 GUI 不如命令行变换灵活，但方便易用。用户可以按照 Start→Toolboxes→Neural Network→ NNTool，也可以在 Matlab 指令工作空间输入 nntool，即可弹出如图 2-8 所示的界面，即 GUI Network/Data Manager 窗口，这个窗口有着自己的工作区，和我们熟悉的指令工作空间（Command Workspace）是分开的。在使用 GUI 时，可以将 GUI 结果导出到指令工作空间，当然也可以将指令工作空间的结果导入至 GUI 工作区。一旦激活运行了 Network/Data Manager 窗口，就可以利用它生成一个神经网络，并且可以完成观测、训练、仿真、导出、导入等各种操作。可以按照下列程序进行神经网络 GUI 建立。

8.3.2.1 网络的创建

A 设置输入和期望输出

Network/Data Manager 界面共分为 7 个显示区域和若干个按钮。它们的意义或者功用如下：

（1）Inputs 区域：显示指定的输入向量。

（2）Targets 区域：显示指定的期望输出。

（3）Input Delay States 区域：显示设置的输入延迟参数。

（4）Networks 区域：显示设置的网络类型。

（5）Outputs 区域：显示网络相应的输出。

（6）Errors 区域：显示学习误差。

（7）Layer Delay States 区域：显示层的延迟状态。

（8）Help 按钮：Network/Data Manager 窗口有关区域和按钮的详细介绍。

（9）Import 按钮：将 Matlab 工作空间或者文件中的数据和网络导入 GUI 工作空间。

（10）New 按钮：创建新的网络或者数据。

（11）Open 按钮：打开所要显示和编辑的网络或者数据。

（12）Export 按钮：将 GUI 工作空间的数据和网络导出到 Matlab 工作空间或文件中。

（13）Delete 按钮：删除所选择的数据或者网络。

（14）Close 按钮：关闭 Network/Data Manager 窗口。

单击 New 按钮用来定义这些数据。此时，将弹出一个名为 Creat Network or Data 的新窗口，切换到 Data 窗口，如图 2-6 所示。Creat Network or Data 窗口各区域和按钮的意义如下：

（1）Name 区域：用来定义新数据的名称。

（2）Value 区域：用来输入新数据的数值。

（3）Inputs：网络输入向量。

（4）Targets：网络期望输出向量。

（5）Input Delays：输入延迟。

（6）Layer Delays：神经元层延迟。

（7）Outputs：网络输出。

（8）Errors：期望输出向量和输出向量之间的误差。

窗口参数设置以后，单击 Create 按钮，就完成了图形用户界面中输入向量生成的全过程，返回 Network/Data Manager 窗口。此时选中 Inputs 区域中的变量名，Network/Data Manager 窗口中的 Open 和 Delete 按钮被激活，可以进行显示、修改、删除等操作。

（1）选中变量，单击 Open 按钮，会弹出一个新的窗口，从中可以显示、修改变量的值。

（2）选中变量，单击 Delete 按钮，可以从 GUI 工作空间中删除输入向量。

（3）单击 Cancel 按钮，取消对变量的修改操作，关闭 Data 窗口并返回到 Network/Data Manager 窗口。

（4）单击 OK 按钮，Data 窗口就会关闭，接受当前数据，并返回到 Network/Data Manager 窗口。

在 GUI 中定义期望输出向量的步骤和定义输入向量一样，不同的是在 Creat Network or Data 窗口中右边单选框中选中 Targets 选项。

B 网络生成

假设要生成一个新的神经网络，建立网络名称。首先，在 Network/Data Manager 窗口中单击 New 按钮，弹出 Create New Data 之后切换至 Network 窗口，如图 2-6 所示。建立程序为：

（1）在 Network Name 区域设置网络。

（2）在 Network Type 区域设置将要生成的网络类型，如 Perceptron（感知器）。

（3）在 Input ranges 区域设置输入向量的范围，可以直接输入数值，但更简单的方法是从输入数据中自动获得。单击 Input Ranger 右边的下拉菜单 Get from input，从列表中找到要设置的变量（输入向量），则自动得到输入变量的范围。

（4）在 Number of neurons 区域设置神经元的数目为 1。

（5）在 Transfer function 区域选择传递函数为 hardlim。

（6）在 Learning function 区域选择学习函数为 learnp。

至此，完成了神经网络的设置。图 2-6 所示的网络创建窗口有五个按钮。

（1）点击 View 按钮会弹出一个名为 View of New Network 窗口，从而可以看到所建立神经网络的结构，如图 2-7 所示。

（2）点击 Restore Defaults 按钮，所有参数将会返回到 GUI 工作空间默认的缺省值。

（3）点击 Creat 按钮生成了一个感知器神经网络，返回到 Network/Data Manager 窗口，网络名称也出现在 Networks 区域。

（4）点击 Close 按钮，关闭当前窗口。

8.3.2.2 网络仿真训练

A 网络训练

首先，在 Network/Data Manager 窗口选中前面生成的感知器神经网络，点击 Open 按钮，将弹出一个新的窗口，如图 2-9 所示。

该窗口上面菜单条有很多指令：

（1）View 可以显示网络结构图；

（2）Train 用来训练网络；

（3）Simulate 用来对网络进行仿真；

（4）Adapt 用来自适应训练网络；

（5）Reinitialize Weights 用来重新对网络权值进行初始化；

（6）View/Edit Weights 用来显示和编辑网络权值向量。

其上层菜单每个命令下面还有了命令，构成下层菜单。例如 Train 命令下面有 Training Info、Training Parameters、Validation and Testing 子命令分别表示训练样本、训练参数、其他可选择参数等。

在 Train 菜单 Training Info 选项下，选择输入 Inputs，期望输出 Targets。然后单击 Network：Network1 窗口右下角的 Train Network 按钮，就开始了网络的训练。

B 网络仿真

通过对输入量进行网络仿真，可以验证训练后的神经网络是否达到了零误差。在图 2-9 窗口中点击 Simulate 按钮，就会切换到仿真窗口，该窗口中，Inputs 下拉菜单中选择输入量，同时将网络仿真输出 Outputs 变为另一个名称，以区别于训练时的输出。单击窗口右下角的 Simulate Network 按钮，回到 Network/Data Manager 窗口，就会看到在 outputs 区域有一个新的变量。双击该变量名，会弹出一个新的窗口，显示出对应输入向量的网络输出值。

8.3.2.3 GUI 数据处理

对于 Matlab 神经网络工具箱图形用户界面，因为其工作空间相对 Matlab 的工作空间是独立的，所以数据可以相互进行导入/导出。

A GUI 导出数据到 Matlab 工作空间

返回到 Network/Data Manager 窗口，在这里完成对网络输出向量和误差向量的输出。网络输出向量和误差向量列在窗口右侧 Output Data 和 Error Data 区域中。单击 Export 按钮，会弹出一个新窗口。在 Export from Network/Data Manager 窗口中，上面是可供存储的变量列表（Select Variables），用户可以选择其中一个或者更多的变量进行保存。相关按钮的相关操作含义为：

(1) Select All:选中所有的变量;

(2) Select None:清除所有的选择;

(3) Export:变量导出;

(4) Save:变量存储;

(5) Close:关闭 Export from Network/Data Manager 窗口。

B GUI 的数据清除

有时需要将图形用户界面中的某些数据清除掉,有两种方法。

(1) 在 Network/Data Manager 窗口中,选中所要清除的数据或者网络,然后单击窗口右下方的 Delete 按钮,相应的数据或者网络名称就会从 Network/Data Manager 窗口中消失,如此操作直到列表中所有需要清除的变量都消失。

(2) 更快速的方法是退出 Matlab,然后重新启动 Matlab,在 Matlab 指令空间中输入 nntools,就会出现一个空的 Network/Data Manager 窗口。

已经被导出到 Matlab 工作空间的数据,即使关闭了 Network/Data Manager 窗口,它们仍存在于 Matlab 工作空间。

C GUI 从 Matlab 工作空间导入数据

步骤为:

(1) 在 Sourse 区域选中 Import from Matlab Workspace。

(2) 在 Select a Variable 区域选择 Matlab 工作空间中的变量。

(3) 在 Destination 区域设置为输入向量尺以区别于 Matlab 工作空间中的变量名。

在 Destination 区域有 7 个选项分别表示从 Matlab 工作空间或者数据文件导入到 GUI 工作空间的变量类型。

(1) Network:网络结构;

(2) Input Data:输入向量;

(3) Target Data:目标向量;

(4) Initial Input States:初始输入状态;

(5) Initial Layer States:初始神经元层状态;

(6) Output Data:网络输出;

(7) Error Data:网络误差。

在 Import to Network/Data Manager 窗口中单击右下角的 Import 按钮,则数据导入 GUI 工作空间,此时在 Network/Data Manager 窗口就会看到新导入的数据。

D GUI 数据文件的存取

在图形用户界面中定义的数据或者网络可以以 MAT 文件的形式保存下来,以便于以后需要处理时,方便调用读取。

(1) 创建网络。进入 Network/Data Manager 窗口,单击 New Network,建立一个新的网络,取一网络命名。单击 Create。

(2) 存储网络。在 Network/Data Manager 窗口中单击 Export 按钮,将会弹出一个窗口。在变量列表中选择该网络,然后单击 Save 按钮。此时存储窗口弹出,选择路径和文件名,单击保存按钮,选定的网络被保存到相应路径下的 mat 文件中。

(3) 读取网络。利用前面介绍的 GUI 的数据清除方法清除掉 GUI 工作空间已有的网络。然后在 Network/Data Manager 窗口中，单击 Import 按钮，就会弹出 Import or Load to Network/Data Manager 窗口。

1）选中 Load from Disk 选项，单击下面的 Browse 按钮设置数据文件所在路径，指定 mat 文件。

2）在 Select a Variable 区域选择该文件。

3）将 Destination 区域中的 Name 设置为该文件名（以区别 Matlab 工作空间的文件名），Import As 区域选择 Network 选项。

设置完成后，单击 Import to Network/Data Manager 窗口中右下角的 Load 按钮，则数据文件就会被读取到 GUI 工作空间。

参考文献

[1] 董长虹．MATLAB 神经网络与应用[M]．北京：国防工业出版社，2007.

[2] 高成．MATLAB 小波分析与应用[M]．北京：国防工业出版社，2007.

[3] 许东，吴铮．基于 MATLAB 6.X 的系统分析与设计——神经网络[M]．2 版．北京：电子工业出版社，2007.

[4] 葛哲学，孙志强．神经网络理论与 MATLAB R2007 实现[M]．西安：西安电子科技大学出版社，2002.

[5] 飞思科技产品研发中心．MATLAB 6.5 辅助小波分析与应用[M]．北京：电子工业出版社，2003.

[6] 飞思科技产品研发中心．小波分析理论与 MATLAB 7 实现[M]．北京：电子工业出版社，2005.